FUTURE. FASHION. ECONOMICS.

JANA KERN | ALEX VOGT

Mit freundlicher Unterstützung der MUNICH FABRIC START. //
With compliments from MUNICH FABRIC START.

dfv Mediengruppe
Fachbuch

Bibliografische Angaben der Deutschen Nationalbibliothek
Die Deutsche Nationalbibliothek verzeichnet diese Publikation in der Deutschen Nationalbibliografie; detaillierte Daten sind im Internet über http://dnb.d-nb.de abrufbar.

IMPRESSUM // EDITORIAL NOTICE

Projektleitung Buch // Project Management
Caroline Schauwienold, dfv, Frankurt/Main

Gestaltung und Titel // Layout and Cover
die basis, Wiesbaden

Lektorat // Copy Editing
Michael Köhler, Frankurt/Main

Übersetzungen // Translations
Nikolas Bertheau, Hamburg

Produktion // Production
Medienproduktion + Logistik dfv, Frankurt/Main

Druck und Bindung // Printing and Binding
Kösel GmbH & Co. KG, Altusried-Krugzell

FSC MIX Papier aus verantwortungsvollen Quellen FSC® C013736 www.fsc.org

ISBN: 978-3-86641-316-0

FUTURE.
FASHION.
ECONOMICS.

»Warum ist Nachhaltigkeit keine integrierte Qualitätsdimension? Warum ist sie vermeintlich etwas, was on top gesetzt werden muss? Nein! Human-, Sozial- und Naturverträglichkeit sind Qualitätsdimensionen! Damit ist Nachhaltigkeit integraler Bestandteil des Wirtschaftens.« Prof. Dr. Ralf Isenmann

BILDNACHWEIS // PHOTO CREDITS

Illustrationen auf S. // Figures on pp.
29, 47, 69, 89, 111, 131, 155: © David Davidopoulus/Rilke Design Studio

Fotos Umschlag // Cover Photos
U1: © fotolia, loreanto, **U4:** © Spiber Inc. | © Project Jacquard/Google ATAP Group | © aktiebolaget duo blau/Sharewear

Fotos auf S. // Photos on pp.
U1: © fotolia, loreanto | **10:** © fotolia, Eugenio Marongiu | **30:** © fotolia, Eugenio Marongiu | **36:** © CN2P | **40:** © Adam Harvey | **48:** © fotolia, Eugenio Marongiu | **53:** © fotolia, nito | **53:** © fotolia, Eugenio Marongiu | **58 l.:** © Tele2/Ida Klamborn | **58 r.:** © Tommy Hilfiger | **61:** © Björn Borg | **70:** © Project Jacquard/Google ATAP Group | **78:** © Adidas Futurecraft 3D | **79:** © Sponge Suit/Eray Carbajo | **80:** © See The Unseen | **81 :** © Spiber Inc. | **82:** © Adidas Futurecraft 3D | **86:** © Project Jacquard/Google ATAP Group | **87:** © Project Jacquard/Google ATAP Group | **90:** © fotolia, Eugenio Marongiu | **95:** © fotolia, Rawpixel.com | **95:** © fotolia, Eugenio Marongiu | **100:** © Erin Feinblatt | **110:** © Urte Kundrotaite/MUD Jeans | **112:** © fotolia, Eugenio Marongiu | **121:** ©Aquafil/ECONYL®brand | **121:** © Rafa Gallar | **121:** © Thomas Lohnes/gettyimages for Messe Frankfurt | **125:** © Philipp Koll/DeNAture | **125 :** © aktiebolaget duo blau/Sharewear | **126:** © Aquafil/ECONYL®brand | **132:** © fotolia, bananna | **137:** © fotolia, shirophoto | **137:** © fotolia, Eugenio Marongiu | **156:** © aktiebolaget duo blau/Sharewear | **157:** © Philipp Koll/DeNAture | **158:** © MFA Dress/Cute Circuit | **159:** © Aquafil/ECONYL®brand | **160:** © Rafa Gallar | **161:** © Christopher Ræburn/catwalking | **162:** © Matthieu Spohn | **163:** © Sponge Suit/Eray Carbajo | **164:** © Nudie Jeans | **165:** © Erin Feinblatt | **204:** © fotolia, Eugenio Marongiu | **208:** © Kern Kommunikation

»How come sustainability is not an integrated quality dimension? Why is it supposed to be something that has to be added »on top«? No! Humane, social and environmental compatibility are quality dimensions! Sustainability thus becomes an integral part of doing business.« Prof. Dr. Ralf Isenmann

INHALT // CONTENTS

EINLEITUNG INTRO

Mode lebt davon, sich immer wieder selbst neu zu erfinden. Genauso wie unsere Begeisterung für Mode jede Saison aufs Neue entsteht: beim Designprozess, beim Sourcing, bei der Kollektionsplanung oder beim Verkauf.

Mode begeistert und macht verdammt viel Spaß – ganz nebenbei lässt sich mit ihr auch richtig viel Geld verdienen. Dennoch gibt es Symptome, die darauf hindeuten, dass etwas Grundlegendes nicht stimmt mit unserer Branche. Zwar steigt der Textilumsatz global von Jahr zu Jahr an, gleichzeitig findet aber eine Konzentration auf immer weniger Marktteilnehmer statt. In ihrem Wettbewerb scheint es mehr um Konzepte als um Produkte zu gehen.

Viel wurde in den vergangenen Jahren über Fast Fashion und die Demokratisierung von Mode gesprochen. Ursprung dieser beiden Disruptionen sind die vertikal integrierten und dadurch superschnell und äußerst flexibel agierenden, gleichzeitig hochprofitabel wirtschaftenden Retail Labels. Sie haben einerseits den Markt durcheinandergewirbelt, andererseits die Verbraucher in einer Art und Weise für Mode begeistert und zu einem exzessiven Konsum angeregt, wie das vor ihrem Aufkommen unvorstellbar gewesen ist.

Ihren Erfolg ziehen sie aus der Vergrößerung des eigenen Marktanteils, der Erhöhung ihrer Absatzmengen und der Ausweitung von Margen. Up or out: Wer nach oben kommt, dem winken exorbitante Gewinne, der Rest fliegt herunter vom sich immer schneller drehenden Karussell. Es ist mit unserer Faszination für die Modebranche ein bisschen wie beim Stockholm-Syndrom; oder, um es angelehnt an Adorno zu sagen: Wir sind Gefangene, die ihre Zelle lieben.

Aber die Wände dieser Zelle kommen immer näher, und das liegt nicht nur am scharfen Wettbewerb. Stichworte wie Planetary Boundaries, Peak Everything oder wertebewusste Millennials deuten auf dieselbe Entwicklung hin: Kurzfristige ökonomische Ziele sind zwar noch erreichbar, die langfristige Performance aber schon längst nicht mehr planbar. Es ist die überfordernde Komplexität der Globalisierung, die unserer Branche zu schaffen macht. Am offensichtlichsten sind die ökologischen und sozialen Probleme. Es wäre allerdings vermessen zu behaupten, dass Unternehmen und ihre Manager

One essential part of fashion is that it continuously reinvents itself. That is what inspires fashion makers season after season as they design, source, plan, and sell their collections.

Fashion wows. Fashion is fun. And, incidentally, it is an opportunity to earn big money. There are symptoms, however, indicating that there is something fundamentally wrong with fashion. Global textile turnover may be rising year after year, but, at the same time, we see a concentration process that leaves the market with fewer and fewer participants. Competition appears to be more about concepts than about products.

Much has been said about fast fashion and the democratizing of fashion in recent years. Both are disruptive processes driven by vertically integrated retail labels, the verticality of which makes them ultrafast and extremely flexible. Dramatically stirring up the market, these labels have kindled customers' fascination with fashion and engendered behaviours of excessive consumption unimaginable in former times.

These labels are so effective thanks to the increasing of market shares and sales volumes, and the expanding of brands. It's a case of up or out: whilst potentially exorbitant profits await those who »make it«, everybody else is mercilessly thrown off the ever faster revolving carousel. In a way, our fascination with the fashion industry is reminiscent of Stockholm syndrome; or, to paraphrase Adorno: we are like prisoners who love their cells.

But the walls of these cells are increasingly closing in on us, and not only because of competition. Catchwords such as »planetary boundaries«, »peak everything«, and »value-conscious millennials« relate to the same development: whilst short-term economic objectives may still be achievable, long-term performance can no longer be planned for. Given the overwhelming complexity of globalization, our industry is faced with a tough battle, with the most obvious challenges being the ecological and social ones.

sich dessen nicht bewusst sind. Corporate Responsibility ist bei erfolgreichen Firmen Chefsache, der Nachhaltigkeitsbericht ist Usus. Und doch scheinen viele Anstrengungen nur Potemkinsche Dörfer zu produzieren: selbstreferenziell, die Gewinnverwendung beweihräuchernd, anstatt das Kerngeschäft ernsthaft zu überdenken.

Der Anstoß für einen Wandel wird wohl von außen kommen. Das müssen noch nicht einmal der Ökokollaps oder der Wertewandel sein, auch so etwas Profanes wie der technische Fortschritt ist dazu in der Lage, die Modebranche um 180 Grad zu drehen: Der Megatrend der kommenden Jahre ist die Digitalisierung. Aber auch 3-D-Druck, Konzepte wie Cradle to Cradle und Manufacturing on Demand oder intelligente Fasern und vollkommen neue Faserrohstoffe werden die heute bekannten textilen Wertschöpfungsprozesse umkrempeln.

Welche Auswirkungen diese Veränderungen haben werden und wie die Situation im Jahr 2025 sein könnte, beschreiben die Future Scenarios im ersten Teil dieses Buchs. Ein neues Verhältnis von Innovationen, neuen Technologien, einem veränderten Werteverständnis und der Konzeption von »Thrivability« statt Sustainability stehen dabei im Zentrum. Experteninterviews, die Vorstellung von Best Practices und, im zweiten Teil, Dossiers zeigen außerdem neue Entwicklungen auf und geben Handlungsempfehlungen für zukunftsorientiertes und verantwortungsbewusstes Wirtschaften in der Modebranche.

Dabei geht es vor allem um eins: konsequente Zukunftsorientierung. Nur mit ihr wird es Modeunternehmen gelingen, Innovation von inkrementeller Verbesserung abzugrenzen, holistische Ansätze in die Praxis umzusetzen, die Linearität ihrer Wertschöpfung zu überwinden, einen Net Positive Impact zu erzielen – allgemein gesprochen: Prozesse zu dekonstruieren und neu zu denken.

Vielleicht klingt es paradox, aber es gibt viele Gründe, optimistisch zu sein. Den bevorstehenden Paradigmenwechsel werden zwar viele Unternehmen nicht überstehen. Aber die durch die technologische Revolution entstehenden neuen Sachzwänge werden dafür sorgen, dass diejenigen Unternehmen, die in Zukunft erfolgreich sind, biophiler ausgerichtet sein werden. *Future.Fashion.Economics.* ist in diesem Sinne ein optimistischer Guide, der zum Ziel hat, Sie auf diesen anstehenden Paradigmenwechsel vorzubereiten, und sicherstellen möchte, dass die Faszination von Mode in Zukunft noch größer wird als dies heute schon der Fall ist.

It would be presumptuous to suggest that businesses and their managers weren't aware of this. For successful businesses, corporate responsibility is a top-level priority, and sustainability reports are a matter of course. Many efforts, however, seem to produce little more than Potemkin villages: they appear self-referential, boasting about responsible use of profits rather than seriously rethinking the actual core business.

It seems that change must be initiated by outside forces. Aside from the collapsing of the ecosystem or the shifting of values, even something as pragmatic as technological advancements may turn the fashion industry inside out: the megatrend of the coming years will be digitalization, 3D printing, concepts like Cradle to Cradle and manufacturing on demand. Additionally, smart fibres and totally new raw materials for fibres will shake up today's textile value-creation processes.

The first part of this book contains future scenarios describing the projected potential impact of these developments by 2025. They centre on a new relationship between innovation, new technologies, a changed understanding of values, and »thrivability« as a replacement for the familiar concept of sustainability. Additionally, interviews with industry experts, best practices, and – in the second part – dossiers illustrate new developments and make recommendations for future-oriented and responsible action in the fashion industry.

What it ultimately comes down to is consistent future-orientation. Only fashion businesses with a strong future perspective will be able to distinguish innovation from incremental improvement, implement holistic approaches, overcome the linearity of their value creation processes and achieve a net positive impact – in short, be able to deconstruct and rethink whatever they are doing.

Paradoxically, perhaps, there are many reasons for being optimistic. Many businesses may not survive the forthcoming paradigm shift. But the new practical constraints imposed by the technological revolution will make sure that the surviving businesses will be more biophile. In this sense, *Future.Fashion.Economics.* is an optimistic guide aiming to prepare you for the upcoming paradigm shift, and to make sure that the fascination of fashion will be even greater in the future than it already is today.

FUTURE SCENARIOS
I–VII

FUTURE SCENARIO I

ECONOMIC EVOLUTION

Globalisierung, Digitalisierung, Wandel der Arbeitswelt – in der Ökonomie haben sich gewaltige Umbrüche vollzogen. Angekommen im Jahr 2025, müssen sich Unternehmen nun auf tiefgreifende Veränderungen in Gesellschaft, Politik, Religion und an den Märkten einstellen. Wer dabei an hergebrachten Strukturen festhält, kann bald mit dem immer schnelleren Wandel nicht mehr mithalten. Geschäftspraktiken, die in vergangenen Jahrzehnten noch funktioniert haben, sind längst nicht mehr zeitgemäß; ganz gleich wie prägend und einflussreich sie einmal waren.

NEUE DENKMUSTER UND WERTESYSTEME

In der Welt des Jahres 2025 prägen komplexe adaptive Systeme und kollektive Intelligenz die Wirtschaftsstrukturen. Neue Denkmuster entstehen. Sie bewirken eine größere Offenheit für eine neue Weltsicht, neue Werte und Lebensmodelle.

Hatten einst Strategie, Technologie und Wettbewerb, Risikofreude, Egozentrismus, Macht und Kontrolle über Erfolg oder Misserfolg entschieden, haben sich jetzt neue Sichtweisen durchgesetzt: Sinn und ein erfülltes Leben sind wichtiger als materieller Besitz. Veränderungen gelten nicht mehr als bedrohlich, sondern werden als Triebfedern der Weiterentwicklung betrachtet. Das Leben ist im Fluss. Flexibilität und Spontaneität, in Verbindung mit einem ausgeprägten Sinn für Praktikabilität und Effektivität, sind die neuen Impulsgeber.

Dabei agieren evolutionäre Unternehmen weiterhin durchaus profitorientiert. Wirtschaftliche Aspekte betrachten sie

Globalization, digitalization, a changing world of work – the economy has gone through tremendous upheavals. Let's fast-forward to the year 2025, when organizations will face dramatic societal, political, religious and market transformations. Those clinging to traditional structures will be unable to keep pace. Business practices that worked for decades won't work any more, regardless of how formative and influential they once were.

NEW THINKING PATTERNS AND VALUE SYSTEMS

In the world of 2025, economic structures are characterized by complex adaptive systems and collective intelligence. New thinking patterns emerge, leading to greater openness to new worldviews, values and ways of life.

Whereas, in the past, businesses would succeed or fail based on strategy, technology, competition, risk-taking, selfishness, power and capacity for control, new perceptions have now taken root: fulfilment and a sense of purpose in life are more important than material possession. Change is no longer seen as a threat, but as the driving force behind development. Life is on the move. Flexibility and spontaneity, combined with a strong sense of practicability and effectiveness, are the new pacesetters.

Evolutionary organizations are still profit-driven. However, they no longer view economic aspects in isolation, but rather in an economic and social context: from

»Man kann ein Problem nicht mit den gleichen Denkstrukturen lösen, die zu seiner Entstehung beigetragen haben.« Albert Einstein

jedoch nicht mehr isoliert, sondern so, dass sie mit Ökologie und Sozialem eine Einheit bilden: Daraus entwickeln sie eine Philosophie, die nicht durch eine von außen gesetzte Moral, sondern aus einem inneren Selbstverständnis heraus geleitet wird, verbunden mit einer übergeordneten Aufgabe.

FÜHREN OHNE MACHT UND EGO

Hierarchische Strukturen existieren noch, sie wirken für die neue Unternehmer- und Mitarbeitergeneration jedoch veraltet und eingefahren. Das heißt nicht, dass die Rolle des Firmenchefs in evolutionären Unternehmen hinfällig geworden wäre, und auch nicht, dass alle Entscheidungen demokratisch getroffen würden. Im Gegenteil: Dem Einzelnen kommt eine größere Verantwortung zu. Das bedeutet dann beispielsweise bei einem großen Automobilhersteller, dass auch ein Mechaniker beschließen kann, eine neue vollautomatische Spritzgussmaschine anzuschaffen. Er trifft diese Entscheidung selbstverantwortlich, muss allerdings zuvor die Meinungen anderer einholen, zum Beispiel die des Controllings und des Einkaufs. Welchen Schluss er aus ihren Empfehlungen zieht, bleibt ihm überlassen – vorausgesetzt, sein Handeln ist im Sinne des Unternehmens.

Entscheidungen werden somit nicht nur auf Basis des Know-hows eines Einzelnen getroffen, aber auch nicht demokratisch im Kollektiv. Sie sind vielmehr das Ergebnis eines Entscheidungsfindungsprozesses, der die Meinung der relevanten Wissensträger mit einbezieht. Entscheidungsgrundlage sind Zahlen, Daten, Fakten – genauso wie die Bedürfnisse der Stakeholder.

Führungskräften eines evolutionären Unternehmens kommt eine neue Rolle zu. Sie sind diejenigen, die durch ihr permanentes »Hineinhören« in die Firma im Blick haben, was das übergeordnete Unternehmensziel ist. Sie verstehen sich stärker als Kommunikatoren, Vermittler und Lenker, und weniger als Wissens- und Entscheidungsträger. Sie sind wichtige Impulsgeber und beeindrucken durch ihre persönlichen Charaktereigenschaften. Sie zeichnen sich insbesondere durch ihren vertrauensvollen Umgang mit anderen, ihre Gelassenheit und ihr Empathie- und Einfühlungsvermögen aus. Ego und Macht allerdings spielen für sie längst keine Rolle mehr.

this view, they develop a philosophy that is not based on external moral laws, but on an internal self-conception, in conjunction with an overarching mission.

LEADERSHIP WITHOUT POWER AND EGO

Hierarchical structures still exist; however, in the eyes of the new generation of leaders and people, they are outdated and outworn. That doesn't mean that, in evolutionary organizations, executives have become obsolete, or that all decisions are made democratically. On the contrary: each individual bears greater responsibility. In the case of a major car manufacturer, for instance, this means that even a mechanic can decide to buy a new fully automated injection moulding machine. After consulting with others – e. g., the controlling and purchase department – he or she makes the final decision independently, provided it is in the best interest of the organization.

Thus, decisions are not arrived at entirely based on the knowledge of an individual, or democratically in the collective. Instead, they are the result of a decision-making process that takes into consideration the opinions of relevant bearers of knowledge. Decisions are based on numbers, information and data – as well as stakeholders' needs.

The new role of the leaders of an evolutionary organization consists in looking out for the overarching goals of the company and constantly »listening in« to it. Leaders consider themselves communicators, mediators and guiders rather than knowledge-bearers and decision-takers. They are important motivators, impressing others with their personal character traits. They stand out due to their trusting interactions with others, their equanimity, and their ability to empathize. Ego and power have long since lost their grip on them.

INTEGRITY, OPENNESS AND EXCHANGE

As an adaptive, complex system, the evolutionary or »integral« organization is extremely flexible, inventive

»We cannot solve our problems with the same thinking we used when we created them.« Albert Einstein

INTEGRALITÄT, OFFENHEIT UND AUSTAUSCH

Das evolutionäre oder auch »integrale« Unternehmen als adaptives, komplexes System ist äußerst flexibel, erfinderisch und schnell. Seine Strukturen und Prozesse sind einfach und unkompliziert. Die Komplexität der Welt bedeutet für ein solches Unternehmen keine Überforderung mehr, sondern Ansporn zu Neuem. Seine Inspiration und seine Anregungen zur Kreation von neuen Dienstleistungen und Tätigkeitsfeldern bezieht es aus permanent wechselnden Wettbewerbssituationen. Die Folgen sind stetiger Wandel, Innovation, technischer Fortschritt und unternehmerisches Handeln, die in eine Kultur der Eigenverantwortung, der Offenheit, des Austauschs, des Zusammenhalts und des gemeinsamen Eintretens für eine sinnstiftende Aufgabe eingebettet sind.

and fast. Its structures and processes are simple and straightforward. Such an organization perceives the complexity of the world no longer as an insurmountable challenge, but as a motivator to embark on new endeavours. When creating new services and fields of activity, it draws its inspiration from a permanently changing competitive environment. All of these factors lead to constant change, innovation, technological progress and entrepreneurship, embedded in a culture of personal responsibility, openness, exchange, team spirit, and joint commitment to a meaningful goal.

HERAUSFORDUNGEN
CHALLENGES

- Ablegen alter Denkmuster
- Konsequente Zukunftsorientierung
- Verstehen der Bedürfnisse einer neuen Generation
- Offenheit für ein neues Verständnis von Führung
- Ablegen der eigenen Egozentriertheit und Verzicht auf Machtstrukturen
- Vertrauen auf die Kraft der kollektiven Intelligenz
- Ausrichtung auf Sinn, Innovation und Fortschritt
- Anerkennung von Ökologie und Bewusstseinsentwicklung als relevante Einflussfaktoren

- Adopting new thinking patterns
- Constantly focusing on the future
- Understanding the needs of a new generation
- Being open to a new concept of leadership
- Renouncing egocentricity and letting go of power structures
- Relying on the force of collective intelligence
- Focusing on purpose, innovation and progress
- Acknowledging ecology and development of consciousness as relevant influencing factors.

FOKUS: INTEGRALE WIRTSCHAFT
FOCUS: AN INTEGRATED ECONOMY

DIE MENSCHHEIT IM STETIGEN WANDEL

Je größer die neuen Aufgaben in einer von Krisen gekennzeichneten Welt, desto schneller vollziehen sich Wandlungsprozesse. Weitet man für einen Moment den Blick und betrachtet die gesamte Menschheitsgeschichte, ist der evolutionäre Bewusstseinssprung, der sich gerade vollzieht, nur einer von vielen. Manche dieser Sprünge sind laut und ruckartig, dieses Mal scheint er sich still und leise zu vollziehen. Waren frühere Generationen durch offene Rebellion geprägt, lassen sich die letzten Jahrgänge der jungen Schul- und Universitätsabsolventen und Berufsanfänger eher als heimliche Revolutionäre charakterisieren. Sie sagen sich los von alten Denkweisen und festgefahrenen Verhaltensmustern, ohne dafür gleich auf die Straße zu gehen. Nachhaltigkeit, Antimaterialismus, die Aufhebung der Trennung von Arbeit und Freizeit, die Bevorzugung flacher Hierarchien, Selbstbestimmung, die Öffnung von Gestaltungsfreiräumen und die Frage nach dem Sinn – das sind ihre Triebfedern (siehe das Dossier »Werte« S. 199 ff.).

Wenn sich Werte und Bedürfnisse verschieben, bedeutet dies auch häufig, dass neue Geschäftsmodelle und Formen der Zusammenarbeit entstehen, die ganze Wirtschaftssysteme revolutionieren können. Wissenschaftler, Psychologen, Philosophen und Anthropologen haben immer wieder den Einfluss von solchen Veränderungen auf die Lebensumstände von Menschen und die daraus resultierenden kulturellen Werteverschiebungen untersucht. Zu ihrer Erklärung kann noch heute ein Modell dienen, das der US-amerikanische Psychologe Abraham Harold Maslow in den 1930er Jahren entwickelt hat: die sogenannte Bedürfnispyramide (siehe Abb. FS1). Die Evolution der Menschheit und die Entwicklung ihrer Werte bis hin zum Bedürfnis nach Selbstverwirklichung sind – dies zeigt Maslows Modell – keineswegs getrennt von den Wandlungsprozessen in der Wirtschaft zu betrachten. Vier moderne, zwar unterschiedliche, aber doch nahe beieinander liegende Modelle schließlich, die die enge Verzahnung von Bewusstseinsentwicklung und wirtschaftlichem Wandel verdeutlichen, sind die Theorie U, der MEMEnomics-Ansatz, das Bild von den Teal Organizations und der Trend zur »Blauen Ökologie«. Alle vier Denkansätze werden im Folgenden ausführlicher vorgestellt.

HUMANKIND IS CONSTANTLY CHANGING

The greater the challenges a crisis-stricken world faces, the faster it changes. If we take a look at the history of humankind, we realize that the evolutionary leap of consciousness happening now is just one among many others. Whilst some of these leaps were noisy and disruptive, the current one seems to be taking place quietly. Whereas earlier generations expressed themselves in open rebellion, recent groups of school and university graduates could better be described as clandestine revolutionaries. They disavow old thinking patterns and crusty behavioural norms without feeling inclined to turn out in the streets en masse. Their driving forces are sustainability, anti-materialism, the breaking down of the distinction between work and leisure time, a preference for flat hierarchies, self-determination, creative freedom, and the quest for purpose (see the »Values« dossier on pp. 199 ff.).

Shifting values and needs also frequently lead to the emergence of new business models and forms of collaboration that have the potential to revolutionize whole economic systems. Scientists, psychologists, philosophers and anthropologists have repeatedly examined the impact of such changes on people's living conditions and the resulting cultural value shifts. The hierarchy of needs, a model once developed by the American psychologist Abraham Harold Maslow (see fig. FS1), may help to illustrate this: the evolution of humankind and the development of people's values, all the way up to the need for self-realization, are by no means to be viewed as separate from the processes of change in the economy.

Four slightly different contemporary models showing the interlinking between consciousness development and economic change are Theory U, the MEMEnomics approach, the metaphor of »teal organizations« and the trend towards a »blue ecology«. In the following, each of them will be described in further detail.

Abb. | Fig. FS1 **Bedürfnispyramide nach Maslow** // Hierarchy of Needs according to Maslow

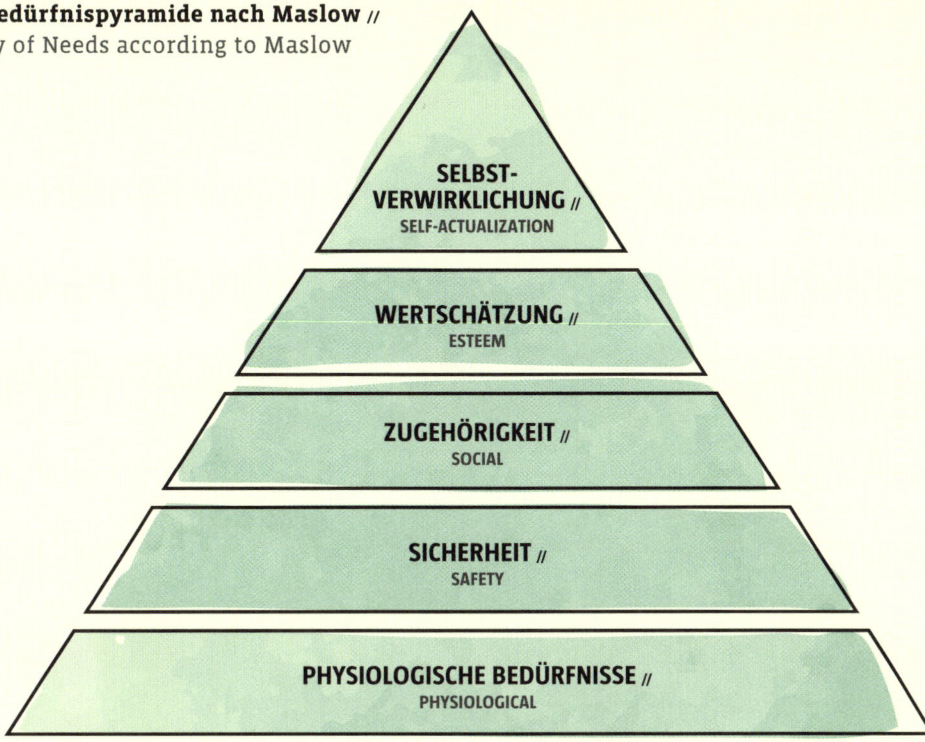

Quelle: Eigene Darstellung nach »Gabler Wirtschaftslexikon« // Source: Diagram based on »Gabler Wirtschaftslexikon«

Diese vier Modelle einer integralen Wirtschaft vereinen in ihrem Denken Wertewandel, Bewusstseinsentwicklung, Ökologie und Ökonomie. Ihre gemeinsame Perspektive: ein systemischer Wandel und die nächste Stufe der menschlichen Evolution.

1. THEORIE U

»Theorie U. Von der Zukunft her führen«, so lautet das 2014 erschienene Buch des zum Stab des US-amerikanischen Massachusetts Institute of Technology (MIT) zählenden Wirtschaftswissenschaftlers C. Otto Scharmer. Der deutsche Forscher und Berater beschreibt darin eine neue Führungsmethode, die aus der ökologischen und sozialen Verantwortung des Managements in Unternehmen erwächst. Im Zentrum seiner Theorie steht der Ansatz, »von der Zukunft her zu führen«. Einher geht sein Modell mit einem Perspektivwechsel: vom »Egosystem-Bewusstsein« hin zum »Ökosystem-Bewusstsein«.

Scharmer setzt jede Phase der evolutionären Entwicklung von Gesellschaft und Wirtschaft in direkte Beziehung zum Erreichen einer neuen Stufe der Bewusstseinsentwicklung. Systemische Veränderungen finden laut seinen Worten statt, wenn externe Veränderungen (Push-Faktoren) und Bewusstseinsentwicklung (als Pull-Faktor) aufeinandertreffen: Daraus entsteht soziale Evolution. »Wenn diese zwei Kräfte kollidieren, können

These four models describe an integrated economy, all of which identify value change, consciousness development, and environmental and economic trends as the drivers of systemic change towards the next step of human evolution.

1. THEORY U

»Theory U: Leading from the Future as It Emerges« is the title of a book published by MIT economist C. Otto Scharmer in 2014. In this book, Scharmer, a German researcher and consultant, describes a new method of leadership, which he views as the natural consequence of the environmental and social responsibility of corporate management. Theory U is centred on the idea of »leading from the future«. It proposes a shift of paradigm: from »ego-system consciousness« to »eco-system consciousness«.

According to Scharmer, each phase of societal and economic evolution relates directly to achieving a new level of consciousness. Systemic change results from a combination of external change (push factor) and consciousness development (pull factor), leading to social evolution: »Wherever these two forces collide, we see

»Es geht nicht darum, eine weitere Finanzkrise in den Griff zu bekommen, und dann haben wir es geschafft. Es geht vielmehr darum, die systemischen Grenzen grundsätzlich zu überwinden.« C. Otto Scharmer

Berge versetzt werden. Das haben wir 1989 mit dem Fall der Berliner Mauer gesehen; 1991 mit dem Fall der Sowjetunion; 1994 mit dem Ende der Apartheid in Südafrika; 2011 mit dem Zusammenbruch des Mubarak-Regimes in Ägypten und des Gaddafi-Regimes in Libyen«, schreibt er. Scharmer geht davon aus, dass in den 2010er Jahren noch viele Mauern fallen werden. Dafür müssten grundlegende Strukturen überdacht, neu erfunden und anschließend transformiert werden. Der Welt stehe ein grundlegender systemischer Umbruch bevor: »Es geht nicht darum, eine weitere Finanzkrise in den Griff zu bekommen, und dann haben wir es geschafft. Es geht vielmehr darum, die systemischen Grenzen grundsätzlich zu überwinden.«

In seiner »Matrix der Ökonomischen Evolution« beschreibt Scharmer fünf Entwicklungsstufen der Wirtschaft: die kommunale Wirtschaft (0.0), die staatliche Regulierung (1.0), den freien Markt (2.0), den sozialen Markt (3.0) und die bevorstehende Phase der ko-kreativen Wirtschaft (4.0). Für die »Ökonomie 4.0«, das neue Wirtschaften des 21. Jahrhunderts, müssen seinen Worten zufolge die Faktoren Umwelt, Arbeit, Kapital, Führungsstile, Technologie, Konsum, Koordination und Eigentum neu gedacht und in einen neuen Kontext gestellt werden. Der Versuch, jeden Faktor für sich allein anzugehen, ende nur in einem Flaschenhals. Bringe man die Ansätze zur Reduzierung des ökologischen Fußabdrucks, die Kraft der neuen Entrepreneure, die Neuausrichtung globaler Kapitalströme, Führung unter Einbeziehung von Einfühlungsvermögen und Zukunftsorientierung, den technologischen Fortschritt hin zu einer dritten industriellen Revolution, bewussten, gemeinschaftlichen Konsum, kollektives Handeln und Gemeineigentum jedoch zusammen, entstehe eine spiral- oder U-förmige evolutionäre Form, die die vorherigen linearen und pyramidenförmigen Systeme miteinander kombiniere. Die Transformation hin zur Economy 4.0 könne beginnen.

2. MEMENOMICS

»MEMEnomics« heißt der systemische Ansatz des Kulturökonomen, Beraters und Autors Said E. Dawlabani. In seinem Buch »MEMEnomics. The Next Generation Economic System« aus dem Jahr 2013 wendet er die Ebenentheorie über die

mountains move, as they did in 1989 with the collapse of the Berlin Wall; in 1991 with the collapse of the Soviet Union; in 1994 with the collapse of the apartheid system in South Africa; in 2011 with the collapse of the Mubarak regime in Egypt and with the collapse of the Ghaddafi regime in Libya«, Scharmer writes. He believes that there are many more walls to fall during the 2010s. If this is to be accomplished, basic structures have to be reconsidered, reinvented and transformed accordingly. The world is faced with a tremendous need for change: »It's not a matter of dealing with one more financial crisis and then we're done. It's a matter of addressing the systemic limits at their root.«

In his »economic evolution matrix«, Scharmer identifies five stages of economic development: communal economy (0.0), state-centric regulation: mercantilism, state capitalism (1.0), free market (2.0), social market (3.0), and a future stage: co-creative economy (4.0). To create an »economy 4.0« for the twenty-first century, says Scharmer, factors such as nature, labour, capital, leadership, technology, consumption, co-ordination, and ownership have to be rethought and put into a new context. Attempting to deal with each factor individually will lead us to a dead end. However, if we reduce the ecological footprint, leverage the power of new entrepreneurs, re-channel global capital flows, and lead with empathy and a focus on the future, making technological progress, acting collectively, and innovating by common-based property rights, a spiral or U-shaped evolutionary curve emerges that combines the linear and pyramidal systems of the past. The transformation towards economy 4.0 can begin.

2. MEMENOMICS

»MEMEnomics« is the name that the cultural economist, consultant and author Said E. Dawlabani gives to his approach. In his 2013 book »MEMEnomics: The Next Generation Economic System«, he applies psychologist Clare E. Graves' »theory of levels of human existence«

»It's not a matter of dealing with one more financial crisis and then we're done. It's a matter of addressing the systemic limits at their root.« C. Otto Scharmer

Persönlichkeitsentwicklung des Psychologen Clare W. Graves und das »Spiral Dynamics«-Konzept der Wertesysteme von Don Edward Beck und Christopher Cowan auf die Ökonomie an. Er führt das Verständnis kultureller Werte zusammen mit dem Verständnis von Wirtschaft und kommt zu erstaunlichen Ergebnissen. Dawlabani vertritt dabei die These, dass lineare Wirtschaftsmodelle, die ausschließlich auf einem traditionellen Verständnis menschlicher Produktivität beruhen, nur noch teilweise eine Antwort auf die Herausforderungen einer immer komplexeren Zukunft sind. Er nimmt an, dass sich Kultur stufenweise entwickelt (siehe Abb. FS2) und dass man wirtschaftliche Vorgänge nicht getrennt von der gesellschaftlichen Entwicklung betrachten kann.

Laut Dawlabani werden etwa 55 bis 60 Prozent des Welt-Bruttoinlandsprodukts gegenwärtig immer noch auf einer Stufe generiert, auf der allein Strategien und Interessen von Unternehmen im Mittelpunkt stehen. Ein kleiner Teil von circa 7 bis 10 Prozent stehe jedoch bereits auf der siebten Ebene oder »integralen Stufe«, die die Fähigkeit zu systemischem Denken und globalen Werten mit einbeziehe. Die Prinzipien, die diese Stufe bestimmen, sind bereits Teil unserer heutigen Gesellschaft; in Zukunft würden sie die derzeit dominanten Gesellschafts- und Wirtschaftsformen vollkommen auf den Kopf stellen (siehe das Interview mit Said Dawlabani, S. 22 ff.).

3. TEAL ORGANIZATIONS

Wie Unternehmen aussehen, die nach einem integralen Werte- und Wirtschaftsverständnis agieren, hat auch Frederic Laloux in seinem 2015 auf Deutsch erschienenen Buch »Reinventing Organizations« detailliert beschrieben. Der ehemalige Associate Partner von McKinsey & Company begleitet heute als gefragter Berater Führungskräfte bei der grundlegenden Neuausrichtung von Unternehmen auf Basis neuester Erkenntnisse zur Bewusstseinsentwicklung. Nach intensiver Forschung und zahlreichen Interviews mit Wirtschaftsmanagern kam er zu dem Ergebnis: Es gibt sie bereits, die integralen Unternehmen. Und zwar in den unterschiedlichsten Branchen, egal ob profitorientiert oder gemeinnützig, mittelständisch und inhabergeführt oder in Konzernstrukturen.

and Don Edward Beck and Christopher Cowan's »spiral dynamics« concept to the economy, with astonishing results. Dawlabani argues that linear economic models that are exclusively based on a traditional notion of human productivity provide only a partial answer to the challenges of an ever more complex future. He assumes that culture develops in stages (see fig. FS2) and that economic processes should not be viewed in isolation from the development of society.

According to Dawlabani, between 55 and 60 percent of global gross domestic product is still being produced on levels that are dominated by corporate strategies and interests. A small proportion of about 7 to 10 percent, however, occurs on the seventh or »integral« level, at which global values and the ability to think systemically also play a role. The characteristic principles of this stage are already part of today's society; in the future, they are going to turn our existing societal and economic system upside down (see the interview with Said Dawlabani on pp. 22 ff.).

3. TEAL ORGANIZATIONS

Likewise, in his 2014 book »Reinventing Organizations«, Frederic Laloux describes in detail what an organization looks like that acts on an integral understanding of values and the economy. Laloux is a sought-after consultant and former associate partner with McKinsey & Company. He works with corporate executives, helping them to fundamentally reorient their organizations based on cutting-edge insights into consciousness development. Based on intensive research and numerous interviews with corporate managers, he learned that integral organizations already exist in a broad range of industries: profit-oriented or non-profit, medium-sized and owner-managed or larger-scale.

Laloux' book is a portrait of these companies he calls »teal organizations«. Teal, the green-blue colour, stands for the highest stage that organizations have reached so far. Here, Laloux refers only to organizations

Abb. | Fig. FS2 MEMEnomics: Die psychosoziale DNA des Kapitalismus //
MEMEnomics: The Psychosocial DNA of Capitalism

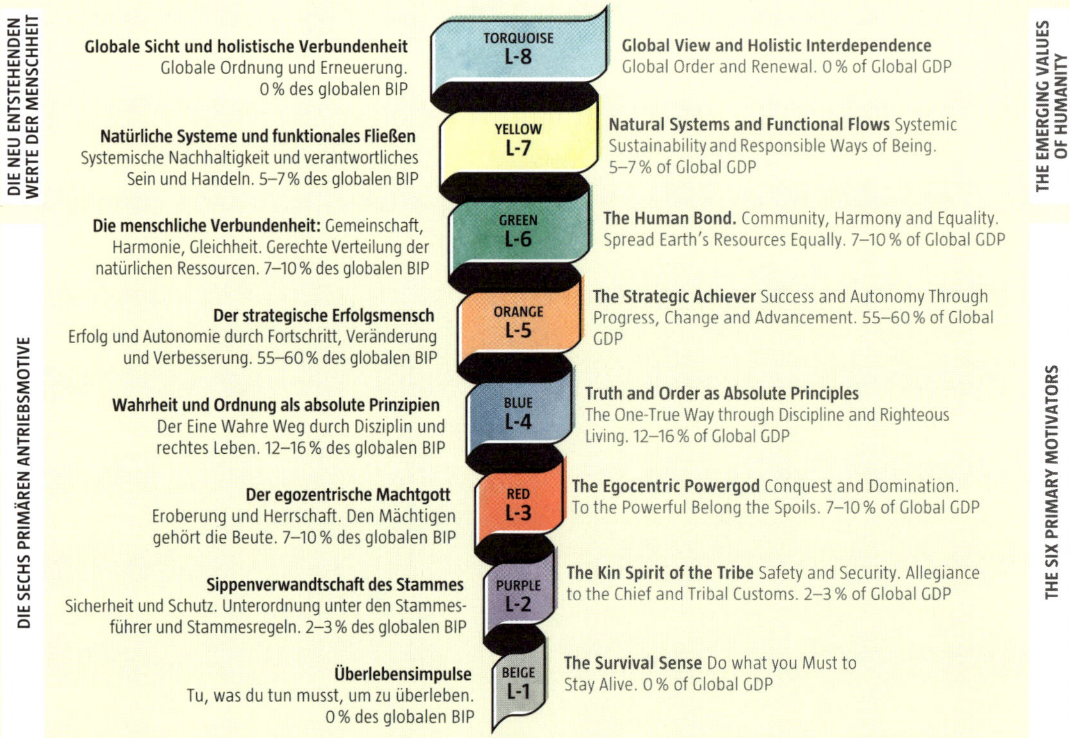

Quelle: Eigene Darstellung nach Said E. Dawlabani/MEMEnomics Group. // Source: Diagram based on Said E. Dawlabani/MEMEnomics Group.

Laloux bezeichnet diese Unternehmen als »Teal Organizations«. Teal, der englische Name für eine auch als Petrol bezeichnete, grünblaue Farbe, ist demnach die höchste Stufe, die Unternehmen heute erreicht haben. Genau sie hat Laloux als Basis für sein Buch untersucht. Dabei bezog er ausschließlich Firmen mit ein, die mehr als 100 Mitarbeiter beschäftigen und mindestens seit fünf Jahren nach einem integralen Wertesystem arbeiten. Zu diesen Unternehmen zählten unter anderem der Tomatenverarbeiter Morning Star, der Outdoor-Bekleidungshersteller Patagonia, Buurtz.org, ein niederländisches im Gesundheitswesen tätiges Unternehmen, oder Sun Hydraulics, ein Anbieter von Hydraulik-Lösungen.

Bei seinen Analysen hat Laloux drei wesentliche Merkmale für eine Teal Organization identifiziert: Selbstmanagement, Ganzheit und evolutionären Sinn.

with more than one hundred people that have been working on the basis of an integral value system for at least five years. They include the tomato processor Morning Star, the outdoor clothing manufacturer Patagonia, the health company Buurtz.org, and Sun Hydraulics, a provider of hydraulics solutions.

In his analyses, Laloux has identified three key characteristics of a teal organization: self-management, wholeness, and an evolutionary purpose.

- *Self-management* enables an integral organization to be extremely effective. Information is accessible to everybody. Team achievement is more important than individual achievement. Each employee is authorized to take entrepreneurial decisions he or she deems necessary for the organization – after

- Durch ihr ***Selbstmanagement*** arbeiten integrale Organisationen höchst effektiv. Informationen sind für alle zugänglich. Im Team gefundene Ergebnisse sind wichtiger als Einzelleistungen. Jeder Mitarbeiter ist befugt, unternehmerische Entscheidungen zu treffen, wenn er der Meinung ist, dass sie für das Unternehmen notwendig sind. Allerdings muss er dafür zuvor Informationen von betroffenen Personen und von Experten für das jeweilige Fachgebiet einholen. Das bedeutet mehr Verantwortung für den Einzelnen, aber auch größere Freiheit. Unternehmen agieren dadurch in der Regel schneller, da Entscheidungen nicht in langwierigen Konsensfindungsprozessen gefällt werden, aber eben auch nicht innerhalb eines hierarchischen Systems durch den Firmenchef.
- Das Streben nach ***Ganzheit*** spiegelt sich vor allem darin wider, dass der Mitarbeiter nicht auf sein »berufliches Selbst« reduziert, sondern in seiner Gesamtheit gesehen wird. Menschen sollen sich nicht hinter einer professionellen Maske verstecken müssen, sondern sich voll einbringen können, mit all ihrer Energie, Leidenschaft und Kreativität. Für eine Teal Organization ist es besonders wichtig, dass die für sie gültigen Werte aktiv gelebt werden. Dafür müssen keine werbewirksamen Slogans oder eine Corporate Identity erfunden werden, sondern sie entstehen selbstbestimmt durch die unternehmenseigene Ausrichtung und den übergeordneten Sinn des Unternehmens. Achtsamkeit, Teamorientierung, die Möglichkeit zur Persönlichkeitsentwicklung, Konfliktlösungsbereitschaft, eine gemeinsame Kultur und ein ausgeprägtes Engagement für die Erhaltung der Umwelt sind häufig kennzeichnend für ihre integrale Organisationsform.
- Das dritte Hauptmerkmal einer Teal Organization ist ihr *evolutionärer Sinn*. Er steht über allem. Es geht für ein solches Unternehmen nicht um das Erreichen wirtschaftlicher Kennzahlen, sondern um die Erfüllung einer übergeordneten, sinnstiftenden Aufgabe. Sie beeinflusst die Ausrichtung des Unternehmens bei der Art und Weise, wie es seine Dienstleistungen anbietet oder Güter produziert, genauso wie das Verhalten der Mitarbeiter untereinander. Wettbewerb, von Streben nach Dominanz und Egozentrismus geprägte Strukturen treten in den Hintergrund. Ein integrales Unternehmen

consulting those affected by the decision, and taking advice from experts in the field. This means more responsibility for each individual, but also more freedom. As a rule, organizations act faster, as decisions do not involve lengthy consensus-building processes, nor are they the corporate leader's exclusive domain within a hierarchical system.

- The pursuit of ***wholeness*** is primarily reflected by the fact that employees are not reduced to their »professional selves«, but are instead seen in their wholeness. Instead of hiding behind a professional mask, people should be able to fully commit themselves and to contribute a maximum of energy, passion and creativity. A teal organization strives to actively live the values it holds dear. To achieve this, no catchy slogans and no corporate identity need be invented, as these values emerge by themselves from the corporate identity and the overarching purpose of the organization. Mindfulness, team orientation, the possibility of developing one's own personality, a willingness to solve conflicts, a joint culture and a clear commitment to preserving the environment are frequent markers of integral organizations.
- The third key characteristic of a teal organization is its *evolutionary purpose*. It is more important than anything else. A teal organization doesn't care as much about achieving economic targets, as it cares about fulfilling an overarching mission. This mission impacts the way the organization provides services and produces goods, as well as the behaviour of its people among themselves. Competition and the quest for dominance and egocentricity move to the background. An integral organization is neither exclusively outward-oriented, nor is it obsessed with itself. Instead, it combines outward and inward orientation. It appears to be like a living organism. Rather than planning and controlling, a teal organization strives to explore the things that will help it to fulfil its evolutionary mission.

ist weder ausschließlich nach außen noch zwanghaft nach innen orientiert, sondern verbindet beide Ausrichtungen. Es wird als eine Art lebendiger Organismus gesehen. Für ein solches Unternehmen geht es weniger darum, zu planen und zu kontrollieren, sondern vielmehr darum, herauszufinden, was für die eigene Organisation richtig ist, um ihren evolutionären Sinn zu erfüllen.

4. DIE BLAUE ÖKOLOGIE

Die Evolution der Wertesysteme wirkt sich auch auf das Verständnis von Ökologie aus. Einer von neun Zukunftstrends im Zukunftsreport 2016 des Frankfurter Zukunftsinstituts heißt »Die Blaue Ökologie«. Er basiert auf dem Konzept der Blue Economy, das von dem belgischen Unternehmer und Designer Gunter Pauli entwickelt wurde. Die Natur befindet sich demnach im konstanten Wandel. Zu jeder Zeit finden Innovationen statt. Negatives wandelt sich zu Positivem. Probleme werden als Möglichkeiten verstanden. Im Zukunftsreport 2016 hat der Leiter des Zukunftsinstituts, Matthias Horx, fünf Kernaussagen der Blauen Ökologie herausgearbeitet und stellt sie der alten »grünen« Ökologie gegenüber (siehe Abb. FS3). Die Blaue Ökologie beschreibt er als einen neuen Öko-Modernismus, der den »Abschied von der grünen Logik der Knappheitsschuld« und »den Beginn eines neuen, zukunftsweisenden Ökologie-Verständnisses« markiert (siehe Future Scenario »Thrivability«, S. 133 ff.).

4. BLUE ECOLOGY

The evolution of value systems also impacts the understanding of ecology. One of the nine future trends identified by the Frankfurter Zukunftsinstitut (lit. Frankfurt Institute of Future Studies) in its 2016 Future Report is »blue ecology«. It is based on the »blue economy« concept developed by the Belgian entrepreneur and designer Gunter Pauli. According to this concept, Nature is constantly changing. Innovations may take place at any moment. Negatives can turn into positives. Problems are suddenly seen as opportunities. In the 2016 Future Report, Matthias Horx, Head of the Zukunftsinstitut, proposes five key statements of the blue ecology and contrasts them with the old »green ecology« (see fig. FS3). He describes the »blue ecology« as a new eco-modernism that marks the »end of the green logic of scarcity-driven remorse« and the »beginning of a new forward-looking notion of ecology (see the »Thrivability« future scenario on pp. 133 ff.).

Abb. | Fig. FS3 **Von der »Grünen Ökologie« zur »Blauen Ökologie«** // From »Green Ecology« to »Blue Ecology«

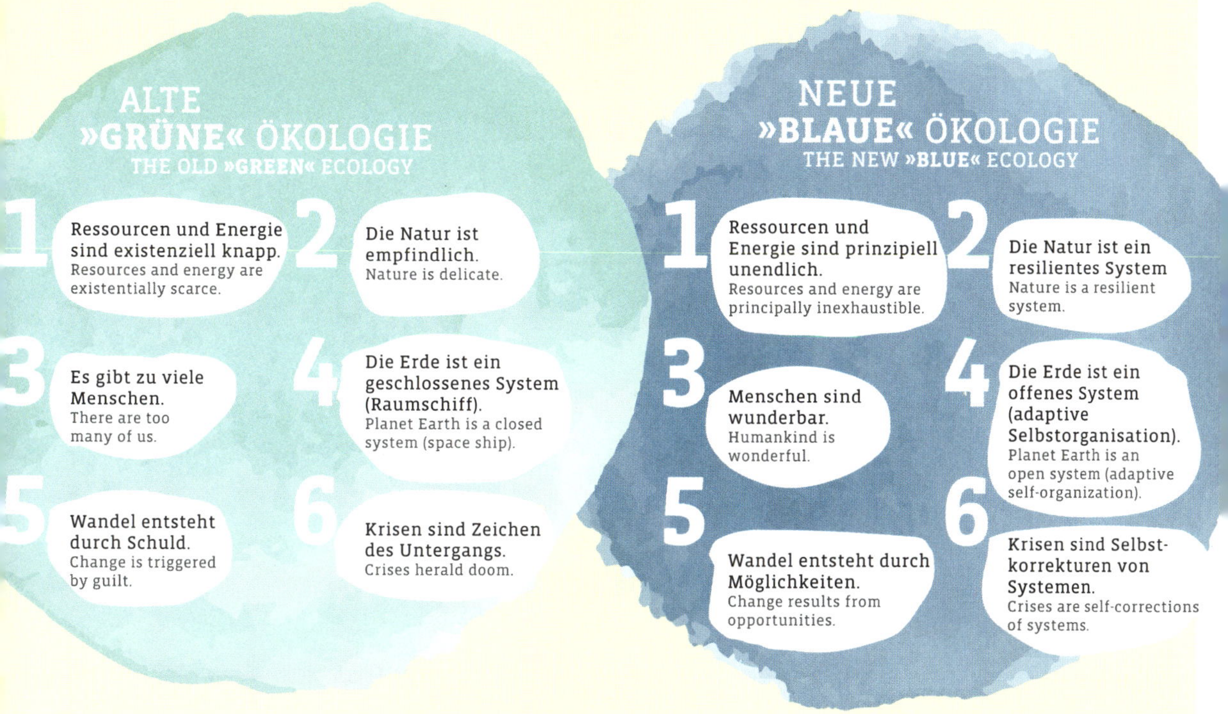

Quelle: Eigene Darstellung nach »Zukunftsreport 2016« // Source: Diagram based on »Zukunftsreport 2016«

TO DO'S

- Bisherige Prozesse und Strukturen hinterfragen
- Alle Aktivitäten auf eine sinnstiftende Aufgabe ausrichten
- Die Bedürfnisse aller Stakeholder mit einbeziehen
- Unnötige Hierarchien beseitigen
- Mitarbeiter informieren und in den Transformationsprozess einbeziehen
- Eine offene Kommunikationskultur etablieren
- Konflikte zulassen und lösen
- Werte nicht nur schriftlich festlegen, sondern leben

- Questioning existing processes and structures
- Orienting all activities towards a meaningful goal
- Catering to the needs of each stakeholder
- Removing unnecessary hierarchies
- Keeping people informed and committed to the transformation process
- Establishing an open culture of communication
- Allowing for and solving conflicts
- Living values, instead of just writing them down

»Evolutionäre Konzepte, die von der gegenwärtigen Denkweise abweichen, werden häufig als Hokuspokus abgetan.«

Said E. Dawlabani *im Interview über evolutionäre Wertesysteme in der Ökonomie, den Blick auf das Große Ganze, umwälzende Innovationen und den Kreislauf von Entstehung und Zerstörung als Grundlage für die Weiterentwicklung von Unternehmen und Wirtschaftssystemen.* // ***Said E. Dawlabani** on evolutionary economic value systems, the Big Picture, disruptive innovations and the cycle of emergence and disappearance as the basis for growth and development in organizations and economic systems.*

Sie waren 25 Jahre lang Immobilienentwickler. Jetzt sind Sie Berater und Buchautor und revolutionieren die Wirtschaftswelt mit ihrem systemischen Ansatz der Evolutionsökonomik. Wie kam es zu diesem Wandel?

Ich habe mit Dr. Don Edward Beck, dem Mitentwickler der Spiral-Dynamics-Theorie, zusammengearbeitet. Ich war überwältigt von seinem Modell. Es steigert die eigenen Fähigkeiten bei der Herausbildung eines evolutionären Denkprozesses. 2006/2007 hatten wir dann die Immobilienkrise in den Vereinigten Staaten, das war meine Chance, meiner Karriere eine neue Richtung zu geben ...

... und das Buch »MEMEnomics: The Next Generation Economic System« zu schreiben. In Europa, Korea und China hat man Sie gefeiert, in den USA waren die Reaktionen eher verhalten. Wie erklären Sie sich das?

Es ist deutlich einfacher, jemandem ein Evolutionsmodell zu erklären, der damit nicht in irgendeiner Weise verbunden ist. Die evolutionäre Stufe, auf der die USA gerade stehen, basiert stark auf individuellen, kapitalistischen Werten. Jedes evolutionäre Konzept, das von der gegenwärtigen Denkweise abweicht, wird häufig als Hokuspokus abgetan. Europa steht bereits auf einer anderen Stufe. Korea und China wiederum sind offene Systeme. Dort werden Innovationen vorangetrieben, ohne dabei in einem bestimmten System festzuhängen.

You used to be a residential developer for 25 years. Today, as a consultant and author, you are revolutionizing the economic world with your systemic concept of evolution in economy. What made you switch careers?

I worked with Dr. Don Edward Beck, the co-author of the spiral dynamics theory. His model overwhelmed me. It helps you increase your ability to develop an evolutionary process of thinking. Then there was the housing crisis of 2006-07 in the United States, which gave me the opportunity to embark on a new career...

... and to write the book »MEMEnomics: The Next Generation Economic System«. In Europe, Korea, and China, it was highly acclaimed; however, in the United States, response is modest. How do you explain this?

It is much easier to explain an evolutionary model to someone who is not affected by it in some way. The state of evolution in the United States is strongly based on individualistic, capitalistic values. Evolutionary concepts that are not in sync with mainstream thinking tend to be dismissed as hocus-pocus. Korea and China, on the other hand, are open systems, pressing ahead with innovations without being tied to one particular system. I believe that this is what made my book so successful in those regions.

»Evolutionary concepts that are not in sync with mainstream thinking tend to be dismissed as hocus-pocus.«

Ich glaube, das ist es, was mein Buch dort so erfolgreich gemacht hat.

Sie sagen, 80 Prozent der heutigen Unternehmen stünden auf der fünften Stufe Ihres Wertesystems. Was ist typisch für diese Organisationen?

In jedem Wirtschaftssystem gibt es Unternehmen auf der fünften, sechsten und siebten Stufe. Es gibt niemals einen klaren Schnitt. Auch nicht innerhalb eines Unternehmens. Memecompositions – so bezeichnen wir das. Verschiedene Firmen haben verschiedene Schwerpunkte. Es ist mir wichtig, dies vorweg zu sagen. Nun zu Ihrer Frage: Unternehmen, deren Schwerpunkt auf der fünften Stufe liegt, sind strategisch und wissenschaftlich orientiert – sie wollen die Geheimnisse der Welt entdecken. Sie sind typischerweise hierarchisch organisiert und sehr unnachgiebig. Sie sind zu groß, um zu versagen – auf Kosten ihrer eigenen Leistungsfähigkeit. Sie sind ein Modell für ein Gesamtsystem, das daran glaubt, dass die Macht der Menschheit in der Konzentration des Reichtums liegt. Unternehmen auf der fünften Stufe sind sehr verschlossen. Ihr Engagement für den Schutz der Erde und der Ökosysteme ist begrenzt. Wir erreichen die Grenzen des Wachstums. Unternehmen auf der fünften Stufe haben keine Antworten darauf. Sie sind wie der Vogel Strauß: Sie stecken ihren Kopf in den Sand und denken, dass die Probleme von allein verschwinden werden.

Ganz anders die Werte auf der sechsten Stufe. Wie beeinflussen sie unser Wirtschaftssystem?

Organisationen auf der sechsten Stufe basieren auf dem Gedanken des Gemeinwohls, für sie stehen humanitäre und egalitäre Werte im Vordergrund. Die Struktur dieser Systeme ist im Allgemeinen horizontal und zirkulär. Organisationen der sechsten Stufe sind meist in lokalen Gemeinschaften verankert, ihre Eigentümer und Vorstände sind häufig noch Mitglieder dieser Gemeinschaften. In ihrer Weltanschauung setzen sie »groß« gleich mit »böse«. Für eine Organisation mit einem solchen Wertesystem ist Glück wichtiger als Reichtum. Die treibenden Kräfte sind für sie das Teilen und die Stärkung der

You say that 80 percent of today's organizations operate on the fifth level of your value system. What are the characteristics of these organizations?

In each economic system, there are organizations operating on the fifth, sixth and seventh level. There is never a clear-cut distinction – not even within an organization. We talk about memecompositions. Different companies have different focuses. That said, let us return to your question: Organizations with its centre of gravity on the fifth-level system are strategically and scientifically oriented – they want to discover the secrets of the world. They are too big to fail, which by itself reduces their capacity to perform. They mirror the system as a whole, in that they believe that the power of humankind depends on a concentration of wealth. Organizations that are operating on the fifth level are very secretive. Their commitment to preserving the Earth and its ecosystems is limited. We are nearing the limits of growth. Organizations operating on the fifth level have no answer to this. They are like ostriches, sticking their heads in the sand and hoping that problems will disappear just by themselves.

Whereas sixth-level values are quite different. How do they impact our economic system?

Organizations operating on the sixth level build on community values. To them, humanitarian and egalitarian values are most important. The structure of these systems tends to be horizontal and circular. Organizations operating on the sixth level are mostly anchored in their communities, with owners and directors being honoured members of the latter. In their worldview, »big« is synonymous with »bad«. For an organization endorsing these values, happiness always trumps wealth. They are eager to share and to deepen the human bond. There is no boss. Everyone has an equal voice. The smaller such organizations are, the more efficient they tend to be. Once they have got 20 to 30 employees, they become difficult to manage.

»Wir erreichen die Grenzen des Wachstums. Unternehmen auf der fünften Stufe haben keine Antworten darauf. Sie sind wie der Vogel Strauß: Sie stecken ihren Kopf in den Sand und denken, dass die Probleme von allein verschwinden werden.«

zwischenmenschlichen Beziehungen. Es gibt keinen Chef. Jeder hat eine gleichwertige Stimme. Je kleiner solche Organisationen sind, desto effizienter sind sie. Wenn sie erst einmal 20, 30 Mitarbeiter haben, lassen sie sich nur noch äußerst schwer führen. Das bekannteste Beispiel hier aus den USA ist der Online-Schuhhändler Zappos. Als Zappos versucht hat, eine Es-gibt-keinen-Chef-wir-sind-alle-gleich-Struktur einzuführen, haben 20 Prozent der Belegschaft gekündigt. Man hat versucht, eine Holakratie, also eine Praxis und Struktur, die es den daran Beteiligten ermöglicht, sich selbst zu organisieren und autonome Entscheidungen zu treffen, in ein System einzuführen, das noch nicht bereit für eine holakratische Ordnung war. Unternehmen auf der sechsten Stufe des Wertesystems machen etwa 7 bis 10 Prozent der Weltwirtschaft aus.

Und wie sieht – im Unterschied dazu – ein integrales Wirtschaftssystem aus?

Integrale Wirtschaftssysteme, die auf der siebten Stufe stehen, sehen das Große Ganze. Sie tendieren dazu, unternehmerisches Verhalten mit Nachhaltigkeit zu verbinden, sie verlagern ihren Fokus von blindem Wachstum auf die Grenzen des Wachstums. Wir strapazieren heute die Umwelt bis zu dem Punkt, dass jede inkrementelle Steigerung exponentielle Auswirkungen auf die Zerstörung der Umwelt hat. Die siebte oder auch gelbe Stufe des MEMEnomics-Systems beschäftigt sich genau damit. Sie hat eine »Triple Bottom Line« gezogen, bestehend aus People, Planet und Profit. Der Profit ist für dieses System essenziell, will es weiter nach kapitalistischen Prinzipien funktionieren. Es weiß aber auch, dass es keinen Gewinn machen kann, ohne die Menschen (People) und die Umwelt (Planet) mit einzubeziehen. Bei dem Versuch, sich ein neues Bild vom Wirtschaften zu machen, werden diese drei Aspekte als gleichwertig angesehen. Um das im großen Stil umzusetzen, müssen große Veränderungen in Angriff genommen werden.

Ist die Demokratisierung von Informationen eine dieser großen Veränderungen?

Die Demokratisierung von Informationen und Ressourcen ist im Moment eine der primären Kräfte, die die sechste Stufe,

The best-known example from the US is the online shoe retailer Zappos. When Zappos tried to introduce a there-is-no-longer-a-boss-we-are-all-equals structure, 20 percent of the labour force quit. They had tried to introduce a holacracy – i. e., practices and a structure allowing everybody to self-organize and to make independent decisions – into a system that was not yet ready for a holacratic order. Organizations operating on the sixth level of the value system account for 7 to 10 percent of world economy.

In contrast, what does an integrated economic system look like?

Integrated economic systems that are operating on the seventh level see the Big Picture. They tend to combine corporate behaviour with sustainability, being aware of the limits of growth rather than believing in unlimited growth. Today we are stressing the environment to the extent that each incremental increase has an exponential destructive impact on the environment. This is precisely what the seventh – or yellow – level of the MEMEnomics system is about. It is all about the »triple bottom line«, based on people, planet and profit. Profit is essential for this system if it is to keep operating on capitalistic principles. Furthermore, the system knows that it cannot make profit without people and without taking care of our planet. In the effort to take a fresh look at the principles of economy, these three aspects are regarded as equally important. And to make this work, big changes have to be initiated.

Do these big changes include the democratization of information?

The democratization of information and resources is one of the primary forces currently driving the sixth level – the green economy. This can be observed especially in the newly emerging digital companies, the values of which are primarily based on collaboration, sharing and peer interactions. However, this system is

eine grüne Wirtschaft, antreibt. Das sieht man vor allem in den neuen digitalen Unternehmen, die am Entstehen sind. Ihre Werte basieren auf Kollaboration, Sharing (Teilen) und Peering (Zusammenschluss von gleichberechtigten Partnern). Aber dieses System ist erschöpft. Der Gedanke, dass alles für jeden verfügbar ist, wird für Zwecke ausgenutzt, die der dahinter stehenden Idee entgegengesetzt sind. Dann wird etwa die Bauanleitung für eine Atombombe allgemein zugänglich, und über das Internet gelangt sie auch an Mitglieder des IS oder von Al Qaida. Die Demokratisierung von Informationen und Ressourcen muss sich an Zweckmäßigkeitsüberlegungen orientieren. Ja, gebt Informationen heraus und stellt Ressourcen zur Verfügung, aber so, dass sie zweckmäßig sind – in direkter Korrelation mit dem Blick auf das Große Ganze und mit der Absicht sicherzustellen, dass unsere Welt mit sieben Milliarden Menschen sicher und nachhaltig ist.

Gibt es dafür ein konkretes Beispiel?

Ich verwende gern das Beispiel von Elon Musk und was er mit Tesla und Solar City gemacht hat. Elon Musk hat erklärt, dass jeder, der sich für eine saubere Umwelt einsetzt und Technologien entwickelt, die den CO_2-Fußabdruck limitieren oder eliminieren, uneingeschränkten Zugang zu seinen Patenten haben soll. Das steht im kompletten Gegensatz zu den Werten der fünften Stufe, für die Sie Pharmaunternehmen als Beispiel nehmen können. Sie schützen unter allen Umständen ihre Firmengeheimnisse. Während mit Elon Musk jemand kommt, der sagt: »Wenn ihr euch für den Umweltschutz einsetzt, dann ist es mir egal, dass ihr meine Patente dafür verwendet. Nein, ich ermutige euch sogar dazu, sie zu benutzen. Sie sind frei für jeden zugänglich, denn wir sind damit Vorreiter für das, was kommen wird.« So funktioniert eine gelbe Organisation beziehungsweise eine

exhausting itself. The idea that everything should be available to everybody is being exploited for purposes that are contrary to the idea itself. For instance, once the construction plan for building a nuclear bomb has been made public, it easily ends up in the hands of the members of ISIS or Al Qaida. Limits must be imposed on the democratization of information and resources based on the usefulness of making them accessible. Yes, by all means share information and provide resources, but do it in a way that is functional with respect to the Big Picture. Make sure that it contributes to the safety and sustainability of our world, with all its seven billion people.

Do you have a specific example in mind?

I would like to mention the example of Elon Musk and what he has done with Tesla and Solar City. Elon Musk has declared that he is willing to grant free access to his patents to anyone who is committed to making the environment cleaner and to developing technologies that help reduce or eliminate our CO_2 footprint. This is in stark contrast to the values of the fifth-level system, of which pharmaceuticals are a good example. They tend to protect their corporate secrets using every available means. Elon Musk says: »If you are committed to protecting the environment, I don't mind if you use my patents. I actually encourage you to do so. They are freely accessible to everybody, because we are at the leading edge of what is coming next.« This is how a yellow organization – i.e., an organization operating on the seventh level – works. To get there, Elon Musk had to spend some time on the sixth level – in the

»We are nearing the limits of growth. Organizations operating on the fifth level have no answer to this. They are like ostriches, sticking their heads in the sand and hoping that problems will disappear just by themselves.«

»Echte Veränderungen werden durch umwälzende Innovationen hervorgerufen.«

Organisation auf der siebten Stufe. Aber um dort hinzukommen, musste Elon Musk erst einige Zeit auf der sechsten Stufe, im grünen System, verbringen. Und mit Tesla hatte er durchaus nicht nur Erfolge. Obwohl er ein genialer Erfinder ist, musste er lernen, dass seine Technologien disruptiv sein müssen und zugleich jene Menschen erreichen, die sie sinnvoll einsetzen und die die Welt damit zu einem besseren Ort machen wollen.

In welchen Branchen haben disruptive Technologien Ähnliches bewirkt?

Zum Beispiel im Verlagswesen. Das war eine von traditionellen, linearen, bürokratischen Strukturen geprägte Branche. Und dann kommt das digitale Zeitalter und wälzt die gesamte Branche auf jedem nur denkbaren Level um. Oder schauen Sie sich Ihre Branche an, die Textilindustrie. Die Globalisierung hat sie völlig verändert und Teile von ihr komplett verschwinden lassen. Das Gleiche wird passieren, wenn 3-D-Drucker die Textilbranche revolutionieren. Echte Veränderungen werden durch umwälzende Innovationen hervorgerufen.

Und für Unternehmen auf der siebten Stufe ist das Vertrauen in die eigene Fähigkeit, immer einen Schritt voraus zu sein, größer als die Angst davor, von seinen Wettbewerbern überholt zu werden.

Ganz genau! Organisationen auf der siebten Stufe sagen: »Weißt du was? Ich habe Milliarden in die Entwicklung führender Technologien gesteckt, aber ich werde sie mit dir teilen, wenn du damit Dinge tust, die gelb sind.« So einfach ist das. Diese Firmen haben ein nachhaltiges Bewusstsein, aber es ist getrieben durch die Notwendigkeit, Neuerungen hervorzubringen, die auf einer weitaus höheren Entwicklungsstufe stehen als die bisherigen.

Corporate Responsibility ist also nicht mehr durch Moral motiviert, sondern durch Innovation getrieben ...

Ja, völlig richtig. Wir haben versucht, Veränderungen auf Basis von Moral herbeizuführen. Aber das hat nicht geklappt. Unternehmen auf der siebten Stufe entwickeln Technologien, die die Argumentation mit der Moral überflüssig machen. Sie

green system. And with Tesla he hasn't always been successful. Being an ingenious inventor, he nonetheless had to learn that technologies, no matter how disruptive, must be made accessible to those who are committed to using them in order to make the world a better place.

Which other industries have been similarly affected by disruptive technologies?

Just look at the publishing sector, which was once characterized by traditional, linear and bureaucratic structures. With the advent of the digital era, suddenly the whole industry finds itself turned upside down – on each and every level. Or look at the textile industry. Globalization has changed it completely, with the result that parts of it simply ceased to exist. The same will happen once the 3D-printing technique takes over. It is disruptive technologies that lead to real change.

Organizations operating on the seventh level seem to be particularly confident when it comes to their ability to stay ahead of competition.

Exactly! A yellow organization would say: »You know what? I have invested billions in the development of leading technologies, and I will share it with you, if you do things that are yellow.« It is as simple as that. These organizations are focused on sustainability. At the same time, they are driven by the need to create innovations that are of a higher developmental order than anything that has been done before.

Corporate responsibility is thus no longer motivated by a sense of moral obligation, but rather by the drive to innovate...

Absolutely. We used to try to bring about change on moral grounds. That didn't work. Organizations operating on the seventh level develop technologies that leave no room for moral arguments. They disrupt and then distribute. Yellow systems certainly create much

zerstören und sie erneuern. Zweifellos bringen gelbe Systeme deutlich mehr Innovation und Wettbewerbsfähigkeit hervor. Wenn ein Produzent auf der fünften Stufe 5 Prozent seines Budgets in Forschung und Entwicklung gesteckt hat, dann werden es auf der siebten Stufe schon 20 oder 30 Prozent sein. Nehmen Sie Google: Die Wettbewerbsfähigkeit von Google ist mindestens fünfzig Mal so hoch wie die eines herkömmlichen Unternehmens auf der fünften Stufe. Google gibt sicher hundert Mal so viel für Forschung und Entwicklung aus, um sicherzustellen, dass seine Technologien kulturübergreifend anerkannt werden.

Wie schnell wird das System einer integralen Wirtschaft wachsen?

Ich bräuchte eine Kristallkugel, um das sagen zu können. Ich möchte aber auf den ursprünglichen Erfinder der Theorie der Wertesysteme verweisen. Wenn wir über die siebte Stufe des Wertesystems sprechen, reden wir über das, was Dr. Graves als den »größten Umbruch, den die Menschheit je erleben wird« bezeichnet hat. Ich danke Gott für das Informationszeitalter – unsere Denkkapazität ist in den vergangenen Jahren exponentiell gestiegen. Das könnte das System ankurbeln. Es gibt bereits Menschen, deren Denkweise der siebten Stufe entspricht, und es gibt auch schon kulturelle Einrichtungen und Organisationen, die auf der siebten Stufe sind.

Können Sie das an Zahlen festmachen?

Zurzeit denken nur 10 bis 12 Prozent der Menschheit nach den Prinzipien der siebten Stufe des Wertesystems. Bei Organisationen sind es sogar noch weniger. Wir reden dabei von großen Denkern mit gewaltigen Ressourcen. Wir reden von Bill Gates, Jeff Bezos von Amazon oder Jack Ma von Alibaba – diese Schwergewichte fangen an, ihre Denkweise dahingehend zu verändern, dass der Konsum die Welt retten muss.

Wie würde sich die Weltwirtschaft verändern, wenn Unternehmen der siebten Stufe auf der Welt vorherrschend wären?

Die siebte Stufe, oder auch das gelbe System, ist sehr agil. Wenn wir uns eine Welt vorstellen, die von diesen Unternehmen

more innovation and competitive strength. A manufacturer operating on the fifth level might invest 5 percent of budget in R&D; on the seventh level, we might be talking about 20 to 30 percent. Take Google, for instance: Google has, let's say, 50 times the competitive strength of a traditional organization operating on the fifth level. Google certainly spends a hundred times as much for R&D – just to make sure that its technologies are being accepted across all cultural boundaries.

How fast will the system of an integrated economy grow?

This is a question I would need a crystal ball to answer. However, I'd like to refer to the original creator of the value systems theory. If we talk about the seventh level of the value system, we talk about what Dr. Graves described as »the biggest shift that humankind will ever experience«. I thank God for the Information Age – our thinking capacity has increased exponentially in recent years. This could give the system a boost. Indeed, there are already people whose way of thinking correlates to the seventh level, and there are cultural institutions and organizations currently operating on the seventh level as well.

Do you have numbers?

So far, only 10 to 12 percent of all people think along the lines of seventh-level principles. With organizations, the number is even lower. We are talking about great thinkers with huge resources – about the likes of Bill Gates, Amazon's Jeff Bezos or Alibaba's Jack Ma. These heavy hitters are beginning to realize that it is up to consumption to save the world.

What would the world economy look like if organizations operating on the seventh level were in charge?

The seventh-level – the yellow system – is very agile. In a seventh-level world, organizations would constantly come and go as part of a natural cycle. When I am

bevölkert ist, dann sind die Entstehung und das Verschwinden von Unternehmen Teil des natürlichen Kreislaufs. Wenn man mich fragt: »Wo sehen Sie Google in der Zukunft?«, dann sage ich: »Ich sehe Google nicht. In 20 Jahren wird es Google nicht mehr geben. Es wird in 15 verschiedene Unternehmen aufgeteilt sein.« Gelbe Unternehmen sind hoch funktionale Organisationen, die verstehen, dass sie für die zukünftigen Generationen sorgen müssen. Sie sehen ihr eigenes Leben nur als einen Teil des Großen Ganzen. Wenn eine Firma stirbt, dann deshalb, weil es bessere und wichtigere Organisationen gibt, die dabei helfen, auf ein höheres Level der Existenz zu gelangen, auf ein höheres Level, das die ungesunden Praktiken niedrigerer Organisationen verschwinden lässt. Veränderung ist positiv. Es geht immer um Weiterentwicklung. Das ist Evolution in der Wirtschaft.

asked, »Where do you see Google in the future?« I answer: »I don't see them at all. Google will no longer exist 20 years from now. They will be split up into 15 different organizations.« Yellow organizations are highly functional; they know that they have to care for future generations. They consider their own existence as part of the big whole. If a company dies, it is because there are better and more important organizations helping to achieve a higher level of existence, eliminating the unhealthy practices of lower-level organizations. Change is positive. It is all about development. That is evolution in economy.

»Wir haben versucht, Veränderungen auf Basis der Moral herbeizuführen. Aber das hat nicht geklappt. Unternehmen auf der siebten Stufe entwickeln Technologien, die die Argumentation mit der Moral überflüssig machen.«

»We used to try to bring about change on moral grounds. That didn't work. Organizations operating on the seventh level develop technologies that leave no room for moral arguments.«

Said E. Dawlabani war 25 Jahre lang als Immobilienentwickler tätig, bis der Kulturökonom eine völlig neue Richtung einschlug: Als führender Experte und Berater revolutioniert er die Wirtschaft mit seinem wertebasierten systemischen Ansatz, den er in seinem Buch »MEMEnomics: The Next Generation Economic System« erläutert. Seit 2003 arbeitet Dawlabani eng mit dem namhaften geopolitischen Berater Dr. Don Edward Beck zusammen. Beck ist Koautor des Buches »Spiral Dynamics«. Dawlabani ist außerdem COO und Vorstandsmitglied des Center for Human Emergence Middle East.

Said E. Dawlabani, cultural economist, worked as a residential developer for 25 years before switching careers. A leading expert and consultant, Dawlabani now revolutionizes the economy with his value-based systemic approach, which he described in his book, »MEMEconomics: The Next Generation Economic System«. Since 2003, Dawlabani has closely worked with Dr. Don Edward Beck, a renowned geopolitical consultant who co-authored the book »Spiral Dynamics«. Dawlabani is COO and member of the board of the Center for Human Emergence Middle East.

FUTURE SCENARIO **II**

CONTRADICTIVE CONSUMERS

Gesellschaft und Markt sind immer auch Wertegemeinschaften. Wenn sich Mentalitäten ändern, ändern sich auch Spielregeln. Innerhalb des Future Scenario »Contradictive Consumers« als Teilaspekt einer Vision der Welt im Jahr 2025 hat das Individuum in seiner Doppelrolle als Arbeitnehmer und Konsument eine neue Funktion. Das betriebliche Werteverständnis evolutionärer Unternehmen (siehe Future Scenario »Economic Evolution«, S. 11 ff.) gewährt Mitarbeitern auf der einen Seite mehr Freiheiten, erwartet dafür auf der anderen Seite von ihnen aber auch größere Eigeninitiative und die Bereitschaft, in ethischen und ökonomischen Fragen mehr Verantwortung zu übernehmen. Parallel dazu löst sich die Grenze zwischen Beruf und Freizeit immer mehr auf.

Aus dieser Entwicklung ergeben sich sowohl für Unternehmer als auch für Individuen, die sich aufgrund ihrer Interdependenzen wechselseitig beeinflussen, wichtige Konsequenzen: Die neuen Arbeitnehmer-Konsumenten lassen sich in ihrer Freizeit nicht länger auf ihre Konsum- und am Arbeitsplatz nicht nur auf ihre Wertschöpfungsfunktion reduzieren. Gleichzeitig fühlen sich die Marktteilnehmer nicht dafür zuständig, Verantwortung für ihr Handeln zu übernehmen. Lieber delegieren sie sie an die »mündigen Bürger«, die dieser Verantwortung mit wohl abgewogenen Konsumentscheidungen gerecht werden sollen.

Society and the market are always also communities of values. A change in mentalities leads to a change in the rules of the game. Within the »Contradictive Consumers« future scenario, part of a vision of the world of 2025, individuals, taking the double role of worker and consumer, have a new function. Corporate values of evolutionary businesses (see the »Economic Evolution« future scenario on pp. 11 ff.) mean conceding their employees more freedom, but also expecting them to show a greater degree of personal initiative and a commitment to take responsibility in situations of ethical and economic relevance. At the same time, the boundaries between work and life are increasingly breaking down.

This development has important consequences for business leaders and individuals who, due to their interdependencies, influence each other: the new worker-consumers can no longer be reduced to their consumer role during leisure time, and to their value-creating role during working hours. At the same time, businesses feel no need to take responsibility for their own behaviour. Instead, they delegate the responsibility to »empowered citizens« who are expected to fulfil this responsibility by making careful, considered consumption decisions.

DER »ÜBERMÜNDIGTE«, ZERRISSENE KONSUMENT

Diese mündigen Bürger sollen bewusst und mit Bewusstsein konsumieren und damit die offensichtlichen moralischen Unzulänglichkeiten des Kapitalismus reparieren, revidieren und korrigieren. Im besten Fall setzt sie dieser Anspruch großen inneren Spannungen aus, im schlechtesten treibt er sie in die Resignation. Verunsichert und überfordert von immer schneller aufeinanderfolgenden Trends, abnehmenden Produktlebenszyklen und der scheinbaren Überkomplexität von Digitalisierung, Globalisierung und ihren Konsequenzen denken und entscheiden sie nicht mehr rational, sondern emotionsgetrieben und sprunghaft. Aus den bereits seit Jahren von Gesellschaftstheoretikern beschriebenen hybriden Verbrauchern, die ihr Kaufverhalten nach nicht nachvollziehbaren Mustern ändern, werden damit hybride Menschen, die alle Entscheidungen kurzfristig und affektgetrieben treffen.

Die Psychologie kennt den Begriff der »Dissonanzreduktion« und benennt damit ein auf den ersten Blick schizophrenes Verhalten: Ist sich ein Individuum der moralischen oder ethischen Verwerflichkeit seiner Handlung bewusst, mildert allein das Wissen darum das nachfolgende schlechte Gewissen ab. Es wird zum Treppenwitz der Wirtschaftsgeschichte, dass die hybriden Arbeitnehmer-Konsumenten ihr dissonanzreduziertes Verhalten mit an den Arbeitsplatz bringen und ihre Arbeitgeber damit in deren Entwicklung hin zu evolutionären Unternehmen ausbremsen: Da sie inzwischen nämlich gelernt haben, dass Arbeit und Freizeit austauschbar sind, fordern sie das permanente Erlebnis, das ihnen der Konsum verspricht, nun auch konsequenterweise an ihrem Arbeitsplatz ein. Die Philosophie dieser Erlebniskonsumenten lässt sich auf die Formel IWWIWWIWI (I want what I want when I want it) bringen. Entschieden, was cool ist und was nicht, wird nach spontanem Befinden und persönlicher Stimmungslage. Langfristige Strategien durchzusetzen gestaltet sich für Unternehmen in einem Umfeld mit solchen Mitarbeitern denkbar schwer.

LEITBILDER UND INTERNE PARADIGMENWECHSEL

Unternehmen, die an den Märkten des Jahres 2025 erfolgreich bestehen, ist ein wesentlicher Schritt gelungen: Sie haben den

THE »OVER-EMPOWERED«, TORN CONSUMER

These empowered citizens face the challenge of consuming deliberately and consciously in order to correct and fix the obvious shortcomings of capitalism. In the best case, this leads to great internal stress; in the worst case, it causes these people to abdicate responsibility. Irritated and overwhelmed by an ever faster succession of trends, ever shorter product life cycles and a very apparent over-complexity brought about by digitalization, globalization and its consequences, they no longer think and decide rationally, but jump to a decision based on emotions. Hybrid consumers who, for years, were described by social theorists as following certain – albeit incomprehensibly changing – purchase patterns are turned into hybrid individuals who make all of their decisions spontaneously and affectively.

»Dissonance reduction« is a concept that is well-known in psychology. This phenomenon may, at first glance, seem schizophrenic: simply being aware of the moral and ethical reprehensibility of an action is enough to attenuate an individual's resulting feeling of having a bad conscience. In an irony of economic history, it is the hybrid worker-consumers who bring their dissonance-reduced behaviour to their workplaces, thereby slowing down their employers' transformation into evolutionary businesses. Since they have learned that work and leisure are interchangeable, it follows that they demand the same kind of permanent experience from their places of work that they are used to receiving in the context of consumption. The philosophy of these experience-consumers can be condensed to the formula IWWIWWIWI (I want what I want when I want it). Whether or not something is cool depends on spontaneous feelings and personal mood. For businesses operating in the environment created by employees with this mindset, implementing long-term strategies becomes a real challenge.

gesellschaftlichen Bewusstseinswandel frühzeitig erkannt und auf die ihm innewohnenden pathologischen Tendenzen reagiert. Das war für sie aber nicht billig zu haben. Wer flexible, motivierte und mündige, verantwortungsbewusste Arbeitnehmer-Konsumenten haben will, die nicht nur die schnelle Befriedigung ihres Bedürfnisses nach dem kurzfristigen Erlebnis wünschen, muss ihnen a) eine stimmige Unternehmenskultur mit einer übergeordneten sinnstiftenden Aufgabe anbieten und sie b) auch finanziell dazu befähigen, mündige Entscheidungen zu treffen.

Erfolgreiche Unternehmer und Führungskräfte des Jahres 2025 zeichnen sich durch eine enorme Leistung aus: Sie haben diese Notwendigkeiten rechtzeitig als für ihr Unternehmen überlebenswichtige Managementaufgaben begriffen und moderieren den dafür notwendigen internen Paradigmenwechsel. Damit begegnen sie den Problemen, die die von inneren Widersprüchen geprägten Arbeitnehmer-Konsumenten verursachen.

INSTRUMENTALISIERTES FORESIGHT MANAGEMENT ALS ANTWORT

Trendforschung und sogenanntes Foresight Management, also die Fähigkeit zur rechtzeitigen Voraussage für ein Unternehmen wichtiger Entwicklungen und ihre für alle Geschäftsfelder bindende Aufbereitung, sind im Jahr 2025 zu entscheidenden Instrumenten geworden, um neue Anforderungen zu prognostizieren, daraus Handlungsempfehlungen abzuleiten und an laufenden Prozessen Korrekturen vorzunehmen. Als Managementwerkzeuge sind sie damit auf der Ebene der Geschäftsführung angekommen und steuerungsrelevant geworden. Nicht wenige evolutionäre Unternehmen leisten sich gar einen CIO (Chief Innovation Officer).

Foresight Manager und CIOs sind es, die langfristig Budgets für Innovationen einplanen, die neue Zielgruppen für Produkte lokalisieren und Forschung und Entwicklung oder dem Vertrieb entsprechende Anstöße geben. Letztlich harmonisieren sie so unternehmensinterne Prozesse mit gesellschaftlichen Entwicklungen. Die auf ihre Anregung hin eingeleiteten Change-Prozesse stellen sicher, dass ein Unternehmen eine allgemein als angenehm empfundene Kommunikationskultur pflegt und auch in Zukunft ein attraktiver Arbeitgeber bleibt.

GUIDING CONCEPTS AND INTERNAL PARADIGM SHIFTS

Businesses that are successful in the markets of 2025 have succeeded in taking an essential step: they have recognized the ongoing change in societal consciousness in time to respond to its intrinsic pathological tendencies. This hasn't been cheap for them. Businesses that are interested in flexible, motivated, empowered, and responsible worker-consumers who do not give in to the lure of quick experiences must offer them a consistent corporate culture with an overriding, meaningful mission and, at the same time, enable them financially to make empowered and responsible decisions.

Successful business leaders and executives of the year 2025 can pride themselves on a remarkable achievement: having realized in good time that these necessities are essential for their businesses to survive, they are now facilitating the necessary internal paradigm shift. In this way, they are able to cope with the problems caused by their worker-consumers' intrinsic contradictions.

RESPONDING WITH FORESIGHT MANAGEMENT

By 2025, trend research and foresight management – the ability to anticipate business-relevant developments and respond to them by establishing measures that apply equally to all fields of business – have become crucial tools for predicting new challenges, deriving action recommendations and making corrections to ongoing processes. As management tools, they have now arrived at top corporate levels. More than a few evolutionary businesses even deem it worthwhile to have a CIO (Chief Innovation Officer).

It is the job of foresight managers and CIOs to plan long-term innovation budgets, identify new target groups for products and initiate research and development, and also distribution. Thus, what they are ultimately doing is this: harmonizing corporate processes with societal development. Processes of change that are

»Nicht der Konsument stirbt, der Konsum stirbt, wenn der Wunsch danach stirbt.«
Georg Monjoie, Germanist, Philosoph und Maler

»It is not that the consumer dies – consumption dies once the need for it dies.« Georg Monjoie, German philologist, philosopher and painter

Den CIOs kommt damit die wichtige Aufgabe zu, echte Innovationen von nur inkrementellen, also auf ausschließlich quantitative Parameter abzielenden Verbesserungen abzugrenzen und Effizienzsteigerungen und Optimierungen abseits von reinen Kostenreduzierungen zu realisieren. Damit steigen Foresight Manager innerhalb der Führungsriege evolutionärer Unternehmen weit nach oben. Sie sind es, die die Konzerne des Jahres 2025 fit machen für widersprüchliche Realitäten und überhybride Arbeitnehmer-Konsumenten.

initiated based on their suggestions ensure that businesses foster a communication culture with a generally positive profile, and that those businesses will remain attractive as employers in the future.

CIOs are thus responsible for the critical task of distinguishing genuine innovation from merely incremental improvements that focus on quantitative parameters only, and effectuating efficiency increases and optimizations beyond mere cost reductions. Within the hierarchies of evolutionary businesses, foresight managers thus rise to considerable heights. They are the ones who make the businesses of the year 2025 fit for the challenges of contradicting realities and hyper-hybrid worker-consumers.

HERAUSFORDUNGEN
CHALLENGES

- **Erhöhung der Attraktivität des eigenen Unternehmens für potenzielle Bewerber**
- **Akzeptanz und Förderung von Mitarbeiterengagement**
- **Langfristige statt kurzfristiger Zielorientierung**
- **Sinn- und Identitätsstiftung**
- **Integration des Menschen in seiner Ganzheit**
- **Aufhebung der strikten Trennung von Beruf und Freizeit**
- **Restrukturierung von Planungsaufgaben und Ausrichtung an strategischem Foresight Management**

- Increasing the appeal of businesses to potential employees
- Acknowledging and encouraging employee commitment
- Setting long-term rather than short-term goals
- Creating meaningfulness and identity
- Acknowledging the whole person
- Eliminating the strict separation between work and leisure
- Restructuring planning tasks and aligning them with strategic foresight management

KONTROVERSE: UTOPIE VERSUS DYSTOPIE
CONTROVERSY: UTOPIA VERSUS DYSTOPIA

»Kontradiktion«, das ist Widerspruch, Gegensätzlichkeit und Polarisierung. Wir leben in einer kontradiktiven Welt. In einer Welt, in der Arbeitnehmer-Konsumenten mit Verantwortung überfrachtet und dadurch überfordert werden. In der von ihnen hyperreflektiertes Verhalten erwartet wird – was sie zerreißt. Aus Consumern sind »Tornsumer« geworden, die zerrissenen Konsumenten: Sie wissen, dass sie ethisch illegitim handeln, tun es aber dennoch. Sie leben in einer Welt, in der es oft schwerfällt, Utopie und Dystopie voneinander zu unterscheiden. In einer Welt, in der der technische Fortschritt unseren Alltag nicht nur revolutioniert, sondern ihn auch so bequem wie nie zuvor gemacht hat. In der Technik gleichzeitig ein manchmal amorphes, manchmal faszinierendes Eigenleben entwickelt. Guillaume Pommier, Mitgründer des französischen Start-ups *Cicret*, und der US-amerikanische Modedesigner und Künstler Adam Harvey reflektieren mit ihren jeweiligen Projekten – einem smarten Armband und *Stealth Wear* – zwei unterschiedliche Extreme dieser kontradiktiven Welt: völlige Technikbegeisterung und Crowd-getriebene Innovation versus öffentlichkeitswirksame Kritik an ebenjener Hypertechnisierung und Angst vor dem Verlust der Privatsphäre.

CICRET – TOUCHSCREEN AUF DER HAUT

Die Vision des französischen Start-ups Cicret ist es, freihändige, kabellose Kommunikation Realität werden zu lassen. Die vier Gründer und zwei ehemalige Apple-Mitarbeiter haben das Cicret Bracelet entwickelt: ein Armband, das per Bluetooth mit dem Smartphone verbunden ist. Ein nur fingernagelgroßer integrierter Picoprojektor spiegelt das Display auf den Unterarm, eine Software erkennt und analysiert Bewegungen innerhalb der Projektion. Genauso wie auf dem Touchscreen eines Tablet oder Smartphone kann getippt, gewischt und gezogen werden – nur eben auf der Haut. Gerade einmal ein Jahr hat es gedauert, einen Prototypen zu entwickeln. In ebenso kurzer Zeit hat sich eine weltweite Fangemeinde für das Cicret gebildet: Eine stetig wachsende – inzwischen sechsstellige – Zahl von Freunden folgt bei Facebook den Posts über ein Produkt, das es noch nicht einmal gibt. Dank ihrer Begeisterung konnte Cicret die Anschubfinanzierung stemmen: Fast eine halbe Million Dollar brachte eine Crowdfounding-Kampagne dem Projekt ein.

»Contradiction« means discrepancy, opposition and polarization. We live in a contradictory world. A world that overloads worker-consumers with responsibility, and thus overwhelms them. That expects them to behave in a hyper-reflective way and tears them apart. Consumers turn into »tornsumers«: They know they act in ways that aren't ethically legitimate, but do it nonetheless. They live in a world, where it is often hard to distinguish between utopia and dystopia. Where technical progress has not only revolutionized daily life, but also made it more convenient than ever before. Where technology develops a life of its own that is sometimes amorphous and sometimes fascinating. The respective projects of Guillaume Pommier, co-founder of the French start-up *Cicret*, and Adam Harvey, an American fashion designer and artist – a smart bracelet and *Stealth Wear* – represent two different extremes of this contractive world: unbridled enthusiasm for technology and innovation driven by the crowd versus conspicuous criticism of that very hyper-mechanization, coupled with the fear of a loss of privacy.

CICRET – YOUR SKIN AS TOUCHSCREEN

The vision of the French start-up Cicret is to make freehand wireless communication a reality. The four founders and two former Apple employees have developed the Cicret Bracelet: it connects via Bluetooth to a smartphone. An integrated fingernail-sized pico-projector projects the display onto the forearm, the software detects and analyzes movements within this »screen«. It is possible to tap, wipe and draw on it – i. e., on the skin – like on the touchscreen of a tablet or a smartphone. It took only a year to develop a fully functional prototype. A global Cicret fan community has grown up just as fast: a continuously growing number of Facebook friends (currently into six figures) follows posts about a product that doesn't even exist yet. This enthusiasm has enabled Cicret to acquire the necessary start-up funds: a crowdfunding campaign brought in nearly half a million US dollars.

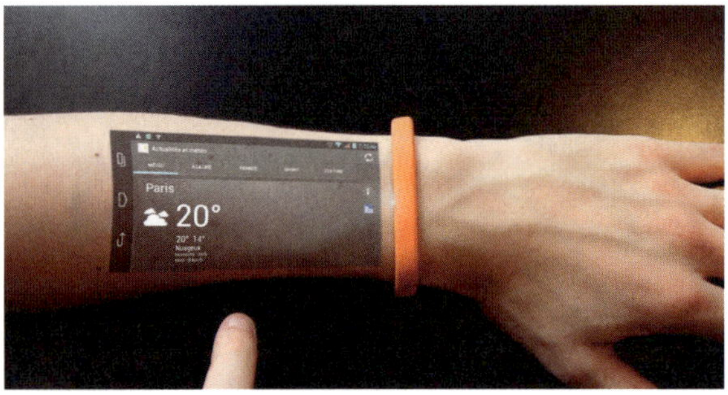

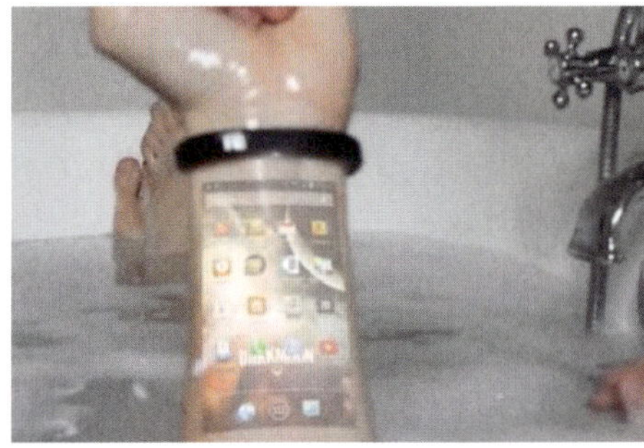

Macht die Haut zum Touchscreen – das Armband des französischen Start-ups Cicret. // This bracelet by the French start-up company Cicret turns the skin into a touchscreen.

Bildung, Medizin, Forschung, Rettungs- und Sicherheitswesen – die Zahl potenzieller Nutzer scheint ebenso unerschöpflich wie die Möglichkeiten im privaten Einsatz: vom digitalen Einkaufszettel bis zur Beantwortung von E-Mails in der Badewanne. Die Patente sind angemeldet, Verträge mit Zulieferern unterzeichnet – ab Herbst 2016 sollen Vorbestellungen möglich sein, spätestens 2017 die Kommerzialisierung beginnen.

STEALTH WEAR – DESIGNS GEGEN DEN KONTROLLVERLUST

Adam Harvey steht Hypertechnisierung und Dataisierung äußerst kritisch gegenüber. Mit seinem Kunstprojekt Stealth Wear tritt er der dystopischen Vision einer Zukunft der allumfassenden Überwachung durch autoritäre Regime mit den Mitteln der Mode entgegen. Harvey versteht sein Projekt als Antwort auf »die Macht derer, die überwachen, und auf die wachsende Notwendigkeit, die Kontrolle darüber zurückzugewinnen, was wir langsam verlieren – unsere Privatsphäre.«

Harvey hat Pullover, Capes, Mäntel, Hijabs und Burkas aus einem reflektierenden, metallischen Gewebe geschneidert. Seine Idee: Der Stoff soll den thermischen Fußabdruck des Trägers reduzieren. Dies irritiert die für Drohnentechnik charakteristischen Wärmebildkameras. Stealth Wear macht seine Träger so für thermische Überwachungstechnik quasi unsichtbar.

Stealth Wear ist nicht Konsum-, sondern Kunstobjekt. Harvey zeigte die Prototypen in Museen in Washington DC und London. Zwar wurden Einzelstücke im Pop-up-Store »The Privacy Gift Shop« verkauft – der jedoch wiederum selbst eine Installation ist und in den vergangenen drei Jahren von New York über Tel Aviv, Wien und London nach Hongkong reiste, um weitere Projekte Harveys zu präsentieren. Zum Beispiel »Camoflash«, eine LED-bestückte Anti-Paparazzi-Clutch, die auf einen Fotoblitz mit 12.000 Lumen antwortet und damit jedes Bild überbelichtet. Oder »CV Dazzle«, eine Make-up- und Hairstylingtechnik, die es Gesichtserkennungssoftwares unmöglich macht, ihren Dienst zu tun. Die Projekte Harveys ästhetisieren den Schutz der Privatsphäre und erkunden spielerisch und ironisierend die Möglichkeiten, Überwachung herauszufordern.

Education, healthcare, research, rescue and security services – the number of potential users of the wearable appears to be as inexhaustible as the possibilities of private use: from digital shopping lists to answering e-mails whilst taking a bath. Patents have been registered, and contracts with suppliers signed – by autumn 2016 it should be possible to register subscriptions, and in 2017, if not earlier, commercial production should be ready to begin.

STEALTH WEAR – NEW DESIGNS FOR COUNTERSURVEILLANCE

Adam Harvey views hyper-mechanization and »datazation« with considerable distrust. His Stealth Wear art project uses fashion to make a stand against a dystopian vision: a future of all-pervasive surveillance by authoritarian regimes. He sees his project as response to »the power of those who survey, and the growing need to exert control over what we are slowly losing, our privacy.« Harvey has tailored pullovers, capes, coats, hijabs and burkas from a reflecting, metallic textile. His idea: the textile will reduce wearers' thermal footprint frustrating the infrared camera technique typically used by drones. Stealth Wear can make wearers nearly invisible to thermal surveillance technology.

Stealth Wear is an art object rather than a consumer commodity. Harvey has displayed prototypes in museums in Washington DC and London. Individual pieces were sold in »The Privacy Gift Shop«, a pop-up store, itself an installation, traveling from New York via Tel Aviv, Vienna and London to Hong Kong, where it was used as platform for more of Harvey's projects – such as »Camoflash«, an anti-paparazzi clutch bag festooned with LED lights that respond to a camera flash with a 12,000-lumina light burst making any picture useless by overexposure. Or »CV Dazzle«, a make-up and hairstyling technique making it impossible for facial recognition software to do its job. Harvey's projects æstheticize the protection of privacy, playfully exploring possibilities for outwitting surveillance.

FOKUS: TRENDFORSCHUNG VERSUS FORESIGHT MANAGEMENT
FOCUS: TREND RESEARCH VERSUS FORESIGHT MANAGEMENT

TRENDFORSCHUNG

Eine Übersetzung des Begriffs »Trend« aus dem Englischen lautet »Tendenz«, »Entwicklung«. Alex Buck, Christoph Herrmann und Dirk Lubkowitz bieten in ihrem modernen Marketingklassiker »Handbuch Trendmanagement« eine Phänomenologie des Trendbegriffs an, die zwei Dimensionen beinhaltet: ein klassisches und ein modernes Verständnis.

Nach klassischem Verständnis sind Trends »langfristige Entwicklungen hoher Signifikanz«, also nachhaltige Veränderungen. In diesem Kontext zitieren die Autoren John Naisbitt, der Trends als »große, weltumspannende sozio-ökonomische oder strukturelle Prozesse, die wir als Individuen weder beeinflussen noch ändern können und mit denen wir uns in Zukunft auseinandersetzen müssen«, erklärt. Gerd Gerken, Michael A. Konitzer, Matthias Horx oder Peter Wippermann werden als Vertreter der modernen Lesart des Trendbegriffs vorgestellt. Sie setzen »Trends eher mit modischen Ereignissen kurzfristiger Natur gleich« oder sprechen von »Zwischenetappen in der Zersplitterung, flüchtige(n) Kristallisationen im steten Wandel«.

Eine weitere Deutung stammt von Franz Liebl. Der Professor für strategisches Marketing an der Universität der Künste Berlin betrachtet Trends als komplexe Phänomene und »Verknüpfungen elementarer Bezugsobjekte zu übergeordneten Bezugswelten« bzw. als »noch nicht dagewesene Assoziation[en] von zwei oder mehr bislang kontextfremden Bezugsobjekten«. Buck, Herrmann und Lubkowitz folgern, Trends seien »ganz allgemein als ökonomisch relevante Manifestationen des Neuen« zu sehen. Sie in unternehmerischen Erfolg umzuwandeln sei Aufgabe eines zukunftsorientierten Managements.

FORESIGHT MANAGEMENT

Die Realität zeichnet zwar ein zuweilen düsteres Bild: 85 bis 95 Prozent aller auf den Markt gebrachten Produkte scheitern. Foresight Management beschäftigt sich dennoch damit, unter Berücksichtigung makroökonomischer Einflussfaktoren wie wirtschaftlicher, gesellschaftlicher, kultureller, politischer und ökologischer Trends komplexe Szenarien zu entwickeln und daraus Marktchancen für Innovationen abzuleiten. Es arbeitet transdiziplinär und nutzt verschiedenste Methoden von

TREND RESEARCH

A »trend« describes a tendency, a development. In their modern marketing classic entitled »Handbuch Trendmanagement« (manual of trend management), Alex Buck, Christoph Herrmann, and Dirk Lubkowitz present a terminology of the »trend« concept with two dimensions: a classical and a modern understanding.

The classical view is that trends are »slow developments of high significance« – i. e., sustainable changes. In this context, the authors quote John Naisbitt who describes trends as broad processes with a global reach, having socio-economic or structural character, which we, as individuals, cannot influence or change, and with which we will have to deal in the future. Representatives of a modern understanding of the trend concept include Gerd Gerken, Michael A. Konitzer, Matthias Horx and Peter Wippermann. They describe trends as »fashionable events of short-term character« or talk about »interim steps in the fragmentation, fleeting crystallizations in a continuous change process«.

Another interpretation is offered by Franz Liebl, a professor of strategic marketing at Berlin's University of the Arts who views trends as complex phenomena and as »connections of basic reference objects with higher-order reference worlds«, or as »first-time associations of two or more reference objects that haven't previously been in the same context«. Buck, Herrmann, and Lubkowitz conclude that trends are »generally to be seen as economically relevant manifestations of what is new«. A future-oriented management plan has the task of transforming trends into commercial success.

FORESIGHT MANAGEMENT

Reality sometimes presents a gloomy picture – between 85 and 95 percent of all products launched eventually fail. Foresight management focuses on developing scenarios based on macroeconomic drivers, such as economic, societal, cultural, political, and environmental trends, and then deriving market opportunities based

mathematischen Berechnungen und der Spieltheorie über Sozialforschung und Psychologie bis hin zu simplen Beobachtungen, um Prognosen über die Profitabilität von Produkten und Dienstleistungen zu treffen.

Matthias Horx weist in der Studie »Future Tools« des von ihm geleiteten Zukunftsinstituts auf ein gefährliches Paradoxon hin, dem sich Foresighter bei ihrer Arbeit stets gegenübersehen, und beschreibt dieses »Rekursionsprinzip« folgendermaßen: »Der wirkliche Trendverlauf folgt einer Resonanzschleife. Ein Trend erschöpft sich irgendwann – und führt zu Gegenreaktionen. Sein Impuls sinkt ab, es kommt zum Zerfall der Dynamik. Aber der ursprüngliche Impuls ist nicht einfach verschwunden – das System, in dem sich der Trend bewegt, beginnt vielmehr zu reagieren.«

MATRIX-MANAGEMENT

Für große Unternehmen besteht heute eine Wahrscheinlichkeit von rund einem Drittel, innerhalb der nächsten fünf Jahre vom Markt zu verschwinden – zu diesem Fazit kommt eine Erhebung der Boston Consulting Group vom Februar 2016. Damit ist dieses Risiko, so ein weiteres Ergebnis der Untersuchung, heute sechsmal so hoch wie noch vor 40 Jahren. Gleichzeitig basieren gegenwärtig 70 Prozent aller Innovationen auf neuen Materialien und sind deshalb kostenintensiv. Die meisten von ihnen scheitern trotz der häufig hohen Investitionen – schlicht deshalb, weil Mitbewerber schneller waren. Zu wissen, an welcher Position einer Resonanzschleife sich das für ein Unternehmen, seinen Absatzmarkt oder seine Zielgruppe relevante System gerade bewegt und welche Bedürfnisse dort vorherrschen, ist für ein zukunftsorientiertes Management wichtiger denn je.

Unternehmenssteuerung erhält damit immer mehr einen auf der Zeitachse mehrdimensionalen Matrixcharakter. Retrospektive beziehungsweise an relativen Zielsetzungen ausgerichtete Kennzahlenorientierung ist nicht ausreichend, um belastbare und steuerungsrelevante Zukunftsaussagen zu treffen. Im Zeitalter der »Phygitalisierung« (siehe Future Scenario »Future Communication«, S. 49 ff.) überlappen Trends einander in immer schnellerer Folge, korrelieren und lassen zwangsläufig mehr als nur eine Entwicklungsoption denkbar erscheinen. Diese unterschiedlichen Möglichkeiten werden als Szenarien bezeichnet. Aus mehreren parallelen Szenarien die Wahrscheinlichkeiten ihres jeweiligen Eintritts herauszufiltern, daraus Potenziale und Risiken für existierende Geschäftsmodelle abzuleiten und konkrete Handlungsanleitungen zu entwickeln ist insbesondere für Lifestyle-Unternehmen in Zukunft nicht mehr Kür, sondern unbedingte Pflicht.

on these scenarios. Foresight management adopts a trans-disciplinary perspective, using various methods – from mathematical calculus and game theory to sociology and psychology, and making its own simple observations – in order to forecast the profitability of products and services.

In a study by the Frankfurt Zukunftsinstitut, Matthias Horx (the head of that institute) points to a dangerous paradox regularly faced by people working in foresight-related areas known as the »recursion principle«, which he describes as follows: »In its development, the trend follows a resonance loop. A trend eventually exhausts itself and leads to counter-reactions. Its momentum decreases, and its dynamics erode. But the initial momentum has not simply disappeared – the system in which the trend takes place starts to react.«

MATRIX MANAGEMENT

According to a survey by the Boston Consulting Group, there is a one-in-three chance for big co panies of disappearing from the market in the next five years. The level of risk is thus six times higher today than it was 40 years ago. At the same time, 70 percent of innovations are now based on new materials, which makes them expensive. Even though investments are high in many cases, most businesses simply fail because of competitors who are quicker off the mark. For future-oriented management, it is now more important than ever to know where in the resonance loop the system which is relevant for the business, its market and its target group is currently situated.

Management thus increasingly assumes a matrix character which is multidimensional on the time axis. An orientation towards key indicators that are retrospective or based on relative goals is insufficient when making management-relevant forecasts. In an era of »phygitalization« (see the »Future Communication« future scenario on pp. 49 ff.), overlapping trends follow each other at ever shorter intervals, correlating and inevitably leading to more than one viable development option. These different possibilities are called scenarios. For businesses from the lifestyle sector especially, envisioning several parallel scenarios, determining the probability of each of them, deducing potential opportunities and risks for existing business models and developing specific instructions for action will no longer be a choice; it will be a necessity.

PLAYER: ZUKUNFTSFORSCHUNG ALS DIENSTLEISTUNG
PLAYERS: FUTURE RESEARCH AS A SERVICE

Schon seit den Zeiten von Zirkuswagen, Glaskugeln und Kaffeesatzlesern ist die Voraussage der Zukunft nicht nur eine esoterische Disziplin, sondern auch ein umkämpfter Markt. Welche Dienstleister heute inzwischen wie ihre Unterstützung anbieten, sei anhand von einigen Beispielen kurz skizziert.

Ever since the era of circus caravans, crystal balls and the reading of tealeaves, forecasting the future has been a hotly contested market as well as an esoteric discipline. The section that follows describes several service providers in this area and the way they support businesses.

DAS BERATUNGSUNTERNEHMEN: Z_PUNKT

»The Foresight Company«, so bezeichnet sich das Beratungsunternehmen für strategische Zukunftsfragen selbst. Gemeinsam mit Kunden werden individuelle Foresight-Projekte auf- und umgesetzt. Mit nahezu 20 Jahren Erfahrung am Markt und seiner Expertise hat sich die Kölner Consultingfirma einen guten Ruf bei multinationalen Unternehmen, innovativen Mittelständlern und öffentlichen Auftraggebern erarbeitet.

www.z-punkt.de

THE CONSULTING FIRM: Z_PUNKT

This consulting firm describes itself as »The Foresight Company«. Z_punkt works with customers to design and implement individual foresight projects. With its expertise and nearly 20 years of market experience, the consultancy has built up a strong reputation for its work with multinational groups, innovative medium-sized enterprises, and government authorities.

www.z-punkt.de/en

DIE GEMEINNÜTZIGE STIFTUNG: FUTURZWEI

Professor Dr. Johannes Merck und Professor Dr. Harald Welzer sind zwei Experten, wenn es um Ideen für eine zukunftsfähige Gesellschaft geht. Als Geschäftsführer von FuturZwei setzen sich die beiden mit ihrem interdisziplinären Team dafür ein, unternehmerische Handlungsspielräume für zukunftsfähige Lebensstile und Wirtschaftsweisen zu deuten und neue zu entwickeln.

www.futurzwei.org

THE NON-PROFIT FOUNDATION: FUTURZWEI

Professor Dr. Johannes Merck and Professor Dr. Harald Welzer are both experts when it comes to ideas about a society that is fit for the future. Backed by an interdisciplinary team, the managing directors of FuturZwei engage in identifying where scope exists for practicing future-oriented lifestyles and ways of doing business.

www.futurzwei.org

DIE TRENDREPORTER: PSFK

Seit über zehn Jahren verfolgt PSFK von New York aus Trends. Im Auftrag von Unternehmen betreibt das Consulting-Team zielgerichtete Trendforschung, analysiert die gewonnenen Ergebnisse, leitet daraus Ideen und Chancen für Innovationen ab und unterstützt seine Auftraggeber bei der Einführung von neuen Inhalten, Methoden, Prozessen und Firmenphilosophien.

www.psfk.com

THE TREND REPORTERS: PSFK

For more than 10 years now, the New York-based PSFK has monitored trends. Commissioned by corporate clients, the consulting team conducts trend research, analyzes results, and extrapolates ideas and opportunities for innovation, helping clients to implement new content, methods, processes, and corporate philosophies.

www.psfk.com

DAS FORSCHUNGSINSTITUT: INSTITUTE OF PROJECT MANAGEMENT AND INNOVATION (IPMI)

Professor Dr. Martin G. Möhrle und sein Team vom IPMI nähern sich Zukunftsforschung und Foresight Management von akademischer Seite. Innovations- und Technologiemanagement wird

THE RESEARCH INSTITUTE: INSTITUTE OF PROJECT MANAGEMENT AND INNOVATION (IPMI)

Professor Dr. Martin G. Möhrle and his IPMI team take an academic approach to future research and foresight management. At Bremen University, a team of

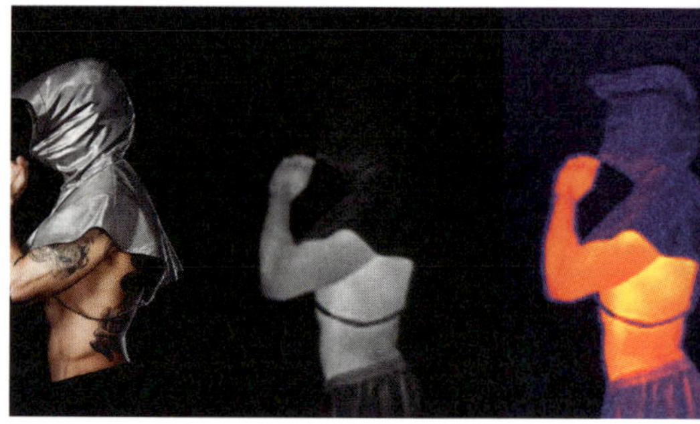

Das Fashion-meets-Art-Projekt Stealth Wear stellt den technischen Fortschritt mit einer textilen Tarnkappe infrage. // The fashion-meets-art project Stealth Wear uses a textile-based cloak of invisibility to challenge technical progress.

an der Universität Bremen mit einem Team aus Managementexperten, Ökonomen, Wirtschaftsingenieuren und Naturwissenschaftlern untersucht. Besonderes Wissen und Erfahrungen kann das Institut in den Bereichen Innovationsmanagement, Patentmanagement und methodisches Erfinden vorweisen.
www.innovation.uni-bremen.de

management experts, economists, economic engineers and natural scientists take a deeper look at innovation and technology management. The institute is particularly versed in innovation management, patent management, and methodical invention.
www.innovation.uni-bremen.de

TO DO'S

- **Bedürfnisse hybrider Arbeitnehmer-Konsumenten antizipieren**
- **Antworten auf die Werteverschiebung von der Arbeits- zur Freizeitorientierung finden**
- **Den internen Paradigmenwechsel einleiten**
- **Trend- und Innovationsmanagement als Aufgabe für die Geschäftsführung etablieren:**
  - **Kontext-fit – neue Strategien entwickeln, um im kontradiktiven gesellschaftlichen Umfeld bestehen zu können.**
  - **Corporate-fit – wertschätzendes Leitbild und motivierende Unternehmenskultur entwickeln, um ein attraktiver Arbeitgeber zu bleiben.**
  - **Market-fit – zukunftsfähige, marktkompatible Produkte und Dienstleistungen entwickeln, um in einem übersättigten Marktumfeld dennoch Umsätze zu generieren.**

- Anticipating the needs of hybrid worker consumers
- Finding ways to respond to the value shift from work to leisure orientation
- Initiating the inner paradigm shift
- Establishing trend and innovation management as a top-management activity:
  - Context-fit – developing new strategies for surviving in a contradictive societal environment.
  - Corporate-fit – developing an appreciative mission and a motivational corporate culture in order to remain an attractive employer.
  - Market-fit – developing future-oriented, market-compatible products and services in order to be able to generate sales in an oversaturated market environment.

»Auch Kolumbus wird ein Szenario gehabt haben, mit dem er sich erklärt hat, warum sein Weg der richtige ist.«

Modeunternehmen sind per se an vorderster Trendfront mit dabei. Doch stimmt das? Was ist der Unterschied zwischen einem Trend und geschäftsrelevanter Zukunftsorientierung? **Tomas Pfänder,** *Mitglied des Vorstands der Innovations- und Foresight-Beratung Unity AG, über die beste Methode, gut begründete Zukunftsprojektionen abzugeben. //* ***Fashion businesses are, by necessity, in the vanguard of new trends. But is that actually right? What is the difference between a trend and a business-relevant future orientation?*** **Tomas Pfänder,** ***member of the Management Board of Unity AG, an innovation and foresight consultancy, on the best method of making well-founded future forecasts.***

Was ist der Unterschied zwischen Foresight Management und Trendforschung?

Persönlich definiere ich Foresight als den Oberbegriff und subsumiere Trendforschung darunter. Aber wir sollten das nicht streng akademisch auseinanderhalten. Bei beidem geht es im Prinzip um das frühzeitige Erkennen zukunftsrelevanter Trends. Nehmen wir das Beispiel Wearable Computing – in der Textilbranche ein schon seit Jahren kolportierter Trend. Wie lange ist das für Sie schon bekannt?

Seit vier oder fünf Jahren vielleicht.

Das ist meiner Ansicht nach relativ kurz. Ich denke, wir diskutieren über so eine Entwicklung schon seit zehn Jahren. Wie viele Kleidungsstücke, die Sie pauschal diesem Trend zuordnen, haben Sie denn?

Meine Uhr zum Joggen.

Und die hat jetzt mit Kleidung nur am Rande zu tun. Warum bringe ich genau dieses Beispiel? Um zu provozieren und auf einen wichtigen Umstand hinzuweisen: Trendmanagement ist wichtig, um sich Trends thematisch zu nähern und ihre Zukunftsrelevanz zu bewerten. Dafür gibt es das Trendscouting, das daraus beispielsweise Mikrotrends herausfiltert. Was man

What is the difference between foresight management and trend research?

I personally define trend research as a subordinate branch of foresight. But we shouldn't make too strict a distinction between them. Basically, both are about recognizing future trends at an early stage. For instance, consider wearable computing – something the textile industry has been talking about for years. For how long have you been aware of it?

Maybe four or five years.

I think that's quite a short time. We have talked about such a development for about 10 years, I would say. How many garments do you possess that you associate with this trend?

My jogging watch.

That has not got much to do with garments. Why do I mention this particular example? For provocative reasons and to highlight one important fact: you need trend management if you want to learn more about trends and their future relevance. For instance, trend scouting helps to identify micro-trends. What is often

»Presumably, even Columbus had a scenario that helped him explain why his route was right.«

aber häufig übersieht: dass Trends in der Folge gehypt werden. Man kann sich vorstellen, welche Gefahr das insbesondere für die Modebranche birgt ...

... dass Modeunternehmen glauben, Trends aufzuspüren, aber nur Hypes finden.

Exakt. Wird Trendforschung isoliert betrieben, und darin ist die Textilbranche sehr geübt, lässt sich damit kurzfristig zwar gutes Geld verdienen, aber es lässt sich kaum analysieren, welche Themen tatsächlich geschäftsrelevant sind. Es geht mehr darum, eine Self-fulfilling Prophecy abzugeben. Ich setze ein Thema in die Welt und hoffe, dass es tatsächlich Trend wird. Das ist ein bisschen pointiert formuliert, aber genau so funktioniert Trendmanagement häufig.

Sie sagen, diese Herangehensweise sei kurzfristig und nicht geeignet, wirklich wichtige Erkenntnisse für neue Geschäftsmodelle zu produzieren. Wo ist der Unterschied zu Ihrem Verständnis?

Wir erweitern Trendforschung um eine systematische Zukunftsvorausschau. Konventionelle Trendforschung ist eindimensional: Ich entdecke oder identifiziere etwas Neues und beurteile, ob sich das Thema durchsetzen kann oder nicht. Wir benutzen demgegenüber schwerpunktmäßig die Szenariotechnik: Wir denken mehrere mögliche Zukunftsentwicklungen voraus und vernetzen sie so miteinander, dass ein komplexeres Zukunftsbild entsteht. Dabei wird zukunftsoffenes mit komplexem Denken verbunden. Dadurch, dass man viele Wenn-dann-Zusammenhänge aufstellt und ein in sich logisch konsistentes Bild der Zukunft entwirft, entwickelt man ein tieferes Verständnis für etwaige Situationen in der Zukunft.

Das ist sehr abstrakt. Machen wir es greifbarer: Welches sind denn die wesentlichen Einflussfaktoren, die dieses logische und konsistente Bild der Zukunft bestimmen?

Jede komplexe Situation ist analysierbar. Warum der Benzinpreis steigt oder sinkt, hängt von verschiedenen Entwicklungen am Markt ab. Aber bleiben wir beim Thema Wearables: Ihre Chancen können auf Basis verschiedener, für den

overlooked is that trends then get hyped. You can easily imagine the dangers this brings with it, especially for the fashion industry...

... with fashion businesses believing that they have discovered a trend, whereas it's only hype.

Exactly. If trend research is conducted in isolation – something the textile industry is very familiar with – big money can be made in the short run, but it is harder to identify the topics that are really business-relevant. It's more a self-fulfilling prophecy. I launch a topic and pray that it will turn into a trend. This may sound exaggerated, but that's the way trend management often works.

You said that this approach is short-sighted and not suitable for producing really important insights on new business models. In what way is your understanding different?

We extend trend research by adding a systematic future foresight dimension. Conventional trend research is one-dimensional: you discover or identify something new and make a judgment as to whether or not the topic has potential. We, on the other hand, primarily use the scenario technique: we extrapolate several developments into the future and weave them into a more complex vision. This allows us to combine future-oriented and complex thinking. By forming lots of causal connections and developing an intrinsically logical and consistent image of the future, we get a deeper understanding of possible future situations.

This is very abstract. Let's make it more tangible: what are the essential determining factors of this logical and consistent picture of the future?

Any complex situation can be analyzed. Whether the price of petrol rises or falls depends on various market developments. But let's come back to wearables, the potential of which can be determined based on

»Wird Trendforschung isoliert betrieben, und darin ist die Textilbranche sehr geübt, lässt sich damit kurzfristig zwar gutes Geld verdienen, aber es lässt sich kaum analysieren, welche Themen tatsächlich geschäftsrelevant sind.«

»If trend research is conducted in isolation – something the textile industry is very familiar with – big money can be made in the short run, but it is harder to identify the topics that are really business-relevant.«

entsprechenden Markt wichtiger Einflussfaktoren beurteilt werden: Dazu gehören der Preis, der empfundene Nutzen und die Vernetzung der Gesellschaft. Wenn wir gemeinsam eine Liste aufstellen würden, kämen wir wahrscheinlich relativ schnell auf 30 bis 40 Einflussfaktoren.

Nur werden einige dieser Einflussfaktoren wichtiger sein als andere.

Ja. Einige haben auch keinen aktiven Einfluss, sondern ergeben sich erst aus der Situation. Und genau das ist auf den ersten Blick normalerweise nicht zu erkennen. Wir haben also auf der einen Seite das Trendmanagement, das auf einen einzelnen Effekt setzt, und auf der anderen Seite ein komplexes Netzwerk. Das eine ist wenig sinnvoll, das andere ist nicht handhabbar. Deswegen kristallisieren wir mit einer Einflussanalyse die zehn oder zwölf Schlüsselfaktoren heraus. Dazu stellen wir eine Vernetzungsanalyse an.

Und mit diesen Schlüsselfaktoren lässt sich die Zukunft vorhersagen?

Nein. Die Schlüsselfaktoren zu identifizieren ist nur der erste Schritt. Und auch danach sagen wir nicht einfach die Zukunft voraus, sondern gehen zunächst auf die Ebene dieser Schlüsselfaktoren und entwickeln aus dieser Perspektive verschiedene denkbare Zukünfte. Für das Thema Wearables ist das schon ziemlich komplex. Denn seitdem wir über Digitalisierung reden, sprechen wir auch von Disruption. Das heißt, alle Beteiligten sind aufgrund der schnellen technologischen Entwicklung völlig überfordert, tatsächliche Zukunftsentwicklungen in ihrer Geschwindigkeit abschätzen zu können. Sprich, die Gefahr besteht darin, dass die Entwicklung neuer Lösungsapplikationen schneller verläuft als das eigentliche Foresight-Projekt.

Ob Wearables eine sinnvolle Investition sind, hängt aber nicht nur von technischen Entwicklungen ab.

Wenn ich Wearables als Symbiose aus Digitalisierung und Faser interpretiere, dann gibt es sicher greifbare Schlüsselfaktoren: zum Beispiel, ob die Nutzer das Wearable wegen seiner Trageeigenschaften akzeptieren und welche individuelle

a number of driving forces that are relevant to each market, such as the price, the perceived benefits, and the interconnectedness of society. If we were to work together on creating a list, it probably won't take us long to arrive at 30 to 40 influencing factors.

However, some of these factors will be more important than others.

Yes. Some have no active impact – and that's normally something that is hard to spot initially. So, on the one hand, there is trend management focusing on individual effects. On the other hand, there is a complex network. The first of these makes little sense, and the latter isn't manageable. Therefore we use an influence analysis to determine the 10 or 12 key factors. For this purpose, we conduct a network analysis.

And these key factors can be used to forecast the future?

No. The key factors are only the first step. And even then we do not simply forecast the future. Instead, we first work at the level of these key factors, and, from that perspective, develop a number of possible futures. For wearables, this is already quite complex. Since we have been talking about digitalization, we have also been talking about disruption. Because of the speed of technological development, everybody involved is quite overwhelmed, and unable to make a true assessment of how fast things evolve. That is to say: the danger is that new solutions develop faster than the foresight project itself.

But the answer to the question if wearables are a useful investment depends on more than just technological developments.

If I see wearables as the symbiosis of digitalization and fibre, certain key factors exist – whether users accept the garments on wearability grounds, for instance, and what their individual attitude towards privacy is. I can

»Foresight hilft, das äußerst diffuse Bild, das wir alle von der Zukunft haben müssen, zu ordnen und dabei Machtfaktoren mindestens zu reduzieren.«

Haltung zum Datenschutz sie besitzen. Dafür können jetzt vier unterschiedliche Zukunftsprojektionen gebildet werden: Der Nutzer lehnt die Entwicklung komplett ab, weil er trotz guter Trageeigenschaften Sorge hat, zum gläsernen Menschen zu werden. Auf der anderen Seite gibt es die uneingeschränkte Zustimmung des Technik-Nerds, der alles trägt, was ihm Informationen liefert. Zwei weitere Projektionen stehen in der Mitte. Einmal diejenige, bei der sich der Nutzer stärker durch das Thema Datenschutz beeinflussen lässt, aber die Entwicklung zu einem gewissen Grad akzeptiert; und schließlich der Fall desjenigen potenziellen Käufers, der sich Wearables über das Thema Wohlbefinden nähert. Das sind also vier denkbare Nutzerprojektionen.

So weit wird das sicher jeder Produktmanager machen.

Richtig, aber Foresight konzentriert sich nicht nur auf das Thema Akzeptanz, sondern nimmt zum Beispiel auch die Herstellkosten in den Blick. Und die mögliche wirtschaftliche Situation der Absatzmärkte. Und die weiteren acht bis zehn Schlüsselfaktoren auch. So gelangt man eine Detailebene tiefer und kommt zu einer Vielzahl von unterschiedlichen, jeweils denkbaren und gut begründeten Zukunftsprojektionen. Dabei trifft man noch keine Aussage darüber, ob eine Projektion wahrscheinlich ist oder nicht. Denn wie ich schon sagte, Foresight hat nicht den Anspruch, die Zukunft vorauszusagen. Wenn irgendjemand dazu in der Lage wäre, könnte er sich glücklich schätzen; wenn ich das könnte, würde ich nicht über Foresight reden.

Was ist aber der konkrete Vorteil für ein Unternehmen, wenn es sich systematisch mit der Zukunft beschäftigt?

Was oft übersehen wird, ist die Komponente der Organisationsentwicklung von Foresight. Denn mit Foresight sollten sich die Führungskräfte eines Unternehmens beschäftigen. Und Foresight führt in allen Projekten dazu, dass die Zusammenarbeit dieser Führungskräfte auf einem anderen Niveau stattfindet, denn sie arbeiten dann gemeinsam zukunftsoffen. Es geht nicht um Machtstrukturen; nicht darum, den besten Vorschlag zu haben oder die eigene Meinung durchzusetzen.

now describe four different future projections. A user might reject the development altogether – because, wearability notwithstanding, he or she is anxious not to become subject to total surveillance. On the other hand, there is the technology freak who is fond of wearing anything that provides him or her with information. In between these two extremes, two other projections exist: one in which users are quite concerned with privacy, but accept the development to a certain extent, and one in which potential buyers' attitude to wearables is determined by how comfortable they themselves feel with it. Thus, there are four imaginable user profiles.

So far, you have only described what any product manager would do.

That's right. Foresight, however, focuses on more than acceptance. It also looks at production costs and at possible market situations, as well as the remaining eight-to-ten key factors. This is how one arrives at a deeper level of detail, leading to a variety of possible and well-founded future projections. At this point, no statement can be made as to the probability of each projection. This is because, as I have said previously, foresight does not claim to forecast the future. If anyone were able to do so, they could count themselves lucky; if I were that person, I wouldn't be talking about foresight.

Speaking more specifically, what advantage does a business get from systematically addressing the future?

What is often overlooked is the corporate-development part of foresight. It's the top management of a business that should be concerned with foresight. In any project, foresight results in an improved level of collaboration between managers, because it allows collaboration to be future-oriented. It is not about power structures; it is not about making the best suggestion or imposing

»Foresight helps to systemize the often extremely diffuse picture that we are all left with when we try to visualize our future, and to at least reduce the power factors involved.«

Sondern um gut begründete, in sich schlüssige Projektionen. Jeweils zwei dieser zahlreichen Projektionen werden dann im nächsten Schritt paarweise in Beziehung zueinander gesetzt. Denn zwei verschiedene Zukunftsprojektionen sind sehr wohl bewertbar, indem man die Frage stellt: Können die mit diesen beiden Projektionen beschriebenen Ereignisse parallel stattfinden oder nicht? Oder, fachspezifischer ausgedrückt: Sind sie konsistent oder nicht?

Wie würde das in unserem Beispiel mit den Wearables weitergehen?

In dem Moment, in dem die Mehrheit der Bevölkerung in Richtung Datenschutz tendiert, ist klar, dass der Absatz von Wearables tendenziell nicht sehr groß sein wird. Wenn man dann die Größe des Absatzmarktes zum Datenschutz eins zu eins in Beziehung setzt, ergibt das eine sehr eindeutige Aussage, der niemand widersprechen wird. Und genau diese Eindeutigkeit aus der Eins-zu-eins-Bewertung erlaubt die klare Sicht auf mögliche Zukunftsszenarien, die Foresight liefert. Klar, das ist aufwendig – wenn unsere zwölf Schlüsselfaktoren im Schnitt drei denkbare Projektionen aufweisen, dann ergeben sich daraus zahlreiche unterschiedliche Bewertungspaare.

So lässt sich dann doch vorhersagen, welche Zukunftsprojektionen denkbar wären und welche nicht?

Wenn alle zwölf Schlüsselfaktoren und alle Projektionen miteinander kombiniert und über mathematische Verfahren ausgewertet sind, zeigen sich einzelne Kombinationen mit einem hohen Konsistenzwert. In der Regel ergeben sich drei bis fünf unterschiedliche, konsistente Szenarien, die gut miteinander harmonieren. Und so gelangt man – und das ist das Interessante – zu einer konkreten Vorstellung mit drei bis fünf komplexen Zukunftsbildern. Sie sind sehr wohl eine ganz hervorragende Grundlage für entsprechende Entscheidungen.

Derjenige, der eine Aussage über die Zukunft trifft, beeinflusst sie auch automatisch. Wie wird das berücksichtigt?

Foresight trifft hier definitive Unterscheidungen. Da sind zum einen die sogenannten Markt- und Umfeldszenarien, bei

one's opinion on others. It's about well-founded and consistent projections. The next step is to match these various projections, to pair them and put them in relation to each other. This is because it is undeniably possible to evaluate two different future projections by asking: can the events described by these projections take place simultaneously or not? Or, more technically: are they consistent, or aren't they?

How does that apply to our wearables example?

If a majority of the population tends to be concerned about privacy, it is evident that wearables won't sell too well. If you put the size of the market in relation to concerns about privacy on a one-to-one basis, you can obtain a result, an unambiguous statement which nobody will question. It is precisely this unambiguousness – which is due to the one-to-one assessment carried out within the foresight process – that provides a clear outlook on possible future scenarios. Obviously, this is laborious work – if, on average, our 12 key factors have three projections each, we end up with a large number of assessment pairs.

So it is nonetheless possible to predict which future projections are conceivable and which are not?

When all 12 key factors and all projections have been matched and evaluated using mathematical methods, some combinations show a high degree of consistency. Typically, there are three to five different, consistent scenarios that harmonize well with each other. Thus, interestingly, we actually end up with a specific set of three to five complex pictures of the future. They offer an excellent basis for making relevant decisions.

Doesn't anybody who makes a statement about the future automatically exert an influence on it?

In this area, foresight makes clear distinctions. Firstly, there are market and environment scenarios, for which it can be assumed that those for whom the scenario is

»Entscheidungen sind immer dann besser, wenn sie auf Fakten und Logik basieren und nicht auf Macht.«

denen davon auszugehen ist, dass derjenige, für den das Szenario erstellt wird, selbst kein Gestalter in dem betrachteten Markt ist, sondern die gestaltenden Kräfte von außen auf ihn einwirken. Zum anderen existieren für uns sogenannte Gestaltungsfeldszenarien, innerhalb derer derjenige, der einen zukünftigen Markt analysiert, durch aktives Handeln in der Lage ist, ihn wahrnehmbar zu beeinflussen. Im zweiten Fall ist es dann vor allem spannend herauszufinden, an welcher Stelle eine durch einen Beteiligten erzwungene Marktveränderung am wirkungsvollsten ist.

Die ökonomische Bedeutung der aktiven Beschäftigung mit der Zukunft für ein Unternehmen ergibt sich also daraus, dass es fragt, welche Produkte und Dienstleistungen in verschiedenen denkbaren Zukunftsszenarien ein Marktpotenzial haben. Und dabei gleichzeitig alle beteiligten Entscheider ins Boot holt ...

Ja. Es sind immer beide Aspekte wichtig. Entscheidungen sind immer dann besser, wenn sie auf Fakten und Logik basieren und nicht auf Macht. Foresight hilft, das äußerst diffuse Bild, das wir alle von der Zukunft haben müssen, zu ordnen und dabei Machtfaktoren mindestens zu reduzieren. Selbstverständlich gibt es auch Gegenbeispiele: Kolumbus, dem man nachsagt, Amerika entdeckt zu haben, hat sich gegen die zu seiner Zeit vorherrschende Sicht durchgesetzt. Aber auch Kolumbus wird wahrscheinlich ein Szenario gehabt haben, mit dem er sich erklärt hat, warum sein Weg der richtige ist, und das war ein konsistentes Zukunftsbild. Und diejenigen, die ihn vor seiner Entdeckungsfahrt für verrückt hielten, hatten ebenso konsistente Zukunftsbilder. Aber sie haben nicht ernsthaft miteinander über die Zukunftsbilder der jeweils anderen geredet. Genau das ist es aber, was sich über die Methode des Foresight sehr gut erreichen lässt: dass verschiedene konsistente Zukunftsbilder geformt und dann Entscheidungen getroffen werden können, die auch erfolgversprechend sind.

created have no part in moulding the corresponding market but are themselves subject to external shaping forces. Secondly, there are what we call »design field scenarios«. In this context, those who analyze a future market are also able to significantly influence it through their own actions. In the second case, it is particularly exciting to find out where a market change has to be implemented in order to be most effective.

So this means: For a business, the economic benefit of actively dealing with the future lies in asking which products and services have market potential, given various conceivable future scenarios. And in involving all relevant decision makers...

Yes. It's always both aspects that are important. As a rule, decisions are better when they are based on facts and logic rather than on power. Foresight helps to systemize the often extremely diffuse picture that we are all left with when we try to visualize our future, and to at least reduce the power factors involved. Of course, counter-examples exist: Columbus, who allegedly discovered America, asserted his own view against prevailing views. But presumably even Columbus had a scenario that helped him explain why his route was right – a consistent picture of the future. Those who declared him mad prior to his expedition had their own consistent pictures of the future. But the different parties didn't seriously discuss their visions with each other. Talking of visions, this is exactly what the foresight method enables us to do: to form various consistent pictures of the future and to then make decisions that are truly promising.

»As a rule, decisions are better when they are based on facts and logic rather than on power.«

Tomas Pfänder ist als Wirtschaftsingenieur Gründungsvorstand der Managementberatung Unity AG und dort verantwortlich für strategische und betriebswirtschaftliche Beratung, Finanzen und Personal. Die 1995 gegründete Unity AG ist spezialisiert auf zukunftsorientierte Unternehmensgestaltung, Innovation und operative Exzellenz. Sie initiiert und leitet globale Projekte in unterschiedlichsten Branchen von der Automobilindustrie über Luft- und Raumfahrt, Gesundheitswirtschaft und Medizintechnik bis hin zu Energiewirtschaft, Pharma- und Chemieindustrie.

Tomas Pfänder, industrial engineer, is a founding member of the executiv board of Unity AG, where he is responsible for strategic and business consulting, finance and human resources. Established in 1995, Unity AG specializes in future-oriented corporate design, innovation and operational excellence. The company initiates and manages global projects in various industries, including the automotive industry, aerospace, healthcare, medical engineering, energy, pharmaceuticals, and chemistry.

FUTURE SCENARIO **III**

FUTURE COMMUNICATION

Das Leben ist ein endloses Window-Shopping geworden. Ausgeklügelte Algorithmen und Verarbeitungssoftwares sind in der Lage, auf einem Foto Produkte zu erkennen, zu identifizieren und im Internet aufzuspüren. Sofort wird dem Nutzer ein attraktives Vergleichsprodukt angeboten.

Während der Arbeitnehmer-Konsument aus dem Future Scenario »Contradictive Consumers« (siehe S. 31ff.) auf dem Heimweg von der Arbeit in der U-Bahn sitzt, ziehen verschiedenste Angebote an ihm vorbei: für Katzenfutter, Toilettenpapier oder einen Liter Milch. Sie werden vom Dach der fahrenden Bahn an die Tunnelwand projiziert – einscannen und bestätigen genügt. Wenn er einige Stationen später aussteigt, muss er die Einkäufe nur noch aus der nächsten Abholstation entnehmen. Die Realität ist der Vision einer Welt der direkten Bedürfnisbefriedigung wieder einen Schritt näher gekommen.

Alltagsgegenstände kommunizieren permanent über Signalstationen (Beacons) und den kontaktlosen Austausch von Daten via Near Field Communication (NFC) mit ihrer Umgebung. Auf umgekehrtem Weg kommunizieren Unternehmen permanent mit ihren Kunden. Wird die Shopperin im Regen nass, merkt der Stoff, aus dem ihre Jacke geschneidert ist, diesen Umstand und übermittelt eine entsprechende Information an eine zentrale Datenplattform. Umgehend weist eine Nachricht die Trägerin auf das nächste Geschäft mit Regenschirmen in ihrer Umgebung hin. Den Rabattgutschein aufs Smartphone gibt es bei der Gelegenheit gleich mit dazu. In den Shops treten

Life has become an endless window-shopping experience. Sophisticated algorithms and processing software are able to recognize products from pictures, identify them, and track them down on the Internet, promptly offering the user an attractive alternative product.

As the worker-consumers from the »Contradictive Consumers« future scenario (see pp. 31ff.) sit in the underground train on their way home, a great number of offers pass before their eyes: a tin of cat food, toilet paper, a pint of milk, all projected from the roof of the moving train onto tunnel walls – just scan it and press Confirm, and you are done. When they leave the train some stations later, buyers can collect their purchases from the next issuing desk. Reality has come one step closer to a world in which needs are promptly satisfied.

Thanks to beacons and wireless data exchange based on the near field communication (NFC) technique, everyday items constantly communicate with their environment. Conversely, businesses are in permanent communication with their customers. If a shopper gets wet in the rain, the textile her jacket is made of senses this and sends the information to a central data platform, and a message is promptly sent alerting the wearer to the nearest store selling umbrellas. To make things complete, a discount voucher is sent to her smartphone.

Produkte direkt mit ihren potenziellen Käufern in Kontakt und geben ihnen Hintergrundinformationen über ihre Eigenschaften und die Weise, wie sie produziert wurden. Ausgestattet mit Künstlicher Intelligenz (KI) und intuitiver Sprachsteuerung, übernehmen Apps die Kommunikation mit dem Käufer am PoS. Oder steuern direkt den Warenfluss zwischen Kunden, Regal, Lager und Fertigung.

Fast das komplette Datenvolumen des Internets nehmen inzwischen Videos in Anspruch. Das ist nur konsequent, da 83 Prozent des Lernens auf visuellem Weg ablaufen. In Zeiten sich permanent verkürzender Aufmerksamkeitsspannen wird jeder Inhalt hochästhetisch und kompakt visualisiert. Homepages und Online-Shops von Unternehmen sind begehbare Markenwelten geworden: den Besucher komplett umschließend, in 3-D und mit Bildern im Kinoformat 4K. Fast könnte man meinen, stationäre Geschäfte seien im Zeitalter der Phygitalisierung (siehe FOKUS, S. 57 ff.) nur noch die Verlängerung der Online-Existenz eines Unternehmens in die Realität.

DEMOKRATISIERUNG DES MARKETINGS

Zur Kernaufgabe von Marketing ist derweil das Kuratieren von User-Generated Content (UGC) geworden. Denn kritische Konsumenten vertrauen anderen kritischen Konsumenten eher als omnipräsenten Werbebotschaften. Für Unternehmen geht es daher darum, aktiv Anlässe für positive Peer-to-Peer-Kommunikation zu schaffen. Im besten Fall sind sie dazu in der Lage, selbst die Plattform für diesen Austausch zu stellen.

Die Arbeitnehmer-Konsumenten, die ihr Selbstbild und ihren Lebensstil zunehmend darüber definieren, dass sie Intimes und Irrationales mit Freunden und Followern teilen, erwarten von Marken konsequenterweise eine ähnliche Emotionalisierung der Kommunikation. Corporate Publishing spielt damit eine immer wichtigere Rolle bei der Kreation und Weiterentwicklung des Unternehmensimages. Dem Buch vom letzten Surftrip des Geschäftsführers oder dem Video über die ungewöhnlichen Stationen im Lebenslauf eines Mitarbeiters kommt damit dieselbe, wenn nicht sogar eine größere Bedeutung zu als Meldungen über Umsatzsteigerungen oder Bilanzkennzahlen.

In stores, products make direct contact with potential buyers, offering background information on their features and the way they have been produced. Equipped with artificial intelligence (AI) and intuitive voice control, applications assume the task of communicating with the customer at the point of sale. Applications also control the flow of goods between customers, shelves, warehouses, and shop floors.

Almost the entire data volume of the Internet is now taken up by videos. This is hardly surprising, as 83 percent of learning takes place visually. In an era in which attention spans are becoming shorter and shorter, content is presented in highly æsthetic and condensed formats. Businesses' homepages and online stores have turned into walk-in brand worlds that completely immerse visitors in 3D and pictures in 4K formats. In an era of phygitalization (see FOCUS on pp. 57 ff.), one might think that bricks-and-mortar stores are just extensions of the online presence into reality.

DEMOCRATIZATION OF MARKETING

Meanwhile, curating user-generated content (UGC) has become the primary task of marketing. This is because critical customers have more trust in other critical customers than in omnipresent advertising slogans. For businesses, the challenge is therefore to create occasions for positive peer-to-peer communication. In the best case, they are able to provide suitable platforms themselves.

Since worker-consumers' self-images and lifestyles are increasingly defined by the way they share intimate and irrational content with friends and followers, they naturally expect a similar emotionalization of communication on the part of brands. Corporate publishing thus plays an ever-increasing role in creating and developing corporate images. The book about the managing director's last surf trip or the video about the unusual stages in the life of an employee is just as important – or even more important – than reports about sales increases and balance sheet ratios.

DIE HYBRIS VON MARKEN – EIN SELBSTBILD OHNE SELBST

Die Möglichkeiten der direkten und ungefilterten Rund-um-die-Uhr-Bespaßung werden exzessiv genutzt. Nach dem Trial-and-Error-Verfahren wird jede neue technologische Sau, die die Marketingspezialisten durchs digitale Dorf treiben, hemmungslos mit Bildern, News und Content gefüttert: totale Kommunikation. Über den Konsumenten rauscht eine sich immer höher aufbauende Informationswelle hinweg. Jeder Kommunikationskanal ist gleichzeitig ein potenzieller PoS, an dem das spontan geweckte Kaufinteresse umgehend befriedigt werden kann – bevor es wieder in Desinteresse oder gar Frustration umschlägt.

In einem solch komplexen, von einem sich zuspitzenden Wettbewerb der Anbieter gekennzeichneten Umfeld kämpfen Modeunternehmen an allen Fronten gleichzeitig: Diese Fronten heißen parallele Produktlebenszyklen, hybride Menschen, veränderte Anforderungen an die Unternehmensführung, Sourcing und Kalkulation. Kurzfristige Hypes und langfristig geschäftsrelevante Trends sind in einem überdrehten Markt kaum noch voneinander zu unterscheiden und als Differenzierungsmerkmal nahezu obsolet geworden. Marken und Markenpräsentationen kreisen um ein Unternehmen wie Elektronen um den Atomkern, sie sind endgültig zu seinem wichtigsten Kapital geworden.

APP-BUNDANCE UND DIE ÖKONOMISIERUNG DER PRIVATSPHÄRE

Convenience versus Insuffizienz ist die Linie, entlang derer sich erfolgreiche von misslungener phygitaler Kommunikation trennt. Effektiv ist nur, was dem Rezipienten einen realen Mehrwert bietet, sich für ihn sofort als zweckmäßig (convenient) erweist. Alles, was als zeitraubend wahrgenommen wird, verkehrt sich ins Gegenteil, wird als ungenügend wahrgenommen und spielt schnell keine Rolle mehr innerhalb einer umfassenden Kommunikationsstrategie. Die Ära zeitintensiver Apps ist ebenso vorbei wie die der Online-Werbung.

Mit der Auflösung der Trennlinie zwischen Arbeit und Freizeit geht das Verschwinden der Grenze zwischen Öffentlichem und Privatem einher: Die Privatsphäre soll nun endgültig und bis in die letzten Winkel hinein wirtschaftlicher Verwertung

THE HUBRIS OF BRANDS – A SELF-IMAGE WITHOUT SELF

The opportunities offered by direct and unfiltered around-the-clock entertainment are put to excessive use. In a trial-and-error approach, each new technological fad that is unleashed onto the world by marketing professionals is unscrupulously fed with pictures, news, and content. It is a state of total communication. Customers find themselves buried under waves of information, each one higher than the other. Each communication channel is also a potential point of sale, allowing for any spontaneously aroused buying interest to be immediately satisfied, before it can tip back into disinterest or even frustration.

In such a complex and ever more competitive environment, fashion businesses are fighting simultaneously on all fronts. These fronts have names such as »parallel product cycles«, »hybrid people«, »changed requirements on management«, »sourcing«, and »calculation«. Short-term hypes and long-term business-relevant trends are hardly discernable, and are, as distinguishing features, virtually obsolete. Brands and brand presentation revolve around businesses like electrons around atomic nuclei; they have become their most important assets.

APP-BUNDANCE AND THE ECONOMIZATION OF PRIVACY

Convenience versus insufficiency is the line that separates success in phygital communication from failure. For anything to be effective, it must offer recipients real value and immediately prove its convenience. Anything that is perceived as time-consuming turns into the opposite; it is seen as insufficient and soon ceases to play a role within an all-encompassing communication strategy. The era of time-consuming apps has passed, as has the era of online advertising.

As the line between work and leisure blurs, so does the line between the public and private spheres: even the very last bit of privacy is ready to be subjected to economic exploitation. The synthesis of private and public spheres

»Wir beschließen, uns rascher zu verbrauchen. Wir steigern das Lebenstempo, bis die Menschen mit dreißig senil sind.« George Orwell, 1984

»Suppose that we choose to wear ourselves out faster. Suppose that we quicken the tempo of human life till men are senile at thirty.« George Orwell, 1984

unterworfen werden. Die Synthese von Privatem und Öffentlichem durch Social Media und Web 2.0 führt zu einem Zustand, der mit dem Schlagwort »Pröffentlichkeit« beschrieben werden kann. Gleichzeitig sind allerdings neue kritische Potenziale entstanden. Aus den permanent und umfassend informierten Kunden sind Prosumenten geworden, die Kaufentscheidungen zwar spontan treffen, dabei aber bewusst oder unbewusst Wissen nutzen, das in früheren Zeiten Experten vorbehalten war. Der Schutz ihrer Privatsphäre ist für sie weiterhin ein wichtiges Gut; sie sind keinesfalls bereit, bei jeder beliebigen Marketingmaßnahme ihre Daten preiszugeben. So hoch- und ausgerüstet, stellen sie zunehmend infrage, was Unternehmen da so alles auf sie einprasseln lassen.

DIE KUNST, SICH RARZUMACHEN

Prosumenten erkennen, dass sich hinter der Glitzerwelt des permanenten, personalisierten und hochästhetischen Angeflirtet-Werdens keine philanthropischen Absichten, sondern schnöde wirtschaftliche Strategien verbergen. Sie entzaubern den digitalen Vermarktungshokuspokus als das, was er ist: ein permanentes Werbe- und Marketingartilleriefeuer. Für sie ist Inszenierung eben nicht wichtiger als der Inhalt. Unternehmen, die den Bogen überspannen, verlieren solche Kunden genauso schnell wieder, wie sie sie gewonnen haben. Kritische Prosumenten sind nur schwer zu binden.

Für Unternehmen besteht die Kunst also in erster Linie darin, den richtigen Mix zu finden, um zu ihrer Zielgruppe durchdringen zu können. Zu entscheiden, wann wer über welche Kanäle welche Art von Information erhält. Denn auch im Jahr 2025 gilt noch das Pareto-Prinzip: 20 Prozent der Kunden generieren 80 Prozent des Umsatzes. Und auch an den Flirttechniken hat sich nichts geändert: Manchmal sollte man sich gegenüber dem Objekt der Begierde einfach rarmachen.

through social media and Web 2.0 leads to a state of affairs which could be described as »prublic«. At the same time, however, a new type of critical consumers is emerging. Continually and comprehensively informed customers turn into prosumers who make their buying decisions spontaneously, but based on the kind of conscious or subconscious knowledge that, in the past, would have been the privilege of experts. For them, the protection of privacy is still an important commodity; they are by no means willing to disclose their data at every corner. Armed with knowledge and equipment, they increasingly challenge the presumptuous attitudes of businesses.

THE ART OF MAKING ONESELF SCARCE

Prosumers understand that what prompts businesses to permanently shower them with the glitter of personalized and highly æstheticized flirtations are not those businesses' noble philanthropic intentions, but their prosaic economic strategies. They see the digital marketing hocus-pocus for what it is: an incessant artillery barrage. To them, the staging is, after all, not more important than the content. Businesses who overstep the mark are in danger of losing customers as fast as they have won them. It is difficult to establish long-term relationships with critical prosumers.

For businesses, the key challenge is to find the right mix that allows them to get in touch with their target group. They must decide, who should be targeted and when they should be targeted, with what information and through what channels. This is because, in 2025, the Pareto principle still continues to be valid: 20 percent of customers generate 80 percent of sales. The techniques of flirtation haven't changed, either: sometimes it is best to make yourself scarce to the object of your desire.

HERAUSFORDUNGEN
CHALLENGES

- Vorbeugen gegenüber Redundanz in unterschiedlichen Kanälen
- Einhalten von Datenschutz und Persönlichkeitsrechten
- Kuratieren von User-Generated Content
- Inhalte über die Inszenierung von Inhalten stellen
- Zielgruppen Freiräume gewähren – trotz verlockender Möglichkeiten allumfassender Kontrolle
- Nicht zu einer Helikoptermarke werden, die permanent kommuniziert und ihren Kunden überallhin folgt

- Preventing redundancy on different channels
- Respecting privacy and personality rights
- Curating user-generated content
- Putting content over the staging of content
- Giving target groups sufficient freedom – resisting tempting opportunities to more thoroughly control them
- Not becoming a helicopter brand that is constantly communicating with its customers and following them everywhere

Omni-Channel-Kommunikation erfordert von Unternehmen ein Neudenken des Marketings. // Omni-channel communication requires businesses to rethink marketing.

EXKURS: »MAN KANN NICHT NICHT KOMMUNIZIEREN«
EXCURSUS: »YOU CANNOT NOT COMMUNICATE«

Der österreichisch-amerikanische Kommunikationswissenschaftler, Psychotherapeut, Soziologe und Philosoph Paul Watzlawick prägte den berühmten Satz von der Unmöglichkeit, nicht (miteinander) zu kommunizieren. Zahlen der Group M, eines Ablegers des britischen Werbekonzerns WPP, legen nahe, dass die völlige Abwesenheit von Kommunikation zwischen Unternehmen und Menschen ebenso unmöglich ist. Die Media-Gruppe beziffert die PR-Ausgaben allein in der EU für das Jahr 2015 mit 2,6 Milliarden US-Dollar. Dabei hat laut einer Statista-Umfrage in den Jahren 2014 und 2015 mehr als die Hälfte aller Unternehmen weniger als die Hälfte ihres Kommunikationsbudgets für sogenanntes Content Marketing ausgegeben – also Werbung mit beratenden, informierenden oder unterhaltenden Inhalten. Für die zielgerichtete und möglichst ohne Streuverluste verlaufende Vermittlung solcher Hintergrundinformationen wird die intelligente Kombination unterschiedlicher Kommunikationskanäle immer wichtiger.

Was der Vertrieb schon seit Jahren praktiziert, Stichwort Omni-Channel, ist im Marketing angekommen. Von der »Customer Experience« zur »Omni-Channel Experience« – insbesondere in der hochgradig markenaffinen Modebranche wird es zukünftig darum gehen, auf allen Kanälen immer intensiver neue Technologien parallel und untereinander vernetzt zu nutzen. Und auch innerhalb der einzelnen Kanäle ist eine weitere Diversifizierung absehbar. Zwar wird im Jahr 2016 noch fast das gesamte Budget für die Werbung in Social Media an Facebook vergeben, doch soll plattformübergreifendes Social Media Marketing in Zukunft immer wichtiger werden.

Die größte Herausforderung wird in Zukunft nicht nur darin bestehen, Offline- und Online-Kommunikation noch mehr aufeinander abzustimmen, sondern beide so anzulegen, dass sie sich zurückverfolgen und auswerten lassen. Wegbereiter dafür werden etwa in der Modebranche oder im Handel Wearables sowie Beacons und Nahfeldkommunikation (Near Field Communication, NFC) sein. Beacons sind physische Sendeeinheiten, die klassischerweise mit der Funktechnik Bluetooth Low Energy (BLE) kombiniert werden, um eine nur in einer Richtung verlaufende Datenübertragung beispielsweise auf ein Smartphone zu ermöglichen. Ist auf einem solchen Empfangsgerät

Paul Watzlawick, Austrian-American communication scientist, psychotherapist, sociologist, and philosopher, coined this famous proposition about the impossibility of not communicating. Data provided by Group M, a spin-off of WPP, a British advertising group, suggests that a complete absence of communication between businesses and people isn't possible, either. The media group estimates PR expenses within the European Union to be 2.6 billion US dollars in 2015 alone. According to a survey conducted by Statista, the years 2014 and 2015 have seen more than half of businesses spend less than half of their communications budget on content marketing – i. e., publicity with a consulting, informing or entertaining content. To communicate background information in a targeted way and with minimum wastage, it is increasingly crucial to intelligently combine different communication channels.

Omni-channel, a technique practiced in the distribution sector for years, has now arrived in marketing. From »customer experience« to »omni-channel experience«: using new technologies simultaneously and interconnectedly on all channels will be crucial in the future, especially in the highly brand-oriented fashion industry. We can also expect further diversification within each channel. In 2016, nearly the entire budget for social media marketing still goes to Facebook; in the future, cross-platform social media marketing will become ever more important.

The greatest challenge will consist not only in harmonizing offline and online communication, but also in designing both of them to allow for backtracking and evaluation. In the fashion industry and in retail, it will be wearables that will pave the way – plus beacons and near field communication (NFC). Beacons are physical transmitter units, normally combined with Bluetooth Low Energy (BLE) radio technology in order to enable a one-way data transmission – to a smartphone, for instance. If suitable software is installed on such a terminal, targeted information can be transmitted while

eine entsprechende Software installiert, können innerhalb der Sendereichweite eines Beacons gezielt Informationen übertragen werden. Bei neueren Generationen von Beacons werden alternative Empfänger eingesetzt: beispielsweise Mikrofone für Audio Beacons. Demgegenüber nutzt Nahfeldkommunikation zur Funkdatenübertragung RFID (Radio Frequency Identification).

Beide Ansätze erweitern die physische Welt ins Digitale. Kunden werden in Zukunft von Unternehmen erwarten, dass sie mit individualisiertem Content angesprochen werden. Zudem setzen sie voraus, dass das System Informationen, die sie einmal empfangen haben, nachhalten kann und dass es lernfähig ist. Die sich selbst als Innovationsberatung bezeichnende Hamburger Agentur Trend One spricht in diesem Zusammenhang schon davon, dass Kommunikation in Zukunft immer in erster Linie für ein mobiles Empfangsgerät optimiert sein muss und bezeichnet das sogenannte Mobile First als Hygienefaktor für Kommunikation.

Zahlen zur Umsatzentwicklung bestätigen diese Einschätzung: Über 450 Milliarden Euro betrug der kumulierte online erzielte Jahresumsatz des Einzelhandels in zehn Ländern der EU und Nordamerikas im Jahr 2015. Zu diesem Ergebnis kommt eine E-Commerce-Studie, die das britische Centre for Retail Research im Januar 2016 im Auftrag von Retail Me Not, einem der weltweit führenden Couponanbieter, aufgelegt hat. Zwar würde dies gemittelt nur rund 10 Prozent des gesamten Handelsvolumens für den untersuchten Zeit- und Wirtschaftsraum entsprechen, allerdings würde der E-Commerce mit circa 28 Prozent gegenüber einem stagnierenden oder sogar schrumpfenden stationären Handel eine weit überdurchschnittliche Wachstumsrate ausweisen. Innerhalb des elektronischen Handels lässt sich wiederum der M-Commerce leicht als der entscheidende Wachstumsmotor identifizieren: Denn während circa 75 Prozent des Online-Handels über stationäre Endgeräte stattfand und diese Verkaufsart über das Jahr ein Wachstum von 10 Prozent verzeichnete, wurden die übrigen 25 Prozent der online abgeschlossenen Geschäfte »wireless« getätigt – dieser Bereich kommt auf ein Wachstum von fast 80 Prozent im Vergleich zum Vorjahr.

Diese Erkenntnis führt zurück zur Ausgangsthese: Wie individuell und flexibel auch immer Unternehmen ihre Kunden

it remains within the reach of the beacon. Newer-generation beacons use alternative types of receivers: microphones for audio beacons, for instance. Near field communication, however, uses the radio frequency identification (RFID) technology for data transmission.

Both approaches extend the physical world into the digital sphere. In the future, customers will expect businesses to offer individualized content. Moreover, they will take for granted that systems remember information once it has been given to them, and that these systems are able to learn. Trend One, a Hamburg-based marketing agency describing itself as an innovation consultancy, believes that future communication should be primarily optimized for mobile devices. »Mobile first«, they say, serves as a hygiene factor for communication.

Sales trend figures confirm this: in 2015, the cumulative turnover of retailers in 10 major countries of the European Union and North America derived from online business amounted to over 450 billion euros. This is the result of an e-commerce study commissioned by Retail Me Not, a leading global coupon provider, and conducted by the British Centre for Retail Research during January 2016. Calculated as average, this is just 10 percent of the entire trade volume for the period and the economic area in question; however, the study suggests that with 28 percent, e-commerce shows a growth rate that is far above average, compared to a stationary commercial sector that is stagnating or even shrinking. Within e-commerce, m-commerce can be identified as the primary driver of growth: whilst 75 percent of online commerce was conducted on stationary terminals (with an annual increase of 10 percent) in 2015, the remaining 25 percent of deals were closed »wirelessly« (corresponding to an almost 80-percent increase compared to the previous year).

These findings bring us back to the initial thesis: however personally and flexibly businesses talk to their customers in the future, successful communication concepts will focus on omni-content marketing strategies.

Abb. | Fig. S4 Handel und E-Commerce //
Commerce and E-Commerce

Handelsumsatz 2015 in 10 Ländern Europas und Nordamerikas, Gesamt: 4,5 Billionen Euro // Sales volume retail 2015 in 10 European and North-American countries, Total: 4.5 trillion euros

Davon: Handel online 450 Milliarden Euro // Thereof: E-Commerce 450 billion euros

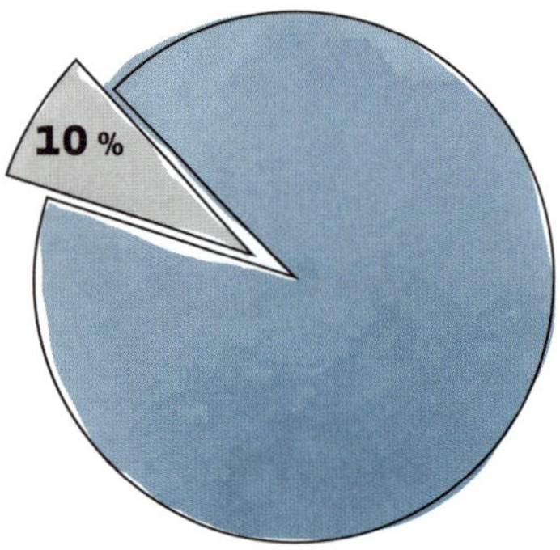

Abb. | Fig. S5 E-Commerce und M-Commerce //
E-Commerce and M-Commerce

Im Jahr 2016 werden in Nordamerika und der EU 10 Prozent des Einzelhandelsumsatzes online generiert. Bedeutender Wachstumsmotor des Online-Handels ist eindeutig der M-Commerce mit einem Umsatzzuwachs von knapp 80 Prozent im Vergleich zum Vorjahr. // In 2016, 10 percent of the cumulative turnover of retailers in North America and the EU will be derived from online business. With an increase of almost 80 percent increase in sales volume compared to the previous year, m-commerce is the primary driver of growth in online commerce.

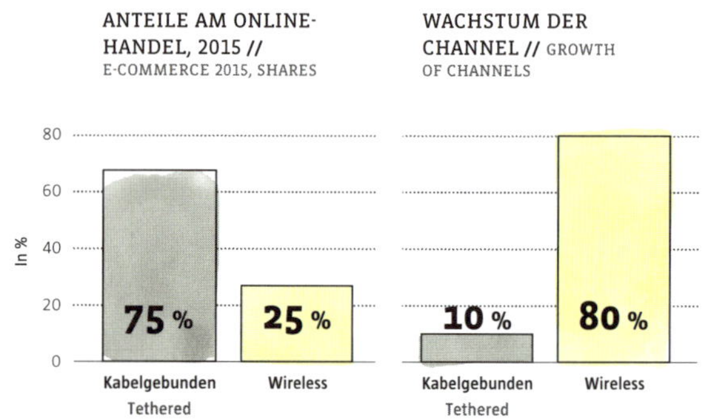

Quelle: Eigene Darstellung nach Centre for Retail Research // Source: Diagram based on Centre for Retail Research

in Zukunft ansprechen werden, im Mittelpunkt erfolgreicher Kommunikationskonzepte werden zukünftig stets Omni-Content-Marketingstrategien stehen. Damit finden Werbung und authentische, ehrliche Unternehmenskommunikation zueinander – zusammengefasst unter dem Begriff »Integrated Communication«. Im Zeitalter von Tornsumern (siehe Future Scenario »Contradictive Consumers«, S. 31 ff.), Prosumenten und Multiplikatoren wird es für Unternehmen unmöglich, eine Sache zu versprechen und das Gegenteil zu tun. Ethisches Verhalten wird damit auf indirektem Wege zu einem zweiten Hygienefaktor für erfolgreiche Kommunikation.

Auch innerhalb von Unternehmen wird Reputation zu einem Kerninhalt von Kommunikation. Für die Mitarbeiter wird es immer wichtiger, dass sie sich nicht für Verstöße ihres Arbeitgebers gegen Ethikcodes und Compliance-Vorgaben rechtfertigen müssen. Die letzte Jahresumfrage des Probleme der unternehmerischen Verantwortung abhandelnden CR Magazine ergab, dass 86 Prozent der Frauen und 67 Prozent der Männer in den USA es sich nicht vorstellen können, ihre Bewerbung bei einem Unternehmen mit einem schlechten Ruf abzugeben. Im »War for Talents« wird fehlende Reputation und Glaubwürdigkeit damit zum fatalen Hindernis bei der Einstellung von neuen Mitarbeitern, Transparenz und klare, glaubwürdige Kommunikation hingegen zur wichtigsten Eigenschaft.

These are strategies that combine promotion with authentic, honest corporate communication, subsumed under the term »integrated communication«. In an era of »tornsumers« (see the »Contradictive Consumers« future scenario on pp. 31 ff.), prosumers and multiplicators, businesses find it impossible to promise one thing and to then do the opposite. Indirectly, ethical behaviour thus becomes a second hygiene factor for successful communication.

Within businesses, reputation also becomes a core part of communication content. It is increasingly important to employees that they should not have to justify infringements of ethical codes and compliance requirements committed by their employers. The last annual survey about questions of corporate responsibility by CR Magazine showed that, in the United States, 86 percent of women and 67 percent of men cannot imagine applying for a job with an employer with a poor reputation. In the »war for talents«, poor reputation and a lack of credibility become a fatal impediment to recruiting new people, whereas transparency and clear and credible communication are shown to be the most important factors.

FOKUS: PHYGITALISIERUNG
FOCUS: PHYGITALIZATION

Die Leitidee der Industrie 4.0 ist »phygital«: Der Begriff bezeichnet den Treffpunkt von physisch und digital. Den entscheidenden Impuls gibt die endgültige Entkabelung des Internets. Der IT-Konzern Cisco geht davon aus, dass in den kommenden fünf Jahren das Datenvolumen von mobilen Endgeräten das von kabelgebundenen überholen und es im Jahr 2019 24,2 Exabyte – also 24,2 Milliarden Gigabyte – monatlich erreichen wird. Das ist in etwa so viel, wie im ersten Halbjahr 2015 insgesamt im Internet an Daten übertragen wurde. Bereits heute nutzt circa die Hälfte aller Konsumenten das Smartphone zur Online-Recherche. Die Dynamik, die aus der Kombination von Kommunikation und mobilem Handel erwächst, führt zur echten Multichannel-Integration und wird den Handel als Ganzes transformieren. Die Unternehmensberatung McKinsey erwartet zum Beispiel, dass der Link von digitalen und physischen Kommunikations- und Handelssphären bis 2025 global ein jährliches Marktpotenzial von über elf Billionen Dollar entwickeln wird. Responsive Design, das geräteabhängige Darstellen von Online Content, wird von Konsumenten heute schon als selbstverständlich angenommen – neue Entwicklungen und wichtige Trends im Zusammenhang mit der Phygitalisierung werden im Folgenden kurz vorgestellt.

INDIVIDUELLE IDENTIFIKATION

Redpepper, eine US-amerikanische Werbeagentur, hat »Facedeals« entwickelt. Das Programm verbindet eine Form des auf Fotos basierenden Kaufens, den Snap Commerce, mit Big-Data-Algorithmen. Es kann ein beliebiges Foto biometrisch analysieren und mit Social-Network-Profilen abgleichen. Den identifizierten Personen werden dann auf Basis von biometrischen und digitalen Profilen individualisierte Vorschläge für den Konsum geschickt. Die Technologie kann von stationären Händlern mit Near Field Communication kombiniert werden.
www.redpepper.land

KURZE WEGE

Eine intelligente Vernetzung von Online-Kommunikation und stationärem Kauf hat die Einkaufsplattform *Atalanda* geschaffen. Kunden können sich dort über die Verfügbarkeit von bestimmten Waren bei den angeschlossenen lokalen Händlern

Central to industry 4.0 is the concept of »phygital« – a term describing the conjunction of the physical world with the digital sphere. The de-wiring of the Internet provides the final impulse. The U.S.-based IT group Cisco expects the total data volume of mobile terminals to surpass that of tethered devices during the next five years, and estimates that it will amount to 24.2 exabyte – 24.2 billion gigabyte – by 2019. This is roughly as much data as has been transmitted on the entire Internet during the first half of 2015. Already, half of all consumers use smartphones to search online. The dynamic that results from combining communication and mobile commerce leads to genuine multi-channel integration, thereby transforming the whole commercial sector. The consulting firm McKinsey, for instance, estimates that linking the digital and physical spheres of communication and commerce will create an annual market potential of more than 11 trillion US dollars by 2025. Already, users take responsive design – the device-dependent display of online content – for granted. In the following section, new developments and important trends relating to phygitalization will be briefly introduced.

PERSONAL IDENTIFICATION

Redpepper, a US advertising agency, has developed »Facedeals«, a programme that combines snap commerce – a type of photo-based purchasing – with big-data algorithms, allowing it to biometrically analyze pictures and compare them to profiles from social networks. The people it identifies will then receive personalized consumer product suggestions based on their biometric and digital profiles. Bricks-and-mortar retailers will be able to combine this technology with near field communication.
www.redpepper.land

SHORT DISTANCES

Atalanda, a shopping platform, intelligently links online communication to stationary commerce. In this system, customers can check online whether certain products

informieren und sich dann entweder am selben Tag beliefern lassen oder direkt in den Laden um die Ecke gehen und die online georderten Produkte abholen.
www.atalanda.de

SHIFTS

Der Konsum von Videos erlebt durch den Wireless-Boom seine eigene technische Revolution. Bereits heute wird laut McKinsey fast die Hälfte aller Videos »shifted« (versetzt) angeschaut: also entweder zeitversetzt (time-shifted) oder geräteversetzt (device-shifted). Eine weitere Verschiebung: die rapide Veränderung des Telekommunikationsverhaltens. Schon heute machen die »klassischen« Kommunikationsformen E-Mail und Telefonie nur noch 60 Prozent aus. Andersherum ausgedrückt: Nur 20 Prozent der Zeit, die ein User sein Smartphone benutzt, telefoniert er.

VIRTUAL REALITY

Virtuelle Realität (VR) lässt sich nicht nur für technische Spielereien, sondern auch für eine vollkommen neue Art der Kundenansprache einsetzen. Beispielsweise ist ***Merrell,*** ein Anbieter von Outdoor-Bekleidung, eine Kooperation mit dem Sundance Film Festival eingegangen, um die Besucher mit Oculus-Rift-VR-Brillen auszustatten und sie anschließend auf eine virtuelle Klettersteigtour durch die Alpen einzuladen.
www.merrell.com

LIVE

Der Gegentrend zum Time Shift: das Live-Streaming. Die Apps heißen Periscope, Yahoo Livetext, Facebook Mentions, Twitch und YouNow – die Übertragung von Videos in Echtzeit ist massenmarkttauglich geworden und feiert Triumphe auf den Smartphones.

POS UPGRADE

Vor einigen Jahren noch unvorstellbar: Die direkte Ansprache des Kunden im Store erlebt eine Renaissance. Die Möglichkeiten der Phygitalisierung werden dabei exzessiv genutzt. Der vertikal integrierte Modehändler ***Uniqlo*** ist Vorreiter auf

are available at participating local stores and either order them for delivery on the same day or go to the nearby store to collect them personally.
www.atalanda.de

SHIFTS

The wireless boom brings with it a revolution to video consumption. Already, according to McKinsey, nearly half of all videos are viewed in a »shifted« manner – at a later time (time-shifted) and/or on a different device (device-shifted). Another kind of shift can be seen in our rapidly changing communication behaviours. The total percentage of e-mail and telephonic voice – the »traditional« forms of telecommunication – has now fallen to 60 percent. In other words: only 20 percent of smartphone usage time is spent talking.

VIRTUAL REALITY

Virtual reality (VR) can not only be used for technical gimmicks, but also for talking to customers in a completely new way. ***Merrell,*** for instance, a supplier of outdoor wear, has entered into a cooperation with the Sundance Film Festival, with the aim of providing visitors with Oculus Rift VR glasses and inviting them to embark on a virtual climbing tour of the Alps.
www.merrell.com

LIVE

A countertrend to timeshift is offered by live streaming. Applications include Periscope, Yahoo Livetext, Facebook Mentions, Twitch and YouNow – the transmitting of videos in real-time has now reached the mass market, and continues its triumphant success on the smartphone.

POS UPGRADE

The renaissance in customers being directly addressed in bricks-and-mortar stores is one of those phenomena nobody predicted until recently: a context in which the opportunities offered by phygitalization are extensively

Ida Klamborn demokratisiert ihre Modenschau und Tommy Hilfiger holt Virtual Reality in seine Stores. // Ida Klamborn democratizes her fashion show, and Tommy Hilfiger brings virtual reality to his stores.

diesem Feld. In Sydney hat das Unternehmen »UMood« vorgestellt, ein PoS-System, das Erkenntnisse aus Messungen von neuronalen Impulsen nutzt: Kunden wird ein Video gezeigt, während gleichzeitig ein Sensor ihre Reaktionen analysiert. Anschließend macht UMood dem Shopper individualisierte Vorschläge.
www.uniqlo.com

FIT FITTING

Auch in den Umkleidekabinen wird ***Uniqlo*** zukünftig mit seinen Kunden kommunizieren: Smarte Spiegel lesen RFID-Chips in den Styles aus, die gerade anprobiert werden, und informieren die Kunden automatisch über bestimmte Merkmale eines Kleidungsstücks. So kann eine Wärmebildkamera ihnen live zeigen, wie eine Winterjacke zum Anstieg der Körpertemperatur führt. Der internationale Lingerie-Fachhändler ***Rigby & Peller*** nutzt die intelligenten Spiegel in seinem Hongkonger Store auf ganz andere Art und Weise und verknüpft geschickt phygitale Spielerei mit dem Wunsch nach mehr Privatsphäre: Der Spiegel scannt in der geschlossenen Umkleidekabine 140 Referenzpunkte am Körper der Kundin – und eine Verkäuferin in Fleisch und Blut zaubert in Echtzeit den perfekten sitzenden BH herbei.
www.rigbyandpeller.com

INTELLIGENT INTERPRETATION

Phygitalisierte Erlebnisse am PoS stehen auch im Mittelpunkt des New Yorker Flagship Store von ***Timberland***. Entwickelt vom Start-up Cloud Tags, werden dort Beacon- und NFC-Techniken kombiniert. Die potenziellen Käufer erhalten im Shop Tablets, die mit den präsentierten Waren kommunizieren, um auf ihren Displays dann Kombinationsvorschläge zu machen und Zusatzinformationen, zum Beispiel Styling-Tipps, zu liefern. Für die Kunden bieten die Tablets darüber hinaus die Möglichkeit des Online-Kaufs im Laden. Das Internet der Dinge ist bei Timberland schon am PoS angekommen.
www.timberland.de

exploited. The vertically integrated fashion retailer ***Uniqlo*** is a pioneer in this field. In Sydney, the company has debuted »UMood« – a PoS system that produces insights by measuring neuronal impulses. As videos are shown to customers, sensors analyze their reactions, and UMood will subsequently provide them with personalized suggestions.
www.uniqlo.com

FIT FITTING

Uniqlo also plans to communicate with customers in fitting rooms: Smart mirrors read out RFID chips in garments as they are being tried on, and automatically inform customers about certain features they possess. For instance, there might be a thermographic camera to provide a live demonstration of how a winter jacket increases body temperature. The Hong Kong store of ***Rigby & Peller***, an international lingerie retailer, uses smart mirrors in a different way, by making phygital gimmickry serve the desire for more privacy: in the closed fitting room, the mirror scans 140 reference points of the customer's body – and in real-time, as if by sleight of hand, a sales person in flesh and blood provides her with a bra that fits perfectly.
www.rigbyandpeller.com

INTELLIGENT INTERPRETATION

Phygitalized experiences at the point of sale are also central to New York's flagship ***Timberland*** store: as a combination of beacon and NFC techniques developed by the start-up Cloud Tags. In the store, potential buyers get tablets that communicate with the products presented to provide them with suggested combinations, styling tips, and other useful information. The tablets also allow customers to shop online in the store. At Timberland, the Internet of Things has already arrived at the sale stage.
www.timberland.com

OMNI-BRANDING

Für Lifestyle-Marken bietet Phygitalisierung ungeahnte Branding-Potenziale. Hotspot-Thema »Fashion Shows«: Entsprechen sie noch dem Zeitgeist? Sind sie notwendig? Überflüssig? Gar anachronistisch?. Ihr Charakter verändert sich jedenfalls massiv, sie verlieren ihren Status als singuläre Events. Modenschauen werden in Zukunft zum Erlebnis am PoS und damit Teil der permanenten Inszenierung von Marken. Mit Video-Streaming und VR werden sie multiplizier- und reproduzierbar. Aber warum nicht auch hier integral und omni denken? Warum kein permanenter Hologramm-Catwalk im Schaufenster und an »Fascination Points«? Wobei selbstverständlich die Snap-Commerce-Funktionalität integriert ist: Kunden können die gezeigten Styles mit ihrem Smartphone scannen, erhalten per NFC Hintergrundinformationen zu Produkt und Marke und können bei Gefallen direkt online per One-Click Check-out kaufen.

DEMOCRATIC FRONT ROW

Die Designerin *Ida Klamborn* geht einen Schritt weiter: Sie filmte ihre Stockholmer Runway Show und streamte die Bilder mit der App Cardboard in Echtzeit ins Internet. So weit, so unspektakulär. Der Clou der Kampagne »Democratic Front Row«: Zuschauer konnten für die gezeigten Outfits online Likes vergeben, was in Form von Lichtveränderungen live in die Show integriert wurde – die Demokratisierung der Modepräsentation. *www.idaklamborn.se*

STORYTELLING

Was sind die Alternativen zur Online-Werbung? Wie wär's mit kreativem und augenzwinkerndem digitalem Storytelling? *Björn Borg,* der ehemalige Tennisstar und heutige Besitzer einer Bekleidungsmarke, lancierte seine Unterwäschekollektion für Frühjahr und Sommer 2015 zum Beispiel nicht nur in der Realität, sondern parallel dazu auch gleich im 3-D-Online-Rollenspiel »First Person Lover«, einer geschickten Persiflage des Online Game »Hatred«. Wird das Spiel erfolgreich absolviert, erscheinen die darin auftretenden Figuren am Ende in der Unterwäsche der Marke.

www.bjornborg.com

OMNIB-RANDING

For lifestyle brands, phygitalization offers untold branding potential. Are fashion shows still in tune with the zeitgeist? Are they necessary, dispensable, or even anachronistic? Today, it is becoming obvious that their character will change enormously: they lose their status as singular events. Fashion shows will turn into experiences at the PoS, becoming part of the permanent staging of brands. Video streaming and VR make it possible to multiply and replicate them. But why not think integral and »omni« here too? Why not imagine staging permanent hologram catwalks in shop windows and at »fascination points«? Snap-commerce functionality is, of course, integral to the show: using their smartphones, customers can scan the styles on display, receive via NFC background information on products and brands, and one-click-order directly online, if they wish to.

DEMOCRATIC FRONT ROW

Designer *Ida Klamborn* goes one step further: she filmed her Stockholm runway show and streamed it in real-time using the Cardboard app. So far, so unspectacular. The real attraction of her »Democratic Front Row« campaign was that visitors could »like« the outfits presented online; this was then reflected in the show by means of changing lights – the ultimate democratization of fashion presentation. *www.idaklamborn.se*

STORYTELLING

What about creative and tongue-in-cheek digital storytelling as an alternative to online advertising? *Björn Borg,* fashion brand owner and former tennis star, launched his spring and summer 2015 underwear collection simultaneously in reality and in a 3D online role play entitled »First Person Lover« – a skilful pastiche of the »Hatred« online game. Once they have successfully mastered the game, the featuring characters are displayed in the underwear of the brand.

www.bjornborg.com

Online-Offline-Konvergenz: Björn Borg hat eine Kollektion über das Online-Rollenspiel »First Person Lover« lanciert. // Online-offline convergence: Björn Borg launched a collection via the online role-playing game »First Person Lover«.

TO DO'S

- Content-Marketing-Strategie entwerfen
- Systematische Omni-Channel-Kommunikation aufsetzen
- Die Mündigkeit von Prosumenten und die Zerrissenheit von Tornsumern akzeptieren
- Kundenansprache individualisieren, dabei überzeugende Kommunikationsinhalte entwerfen
- Phygitalisierung als Vertriebs- und Kommunikationsthema begreifen
- Herausforderungen des Internets der Dinge aktiv angehen

- Designing a content-marketing strategy
- Systematically using omni-channel communication
- Acknowledging prosumers' maturity and tornsumers' inner conflicts
- Talking to customers individually, communicating content that is relevant and to-the-point
- Understanding phygitalization as a distribution and communication topic
- Dealing with the challenges of the Internet of Things pro-actively

»Die Konvergenz von Online und Offline«

Wie Kommunikation in einer digitalen Welt aussehen wird und wieso Information und Kauf deckungsgleich sein werden – der Philosoph, Theologe und Manager **Peter Vesco** *über die digitale Revolution. // What will communication in a digital world look like, and why will information and purchase be closely linked? –* **Peter Vesco**, *philosopher, theologian and manager, on the digital revolution.*

»Phygitalisierung«, also die Symbiose des Physischen und des Digitalen, wird als das bestimmende Thema der nächsten Jahre für den Handel betrachtet. Was ist darunter zu verstehen? Wieso wird diese Entwicklung so wichtig werden?

Es sind zwei Megatrends im Hintergrund, die diese Entwicklung beeinflussen. Der eine hat mit dem Smartphone zu tun. Das Smartphone ist als Kommunikationsplattform deswegen so erfolgreich, weil es unglaublich viel kann. Mit ihm kann man nicht nur telefonieren und beherrscht die klassischen Kommunikationsmethoden – E-Mail, SMS, Messaging, Social Media –, sondern es hat auch eine Kamera, es kann scannen. Es hat ein Mikrofon, es kann aufnehmen. Kamera und Mikrofon nehmen dabei auch Signale wahr, die wir mit dem menschlichen Auge oder Ohr gar nicht sehen oder hören, zum Beispiel Audio Tags. Dazu kann das Smartphone alle Übertragungsstandards integrieren: Wi-Fi, Bluetooth Low Energy (BLE), Near Field Communication (NFC). Das Smartphone ist die zentrale Kommunikationsplattform und führt als solche zu einem zweiten Megatrend: Sie haben gerade von Phygitalisierung gesprochen – ich nenne es die Konvergenz zwischen Online und Offline. Denn diese Kommunikationsplattform wird zur Brücke zwischen Konsumenten und Handel. Wir sprechen also bei künftigen Kommunikationsprozessen – und das macht die Sache komplex – nicht mehr von B2C- sondern von B2B2C-Modellen.

Es wird also noch ein Dienstleister zwischen Handel und Kunden geschaltet. Wieso wird es dadurch so komplex?

Die Herausforderung bei einem B2B2C-Geschäftsmodell ist es, eine App oder Kommunikationsplattform zu bauen, die den

»Phygitalization« – the symbiosis of the physical and the digital spheres – is considered to be the key issue for the coming years, when it comes to commerce. What does it actually mean? Why is this development becoming so important?

In the background, there are two mega-trends influencing this development. One is related to the smartphone. The smartphone is so successful as a communication platform because it is capable of doing so many things. It not only allows you to make phone calls and use the classical communication methods, such as e-mail, texting, messaging and social media, but also has a camera that can be used for scanning. It has a microphone for recording. The camera and microphone can perceive signals the human eye or ear cannot see or hear, such as audio tags. Moreover, the smartphone can integrate the complete range of transmission standards: Wi-Fi, Bluetooth Low Energy (BLE), Near Field Communication (NFC). It is the central communication platform, and, because of this, it introduces another mega-trend. You just mentioned phygitalization – I call it the convergence of online and offline, because this communication platform becomes the bridge between consumers and retail. Things start to get more complex where it comes to future communication models, as we no longer talk about B2C, but rather about B2B2C.

This means that, in between retail and customers, another service provider comes into play. What is it that makes things so complex?

»The Convergence of Online and Offline«

Konsumenten mit Anwendungsfällen versorgt, die er attraktiv findet. Das ist die Grundthematik moderner Kommunikation: a) das Smartphone steht im Zentrum, b) wir reden künftig nicht mehr über isolierte B2C-Modelle, weil niemand 500 Apps auf seinem Smartphone haben möchte, sondern über eine zentrale Lifestyle-App, die für den Konsumenten profilierten Content zur Verfügung stellt.

Können Sie einen konkreten Anwendungsfall nennen?

Selbstverständlich. Multinationale Handelsunternehmen oder auch große Marken, wie Procter & Gamble oder L'Oréal, haben das Problem, ihre Kunden letztlich nicht zu kennen. Ein einfaches Beispiel, wie eine solche von mir beschriebene App funktioniert, könnte eine Anti-Aging-Creme für Frauen im Alter von 35 bis 45 sein. Der App-Provider versendet an die zuvor definierte Zielgruppe einen Voucher, mit dem die Creme für 30 statt 60 Euro gekauft werden kann. Das Verfahren ist für alle Beteiligen von Vorteil. Die Marke kann ihr Produkt ohne kostenintensive Werbung gezielt an den Konsumenten bringen. Der Konsument kann den Gutschein sehr einfach mit einem One-Click Check-out direkt an seinem Smartphone einlösen. Und für den Handel kommt das sehr interessante Location-Marketing dazu: Die App zeigt dem Konsumenten nämlich auch Möglichkeiten, wo er den Voucher im stationären Handel einlösen kann. So bekommt der Handel Kunden in seinen Store, die er sonst nicht gehabt hätte.

Genau diese Fragen treiben den Handel um: Wie schafft man es, dass in einer digitalen Zukunft überhaupt noch Kunden in den Laden kommen? Wie, einen direkten Kontakt herzustellen? Und wie transformiert man Frequenz in Umsatz?

Ein Thema der Digitalisierung, das von vielen noch gar nicht erkannt wurde, ist das Thema »Engagement-Plattform«. Wie schaffe ich eine Konvergenz zwischen Online und Offline? Für den Kunden, der im Store einen Gutschein einlöst, ist das eine Offline-Erfahrung. De facto ist es aber eine E-Commerce-Transaktion. Das heißt, technisch gesprochen findet eine Internettransaktion statt. Viele Menschen mögen beides. Sie mögen die Bequemlichkeit, beim Interneteinkauf gezielt Waren aus

The challenge of a B2B2C business model consists in building an application or a communication platform that appeals to consumers. That's the basic theme of modern communication: (a) the smartphone is at the centre; (b) in the future, we will no longer talk about isolated B2C models, since people don't want to have 500 apps on their smartphones. Instead, we will be talking about a central lifestyle app that provides consumers with relevant content.

Do you have a concrete example in mind?

Of course. Multinational retailers and major brands, such as Procter & Gamble and L'Oréal, are faced with the problem of ultimately not knowing their customers. Here is a simple example of how the kind of app I've described might work. Take an anti-aging cream for women of age 35 to 45. The app provider sends the predefined target group a voucher, allowing them to purchase the cream for 30 instead of 60 euros. This procedure is beneficial for everybody involved. The brand can market its product directly to targeted customers. Consumers can redeem vouchers directly on their smartphones, using the one-click check-out method. What makes it even more interesting to retailers, is location marketing: the app also informs customers that they can redeem vouchers in nearby bricks-and-mortar stores, thus enabling retailers to attract customers who otherwise would never have come their way.

These are exactly the kind of questions that retailers worry about: in a digital future, how can customers still be persuaded to visit a store? How do retailers establish direct contact with customers? How do they turn frequency into turnover?

One issue that many aren't aware of yet is the »engagement platform«. How can you make online and offline converge? For customers, redeeming vouchers in stores is an offline experience. In actual fact, however, it is an e-commerce transaction: technically speaking,

einem großen Angebot aussuchen zu können. Gleichzeitig wollen sie aber das taktile Erlebnis haben, das Einkaufserlebnis, diese Ware vorher noch einmal in der Hand zu halten, sie physisch zu erfahren.

Wenn es eine E-Commerce-Transaktion ist, wie kommt man damit in persönlichen Kontakt?

Nehmen wir einen anderen Fall. Angenommen, ich gebe »Kaffeetrinken« in meine Lifestyle-App ein. Die angeschlossenen Kaffeeläden im Umkreis von 1,5 Kilometern haben jetzt die Möglichkeit, mich zu sich zu lotsen, indem sie zum Beispiel einen Gutschein ausgeben und sagen: »Wenn du in den nächsten 15 Minuten kommst, kostet dich der Kaffee hier nicht 3,50 Euro, sondern nur 2,80 Euro.« Dadurch, dass in der App ein Profil hinterlegt ist, lernt das Kaffeehaus mich und mein Nutzungsverhalten kennen. Wenn ich sonst dreimal die Woche einen Kaffee trinke, aber auf einmal nicht mehr komme, dann hat es Sinn, mir eine kurze Nachricht zu schicken: »Hey, Peter, wie geht's? Wir haben ein besonderes Angebot für dich.« Also typische CRM-Kommunikation. Meine Kernthese ist, dass Unternehmen diese Möglichkeiten nutzen müssen. Sie müssen klassische Werbemedien wie Fernsehen, Radio, Print mit Konvergenzideen kombinieren. Das heißt nicht, dass man die alten Dinge lässt, sondern, dass man sie zusätzlich digitalisiert.

Wie könnte solch eine intelligente Vernetzung von klassischem und digitalem Marketing konkret aussehen?

Ein Beispiel: In der »Vogue« gibt es Werbung für eine Prada-Handtasche. Eine Frau blättert durch das Magazin und findet die Tasche ganz toll – kauft sie in dem Moment aber nicht. Es vergehen Wochen, und letztlich hat sie eine Versace-Tasche gekauft. Technisch ist es heute aber möglich, in Printmedien sogenannte Watermarks zu hinterlegen. Diese Wasserzeichen sind für die Kundin unsichtbar. Scannt sie die Anzeige, kommt sie auf die Landingpage von Prada mit genau der Tasche und kann einen sehr bequemen und spontanen Kauf tätigen. Und Prada kennt jetzt die Kundin, kann also zukünftig auch gezielte Angebote machen: »Zu Ihrer Handtasche, die Sie vor drei Monaten gekauft haben, haben wir noch die perfekten Schuhe.« Diese Engagement-Plattform wird der bestimmende Trend sein, der die digitale Revolution 4.0 begleitet. Faktisch werden Konsument und Handel über eine B2B-Plattform zusammengeführt. Und wenn dieses Eco-System erst aufgebaut ist, hat jeder Konsument sein eigenes Profil und erhält über seine individuelle Lifestyle-App genau auf ihn zugeschnittene Inhalte.

an Internet transaction takes place. Many people like both. They appreciate the convenience of being able to choose from a huge range of products when shopping online. At the same time, they cherish the possibility of holding things in their hands and experiencing them physically before buying them.

If it is an e-commerce transaction, how can I get personally in touch with it?

Let's consider another example. Suppose I enter »have a coffee« in my lifestyle app. This gives participating coffee shops within a radius of 1.5 kilometres the opportunity to steer me to their locations: »If you arrive within 15 minutes, a cup of coffee will cost you 2.80 euros instead of 3.50 euros.« By accessing my profile as it is deposited in the app, the coffee shop learns about my preferences and my consumption behaviour. When, after having coffee there three times a week for quite a while, I suddenly cease to show up, it makes sense for them to send me a message: »Hi, Peter, how do you do? We have a special offer for you.« That is typical CRM communication. My core thesis is that businesses must capitalize on these opportunities. They must combine classical advertising media, such as television, radio and print advertising, with convergence concepts. This doesn't mean no longer doing certain things – instead, it means digitalizing those things as well.

What might this kind of intelligent cross-linking of classical and digital marketing look like?

Let's take an example: there is a Prada handbag ad in the »Vogue« magazine. A woman flipping through the pages is thrilled by the bag. Weeks go by, and she ends up buying a Versace handbag. Technically, it is possible to add so-called watermarks to printed pages. These watermarks are invisible to the customer. Scanning the ad brings her to the Prada landing page featuring the very same bag, so she can make a very convenient and spontaneous purchase. Moreover, Prada now knows the customer and can go on to make targeted offers to her in the future: »We have the perfect shoes to match the handbag you bought three months ago.« Engagement platforms of this type will be the dominant trend accompanying the digital revolution 4.0. Basically, consumer and retail are brought together by means of a B2B platform. Once this eco-system is estab-

Das ist das Thema One-to-One-Marketing statt Zielgruppenmarketing ...

Ja, aber über eine B2B2C-Plattform. Die Grundidee einer zentralen Engagement-Plattform der Zukunft ist ihre sequenzielle Nutzung – also das Befriedigen aller konkreten Shopping- und Informationsbedürfnisse. Nehmen wir einen Automobilkonzern. Niemand wird sich über eine App ein neues Auto kaufen. Die App kann aber Folgendes: Eine Fernsehwerbung wird mit einem Audiosignal getaggt. Wenn ich diese Werbung sehe, bekomme ich auf meinem Smartphone automatisch die Frage gestellt: »Hallo Peter, in 2,5 Kilometern haben wir einen Händler, dürfen wir dir einen Terminvorschlag für eine Probefahrt machen?« Wenn ich das ignoriere oder ablehne, stellt mein Profil nach einer Weile fest, dass ich gar nicht an Autos interessiert bin, als neuronal lernendes System wird es mir für mich unpassende Fahrzeughändlerangebote nicht mehr zuschicken.

Vielleicht wollen Sie zwar kein Auto, aber Mobilität kaufen. Dann müsste die App in der Lage sein, Sie an einen Shared-Mobility-Anbieter zu verweisen.

Exakt. Wie gesagt: Es wird in Zukunft keine 30 verschiedenen Apps mehr geben, sondern eine zentrale Lifestyle-App. Die primäre Herausforderung ist nicht die Technologie. Die ist heute da. Die große Herausforderung bei jedem B2B2C-Eco-System ist es, den Konsumenten dazu zu bringen, die App herunterzuladen und genügend Handelspartner einzubeziehen. Damit es eben nicht nur isolierte Nutzungsmöglichkeiten wie Probefahrten oder Kaffeetrinken gibt.

Wie erzeugt man eine solche kritische Masse?

Zunächst gilt es, zwei Konzepte zu unterscheiden: Open Loop und Closed Loop. Closed Loop ist die Kundenkarte, die von einem Unternehmen allein herausgegeben wird. Open Loop ist das Konzept von Mastercard und Visa, bei dem jeder Handeltreibende einbezogen werden kann. Wahrscheinlich wird es in Zukunft beide Konzepte parallel geben. Ich glaube aber, dass Open Loop das attraktivere ist, weil es allen Beteiligten Mehrwert verspricht. Um solch ein Eco-System zu starten, braucht es Partner, die eine große Konsumentenreichweite haben, sogenannte Consumer Catalysts. Solche typischen Partner sind die Telekommunikationsunternehmen, führende Internetunternehmen und große Medienhäuser – in Deutschland durchaus auch die Loyalty Partner Group, die unter anderem Payback betreibt. Wobei natürlich hintendran ein viraler Effekt einsetzen wird, wenn die App erst mal fliegt.

lished, each consumer will have his or her own profile, and each lifestyle app will look different.

Which brings us to the subject of one-to-one marketing versus target-group marketing...

Yes, but here we use a B2B2C platform. The idea behind the central engagement platform is that it can be used in a sequential manner. Take, for instance, a car manufacturer. Nobody will use an app to buy a car. What the app can do is this: A television ad can be tagged with an audio signal. As I watch the ad, a question pops up on my smartphone: »Hello Peter, we have a dealer 2.5 kilometres away. How about an appointment for a test drive?« If I ignore or refuse the offer, after some time, the system will realize that I am not interested in cars, and, being an adaptive neural system, will stop sending me inappropriate vehicle dealer offers.

Perhaps, instead of a car, what you want to buy is mobility. In that case, the app should be able to refer you to a provider of shared mobility.

Exactly. Remember, in the future, we will no longer use 30 different apps. Instead, there will be one central lifestyle app. The key challenge is not the technology – that already exists. For any B2B2C eco-system, the key challenge consists in enticing customers to download the app, and in bringing in a sufficient number of trade partners to ensure that there are not just isolated potential uses, such as test drives or having a coffee.

How to achieve such a critical mass?

First, we have to distinguish between two concepts – open loops and closed loops. A closed loop is the loyalty card issued by a single business. An open loop is the concept behind Mastercard and Visa, in which any business can participate. Both concepts are likely to persist in the future. Personally, I find open loops more attractive, as they provide additional value to everybody concerned. To launch such an eco-system, you need partners with a huge body of consumers – so-called consumer catalysts. Typical partners include telecommunication groups, leading Internet firms and big media companies, as well as holdings like the German Loyalty Partner group that runs Payback, among others. Of course, once the app has gained momentum, a viral effect is likely to set in.

Wenn die technologische Basis für solche Plattformen schon da ist, wieso hat Amazon sie noch nicht?

Amazon ist jetzt genau an diesem Thema dran ... Aber Amazon ist ja heute noch weitestgehend digital.

Das heißt, Amazon bräuchte Points of Sale, um die Vision umzusetzen?

Genau. Und Amazon ist kein neutraler Plattformanbieter. Wenn es die App entwickeln würde, hätte der restliche Handel trotzdem keine Lust, seine Daten mit Amazon zu teilen. Amazon könnte das zwar sehr gut. Aber ich glaube nicht, dass ein Transportdienstleister wie die Deutsche Bahn, eine große Bank oder ein Telekommunikationsunternehmen wie die Telekom mit Amazon kooperieren würde. Und zwar weil Amazon kein neutraler, reiner Plattformanbieter ist. Sein Geschäftsmodell stünde im Wettbewerb mit der Partnerschaft. Anders ist das zum Beispiel bei Mastercard. Das Kreditkartenunternehmen steht nicht im Wettbewerb mit einer Bank, der Telekom oder einem Handelsunternehmen, sondern bietet eine Zahlungsplattform. Prädestiniert für den Bau eines solchen Systems ist natürlich Google. Das auch schon mit einem entsprechenden Projekt, nämlich »Google Wallet«, begonnen hat. Das beginnt mit einer Applikation, mit der im Handel und im Internet gezahlt werden kann. Konsumenten sollen sich erst einmal daran gewöhnen, über Google zu zahlen. Denn sein größtes Problem ist zurzeit tatsächlich der Markenname. Wenn Google draufsteht, werden die Kunden vorsichtiger – da sind wir bei dem Punkt subjektives Empfinden. Auch Paypal wäre übrigens als Zahlungsverkehrsanbieter geeignet, ein solches Eco-System zu bauen.

Wie solch eine Plattform letztendlich aussieht und welche Funktionalitäten in den Vordergrund gestellt werden, wird also besonders dadurch bestimmt, wer sie entwickelt und auf den Markt bringt.

Das Schöne an einem solchen Eco-System ist, dass es beliebig gebaut werden kann. Zum Beispiel könnte man einen Shopping-Kompass oder eine Art Auktionsplattform damit verbinden, bei der mir, wenn ich einen Kaffee will, die Kaffeeläden im Umkreis von einem Kilometer und ihr Angebot sowie ihre Preise genannt werden. Das gegenwärtige Szenario ist doch so: Ich möchte einen neuen Kühlschrank kaufen, lasse mich im Elektrofachgeschäft beraten und bestelle anschließend günstiger im Internet. Intelligente Online-Offline-Konvergenz wäre, dass der Händler den Preisvergleich aktiv und live am PoS macht und mir den Bestpreis bietet. Er tauscht Rabattierung gegen Cashflow.

If the technological basis for such platforms already exists, why doesn't Amazon have it yet?

Amazon is working on it right now... But Amazon is still mostly digital.

This means that Amazon needs points of sale in order to realize this vision?

Exactly. And Amazon is not a neutral platform provider. If Amazon developed the app, other market participants wouldn't be eager to share their data with them. Amazon certainly has the necessary know-how. But I don't think that a transport services provider like Deutsche Bahn, a major bank or a telecommunication company like Deutsche Telekom would cooperate – precisely because Amazon is not an exclusive and neutral platform provider. Its business model would compete with the partnership. Mastercard, for instance, is different. This credit card company does not compete with banks, telecommunication companies or commercial enterprises. Instead, it provides a payment platform. Google is certainly predestined to build such a system. And it's already doing it with its »Google Wallet« project. The first step is an application that can be used to make payments in bricks-and-mortar stores as well as on the Internet. The idea is to let customers get familiar with paying via Google. Because Google's biggest problem is its brand name. When it says »Google«, customers become more careful – which brings us to the question of subjective feelings. By the way, Paypal, as a payment services provider, would also be capable of building such an eco system.

Thus, the look and feel of such a platform and its prominent functionalities ultimately depend on who develops and launches it.

The great thing about this kind of eco-system is that it can be built in any fashion. For instance, some type of auction platform could be connected to it. If I'd like to have a cup of coffee, the coffee shops within a radius of one kilometre send me their prices and offers. There could be a kind of shopping compass. The current scenario is like this: I want to buy a new refrigerator, so I consult the local electrical store and order it afterwards on the Internet at a lower price. Intelligent online-offline convergence would mean that the retailer pro-actively conducts a real-time comparison of prices

Eine Herausforderung für das moderne Marketing ist das Moderieren von Kundenempfehlungen. Wie könnte das integriert werden?

Moderne Konsumenten wollen eine Empfehlung honoriert sehen. Smart wäre es also, ein Gamification-Konzept einzubinden, etwa ein Loyalitätssystem. Für jede ausgesprochene Empfehlung erhält der Nutzer einen Treuepunkt. Was ich sagen will: Hat eine Engagement-Plattform erst einmal eine hinreichende Konsumentenbasis mit hinreichend Content, dann sind dem Geschäftsmodell keine Grenzen gesetzt. Es liegt dann nur noch an der Intelligenz der Marketingexperten, die Kundenbasis zu kapitalisieren.

Konkretisieren Sie das bitte noch einmal an einem Beispiel. Nehmen wir einen Dienstleister. Sagen wir eine Krankenversicherung ...

Versicherungen haben das Problem, dass sie mit ihren Kunden gemeinhin nur dann kommunizieren, wenn eine Notsituation, also ein Schadens- oder Krankheitsfall vorliegt. Ihr Ziel sollte es aber sein, die Kommunikation mit ihren Kunden mit einem positiven Erlebnis zu verknüpfen. So könnten Versicherungen zum Beispiel über die Auswertung der Lokalisierungsdaten ihres Kunden Reiseversicherungen anbieten – dann wäre ein positiver Anreiz geschaffen. Genauso könnte eine Kfz-Versicherung ihrem Kunden eine günstige Autoversicherung anbieten, nachdem er einen Termin für eine Probefahrt bestätigt hat. Das hat ja auch aus Kundensicht Sinn.

Was bedeutet das datenschutzrechtlich? Steht nicht zu befürchten, dass Versicherungssolidargemeinschaften aufgeweicht werden?

Man könnte das aber auch als Möglichkeit für mehr Fairness innerhalb einer Gesellschaft betrachten. Und ja, unsere Gesellschaft verändert sich durch die Digitalisierung extrem. Digitalisierung heißt immer, Persönlichkeitsrechte abzugeben. Aber als App-Nutzer habe ich selbstverständlich jederzeit die Möglichkeit, Werbung zu blocken. Gezielte Information setzt natürlich voraus, dass der Kunde auch gezielte Informationen will – dann ist das datenschutzrechtlich unbedenklich.

Ist unsere Gesellschaft schon so digital konstituiert, dass die Menschen das mitmachen? Dass sie sich freiwillig zu gläsernen Konsumenten machen?

Ja. Profiling und Lokalisierung finden heutzutage sowieso automatisch statt. Heute werden Bewegungsdaten analysiert und mit individuellen und allgemeinen Verhaltensmustern

at the point of sale and offers me the best price, giving a discount in exchange for cashflow.

One challenge to modern marketing is moderating customer recommendations. How could it be integrated?

Modern consumers want to have their recommendations honoured. Therefore it would be smart to adopt gamification strategies. Users would get a loyalty point for each recommendation, for instance. This is to say: Once an engagement platform has attracted enough consumers and accumulated enough content, there are no limits to the business model. It is up to the marketing experts to find intelligent ways of capitalizing on the customer base.

Could you give an example to make this more concrete? Let's take a service provider, a health insurer, for instance...

Insurers face the problem that communication with their customers is typically limited to emergency situations when an accident has occurred or health is poor. Instead, they should aim at linking communication with customers to positive experiences. They could, for instance, use customers' localization data to offer travel insurances – this would provide a positive incentive. A car insurer could propose more favourable tariffs to customers taking part in a test drive. This also makes sense from customers' perspective.

What does this mean with regard to data protection? Shouldn't one be concerned about the impact this may have on the principle of mutual solidarity in society?

Another way to look at it would be to see it as an opportunity to increase the level of fairness in society. Indeed, digitalization will lead to massive changes in the way society defines itself. Digitalization happens always at the expense of personal rights. As an app user, however, I have the possibility to block ads. I get targeted information as long as I want it – so there shouldn't be a problem with data protection.

Is our society already digitally constituted in such a way that people are prepared to go along with this and become transparent customers?

Yes. Today, profiling and localization take place automatically. Movement data is analyzed and compared

»Wenn der Nutzer wüsste, was der Anbieter alles von ihm weiß, würde er sich unwohl fühlen.«

verglichen; über Korrelationen kann vorausgesagt werden, was man in den nächsten zwei Stunden tun wird. Man nennt das Predictive Analysis. Ich hätte das vorher auch nicht geglaubt, aber es funktioniert zu 90 Prozent – ein bisschen erschreckend ist es allerdings teilweise schon …

Das führt uns zu Fragen der Moral …

… was Möglichkeiten für ein neues, gesondertes Interview bietet: ethische Fragen der Digitalisierung. Und 1984 ist natürlich Teil der Digitalisierung, ganz klar. Aber wenn Nutzer heute zulassen, dass ein und derselbe Anbieter ihre Suchhistorie und ihre Bewegungsdaten kennt, und sie mit ihm auch ihre Kommunikation abwickeln, dann ist doch klar, dass dieser Anbieter wirklich alles über sie weiß. Wenn der Nutzer wüsste, was der Anbieter alles von ihm weiß, würde er sich unwohl fühlen. Spätestens wenn der Zahlungsverkehr in eine App integriert ist, weiß der Anbieter, was der Kunde kauft, wann er wo ist, was er im Internet sucht, welche Vorlieben er hat … er weiß eigentlich alles über ihn.

Also hat Ethik in der Digitalisierung als Business Case schlicht keinen Platz?

Als Theologe und Philosoph erlaube ich es mir, einfach mit einer Gegenfrage zu antworten: Wo war denn die Ethik der vorherigen Geschäftsmodelle? Wo ist eigentlich die Differenz? Aber klar, wir stehen da vor großen Herausforderungen. Da sind ernsthafte Diskussionen und von Konsens getragene Entscheidungen notwendig.

»If users knew what companies know about them, they wouldn't feel too comfortable.«

to individual and general behavioural patterns; using correlation techniques, it is possible to predict what a person will do during the next two hours. This is also called »predictive analysis«. Believe it or not, it works in 90 percent of cases – admittedly, this is a bit scary…

This brings us to the ethical aspect…

… which offers enough subject matter for a whole new interview: the ethical issues of digitalization. 1984 is an integral part of digitalization, no doubt about it. But if today's users allow one and the same company to know their search history and their movement data and let it take care of their communication, it is clear that this company knows everything about them. If users knew what this company knows about them, they wouldn't feel too comfortable. Once payments are integrated in an app, its supplier knows what customers buy, when they are where, what they are looking for on the Internet, their preferences… it practically knows everything about them.

There is thus no room for ethics in digitalization as a business case?

As a theologian and philosopher, I would like to answer with a counter-question: What about the ethics of the previous business models? What is the difference? We are facing great challenges, sure enough. Some serious discussions and consensus-based decisions will be necessary.

Dr. Peter Vesco ist promovierter Philosoph und Theologe und hat über 15 Jahre im Management international führender Finanzdienstleister und Informationstechnologieunternehmen gearbeitet. Nach Geschäftsführerpositionen bei den Zahlungsverkehrsdienstleistern First Data und Hypercom wechselte Peter Vesco 2011 als CEO zu Click and Buy. Gleichzeitig war er Senior Vice President Payment der Deutschen Telekom und Supervisory Member von Mastercard Europe. Seit Ende 2015 ist Peter Vesco CEO des internationalen Handels- und Technologiespezialisten Powa Technologies.

Dr. Peter Vesco, who has a PhD in philosophy and theology, has worked in the management of financial services providers and information technology companies for more than 15 years. Having been Managing Director of the payment service providers First Data and Hypercom, he became CEO of Click and Buy in 2011. During this period, he was also Senior Vice President Payment of Deutsche Telekom and Supervisory Member of Mastercard Europe. Peter Vesco became CEO of the international trade and technology specialist Powa Technologies in late 2015.

FUTURE SCENARIO **IV**

MATERIAL INDIVIDUALLIGENCE

Intelligent, biobasiert, generativ und individualisierbar – so lautet die Rezeptur der neuen Stofflichkeit. Der Markt der Smart Textiles ist in rasantem Tempo gewachsen. Biobasierte und recyclingfähige Substanzen haben umweltbelastende Fasertechnologien aus endlichen Ressourcen größtenteils ersetzt. Zugleich hat der 3-D-Druck in der Modeindustrie massive Fortschritte gemacht. Im Jahr 2025 hat eine neue Phase der »materiellen Individualligenz« begonnen, die durch die Kombination aus intelligenten Anwendungen und individualisierter Produktion gekennzeichnet ist.

SMARTPHONE, SMARTWATCH, SMARTSHIRT, SMARTSKIRT

Design, Passform, Qualität – die Produktkoordinaten eines Textils werden erweitert um eine weitere Dimension: Intelligenz. Der Bikini, der seine Trägerin warnt, bevor ihr die Sonne die Haut verbrennt. Das Shirt, das den Kalorienverbrauch misst. Das Kleid, das twittert. Der Ring, mit dem an der Kasse bezahlt werden kann. Das Future Scenario »Materielle Individualligenz« beschreibt, wie diese und andere smarte Produkte den Alltag erobern. Was einst im Fitness- und Gesundheitssektor begonnen hatte, ist jetzt zu einem festen Bestandteil der Mode- und Konsumgüterbranche geworden.

Akkus, Prozessoren, Touchscreens, Tastaturen und Touchpads nehmen neue Formen an. Tablets und Handys mit sich herumzutragen ist obsolet geworden. Denn Funktionen, die zuvor

Intelligent, bio-based, additive and individualizable – this is the recipe for the new materiality. The smart textile market has grown rapidly. Bio-based and recyclable substances have replaced most of the environmentally harmful technologies based on producing yarn from finite resources. At the same time, there have been remarkable advances in 3D printing in the fashion industry. By 2025, a new era of »material individualligence« is in place, characterized by a combination of intelligent applications and the individualization of production processes.

SMARTPHONE, SMARTWATCH, SMARTSHIRT, SMARTSKIRT

Good design, correct fit, quality – to these production coordinates, another dimension has now been added: intelligence. The bikini that warns of an imminent sunburn, the shirt that measures how many calories you consume, the dress that tweets or the ring you can use to pay at the till – the »Material Individualligence« future scenario describes how these and other smart products are going to invade daily life. What once started out in the fitness and health sector has by now become an integral part of the fashion and consumer goods industries.

Batteries, processors, touchscreens, keyboards and touchpads increasingly take on new shapes. Carrying

externe Geräte ausgeführt haben, sind jetzt direkt in Kleidung, Schuhe und Accessoires integriert. Hochempfindliche Sensoren erheben kontinuierlich Daten über die physischen und chemischen Prozesse des Körpers oder der Umgebung – optische und akustische, genauso wie biometrische oder meteorologische Parameter werden permanent ausgewertet und in Informationen umgewandelt. Sie werden kombiniert mit Bluetooth, Radio Frequency Identification (RFID) und völlig neuen Technologien. Eingewoben in Jacken, Anzüge oder die Unterwäsche werden die neuen Applikationen quasi unsichtbar.

Die totale Vernetzung ist Teil der Realität geworden. Einander in rasendem Tempo ablösende Innovationshypes und der Wettlauf um neue Technologien kurbeln den Markt an. Dem damit verbundenen Drang nach neuen Formen von Kommunikation, Interaktion und Entertainment können sich nur wenige entziehen; ungeachtet der damit verbundenen Gefahren, wie etwa der Preisgabe von persönlichen Daten oder den Möglichkeiten der Überwachung individuellen Verhaltens.

ILLUMINATION UND INTERAKTION

Intelligente Textilien eröffnen auch für das Design nie dagewesene Möglichkeiten. Illumination und Interaktion werden zu neuen Gestaltungsmerkmalen. Es entstehen Stoffe, die durch den Einfluss von Sonneneinstrahlung, Geräuschen, elektronischen Impulsen oder gar Gehirnströmen ihre Farbe oder Struktur verändern. Licht ist ein zentrales Designelement; textile Oberflächen werden zu wandelbaren Screens. Muster oder Slogan – alles, was gefällt, kann per Knopfdruck auf ein Kleid oder eine Laptoptasche gebeamt werden.

AUS DEN BAUSTEINEN DER NATUR

Die Natur ist das große Spielfeld für innovative, intelligente Materialentwicklungen. Sie trägt dafür ein quasi unerschöpfliches Potenzial in sich. Fasertechnologien beruhen vor allem auf biobasierten Rohstoffen und ressourcenschonenden Herstellungsverfahren. Aus bisher ungenutzten Bausteinen der Natur entstehen neuartige Kunststoffe und Naturfasern – biologisch abbaubar oder recyclingfähig. Milch- und Algenfasern, Spinnenseide, Ananasleder, Löwenzahnkautschuk: Sie bestehen aus

around tablets and mobile phones has become obsolete, as functions that were previously realized by separate devices have become integral to clothing, shoes, and accessories. Super-sensitive sensors are constantly monitoring the physical and chemical processes of the body and its surroundings. Optical and acoustical as well as biometric and meteorological parameters are permanently being evaluated and converted into usable data. These technologies are combined with Bluetooth, radio frequency identification (RFID), and totally new technologies. Woven into jackets, suits, or underwear, these new applications remain almost invisible.

Total interconnectedness has become a reality. Hyped innovations follow one another in rapid succession. Few are able to resist the lure of new forms of communication, interaction, and entertainment – notwithstanding the risks involved, such as the disclosure of personal data and the possibilities for monitoring individual behaviour.

ILLUMINATION AND INTERACTION

Intelligent textiles also create unprecedented possibilities for design. Illumination and interaction become new design characteristics. Materials are developed that change their colour or structure under the influence of sunlight, noise, electrical impulses or even brain waves. Light is the central design element, with textile surfaces turned into changeable screens. By pushing a button, you can beam whatever you like onto your dresses or laptop bags – a pattern or a slogan.

FROM THE BUILDING BLOCKS OF NATURE

Nature is the biggest playground for develping innovative, intelligent materials. Her potential is nearly inexhaustible. Fibre and yarn technologies primarily tap into bio-based raw materials and resource-saving production processes. Hitherto unexploited building blocks of Nature are now used to create novel synthetic materials and natural fibres, which are biologically degradable

natürlichen Abfällen wie Obst- und Gemüseresten, aus schnell wachsenden Pflanzen und Organismen wie Wasserpflanzen, Moos und Bakterien oder biologischen Makromolekülen von Proteinen. Die Natur agiert dabei nicht nur als Rohstofflieferant. Sie fungiert zugleich als Inspirationsquelle für die Nutzung natürlicher Mechanismen. Bionik, Bio-, Nano- und Clean-Tech gehen neue Symbiosen ein.

Durch die Knappheit von Rohstoffen verursachte Preissteigerungen haben die Herstellung herkömmlicher Natur- und Kunstfasern unprofitabel gemacht. Alternative Produktionsmethoden für die neue Fasergeneration sind nicht nur umweltschonender, sondern auch ökonomischer geworden.

IN NEUEN DIMENSIONEN

Markttauglich sind neue Produkte nur dann, wenn sie den Anforderungen des Alltags standhalten. Flexibel, dehnbar, faltbar oder auch waschbar – diese anscheinend profanen Eigenschaften gelten auch für die neuen Supertextilien. Ebenso das Attribut »ausdruckbar«: Sich selbst verformende Strukturen in der vierten Dimension des Druckens sind noch ein Testfeld, wohingegen der 3-D-Druck, auch generative oder additive Fertigung genannt, die Engineering-Phase längst hinter sich gelassen hat. Die Entwicklungen schreiten in ungeahntem Tempo voran. Schicht für Schicht werden Produkte auf Basis von 3-D-Konstruktionsdaten ausgedruckt. Dabei ist man nicht länger beschränkt auf Materialien wie Kunststoffe, Metalle und Glas, sondern arbeitet bereits auch mit hochflexiblen, funktionalen Strukturen. In der Medizintechnik, Raum- und Luftfahrt oder der Kunst- und Möbelindustrie ist der 3-D-Druck im Massenmarkt angekommen; die Textil- und Modebranche ist im Jahr 2025 auf gutem Weg dorthin.

INDUSTRIELL INDIVIDUELL

Die industrielle Serienreife von Produkten aus der generativen Fertigung geht einher mit einer weiteren Welle der Individualisierung. Mass Customization on demand – die kundenindividuelle und nachfrageorientierte Massenproduktion – wurde schon seit vielen Jahren als die Zukunft der Modeindustrie bezeichnet. Der 3-D-Druck hat dafür neue Möglichkeiten eröffnet. Mit der digitalen Vernetzung lassen sich nun komplexe, individuell

and recyclable. Milk and algae fibres, spider silk, pineapple leather, dandelion rubber: all of these are made from natural waste such as fruit and vegetable residues, from fast-growing plants and organisms such as hydrophytes, moss and bacteria, or from biological protein macromolecules. Nature not only acts as a provider of raw materials, but also as a source of inspiration for applying natural mechanisms. Bionics, biotechnology, nanotechnology, and clean technology come together in new symbioses.

Price increases caused by the scarcity of raw materials have made the production of traditional natural and synthetic fibres unprofitable. Alternative production methods are not only more environmentally friendly, but also more economic.

IN NEW DIMENSIONS

For new products to be marketable, the needs of everyday life have to be met. They must be flexible, extensible, pliable and perhaps washable – these characteristics, which may seem self-evident, continue to be valid for the new super-textiles. But so is the attribute of being »printable«: whereas 3D printing has long left the engineering phase, self-deforming structures in the fourth dimension of printing are still to be tested. Innovations occur at an incredible speed. In additive manufacturing, products are printed layer by layer, based on 3D construction data. This technique is no longer limited to materials like synthetics, metal, or glass, but applies to highly flexible and functional structures. In the year 2025, 3D printing has become a commodity in medical and ærospace technology, as well as in the art and furniture industries; and the textile industry is on its way to join them.

INDUSTRIALLY INDIVIDUAL

In parallel with the industrial coming-of-age of additively manufactured products, a new wave of individualization takes place. For many years, mass customization on

gestaltete und maßgefertigte Produkte herstellen. Zugleich werden sie bezahlbar und konkurrenzfähig. Denn durch computergesteuerte, passgenaue Herstellungstechniken reduziert sich auch der Materialeinsatz. Und ultraschnelle, wesentlich effizientere Prozesse senken die Kosten weiter.

Turnschuhe, T-Shirts und Anzüge werden nicht mehr auf einem anderen Kontinent gefertigt, sondern direkt vor den Augen der Kunden von einem Roboterarm in Form gegossen. Dabei lassen sich mittlerweile unterschiedliche Materialien und Strukturen miteinander kombinieren, genauso wie verschiedene Verfahren des dreidimensionalen Druckens, Spinnens, Webens und Strickens miteinander einhergehen. Das Kleidungsstück, der Schuh oder das Accessoire entstehen nicht nur in rasendem Tempo, sondern auch passgenau und nach den individuellen Designvorstellungen des Kunden. Für die Industrie hat das eine vollständige Neuordnung bestehender Prozessketten zur Folge. Verkürzte Produktionswege durch die Rückkehr zu lokaler Produktion, Vertikalisierung und vollständige Transparenz sind nur drei von vielen Aspekten (siehe das Dossier »Supply Chain«, S. 176 ff.).

demand has been presented as the future of the fashion industry. 3D printing combined with digital interconnectedness makes it possible to produce complex, individually designed, and custom-made goods. At the same time, these are becoming affordable and competitive, as computer-controlled and customized manufacturing techniques help to economize on resources. Ultra-fast and significantly more efficient processes further reduce costs.

Sneakers, T-shirts, and suits are no longer tailored on distant continents, but cast into form by a robot arm in front of customers' eyes. Here, different materials and structures can be combined, as can different techniques of 3D printing, spinning, weaving, and knitting. Garments, shoes, and accessories not only materialize at high speed, but come out accurately fitting and designed to customers' individual wishes and ideas. For the industry, this leads to a complete rearrangement of existing process chains. This change has many different aspects – shorter transportation routes through local production, verticalization, and total transparency, to name just three of them (see the »Supply Chain« dossier on pp. 176 ff.).

HERAUSFORDUNGEN
CHALLENGES

- **Integration neuer Technologien in »traditionelle« Produkte**
- **Branchenübergreifende Zusammenarbeit**
- **Neue Prozessketten und Supply Chains**
- **Produktsicherheit und Datenschutz**
- **Reduzierung des ökologischen Fußabdrucks von der Produktion bis zur Entsorgung**
- **Hohe Kosten in der Pionierphase**
- **Eintritt in die serielle Fertigung**

- Integrating new technologies into »traditional« products
- Cross-industry collaboration
- New processes and supply chains
- Product safety and privacy protection
- Reducing ecological footprint from production to disposal
- High costs during the pioneering phase
- Starting volume production

FOKUS // FOCUS: SMART TEXTILES

Der Wettlauf hat begonnen – die Sport-, Mode- und Schmuckindustrie ist Impulsgeber und Innovationstreiber für neue Entwicklungen auf dem Markt der Wearable Technologies.

- Smartwatches und Fitness-Tracker – unter anderem Fossil, Hermès, Tag Heuer, Opening Ceremony, Misfit, Jawbone
- Mode mit LED-Technik – ElektroCouture
- Socken, die automatisch einen Film stoppen – Netflix
- Sneaker zur Energiegewinnung – Shock Harvester
- Der selbst schließende Sneaker – Nike
- Biometrische Smart Wear – OM Signal und Ralph Lauren
- Sneaker oder Jacken, die ihr Design verändern – Shiftwear und Sole Power, Lenovo mit dem »Screen Jacket«
- Die Outdoor-Jacke mit Solar-Paneelen – Tommy Hilfiger
- Accessoires, mit denen man bezahlen kann – Topshop und Barclays
- Der Bikini mit UV-Sensor – Spinali Design
- Das Tablet-Armband, das den Screen auf die Haut projiziert – Cicret (siehe Future Scenario »Future Communication«, S. 49 ff.)
- Das Hug Shirt, ein T-Shirt, das Freunde per Telekommunikation umarmt; das Eiza Dress, ein Abendkleid, das auf Twitter-Nachrichten reagiert; das Galaxy Dress, das weltweit erste Farben wechselnde Kleid mit 24.000 Mikro-LEDs, und das Cute Circuit MFA Dress, ein Kleid, designt für das Museum of Fine Arts (MFA) in Boston, hergestellt aus einem »Magic Fabric« bestehend aus 10.000 Mikro-LEDs und durch eine App gesteuerten Sensoren, die die Oberfläche animieren (siehe Fotostrecke, S. 158) – Hightech-Design von Cute Circuit
- Das Commuter Trucker Jacket – Levi's und Google Jacquard (siehe Interview mit Dr. Ivan Poupyrev, S. 84 ff.)

The race is on. The sports, fashion and jewellery industries are pulse generators and innovation drivers for new developments in the wearable technologies market:

- Smartwatches and fitness trackers – Fossil, Hermès, Tag Heuer, Opening Ceremony, Misfit, and Jawbone, among others
- Fashion with LED technology – ElektroCouture
- Socks that automatically stop a film – Netflix
- Sneakers that produce energy – Shock Harvester
- Auto-lacing sneakers – Nike
- Biometric smartwear – OM Signal and Ralph Lauren
- Sneakers or jackets that change their design – Shiftwear, Sole Power, Lenovo's »Screen Jacket«
- Outdoor jackets with solar panels – Tommy Hilfiger
- Accessories one can use to make payment – Topshop and Barclays
- Bikinis with UV sensors – Spinali Design
- Tablet bracelets that project their screen on the skin – Cicret (see the »Future Communication« future scenario on pp. 49 ff.)
- The Hug Shirt, a T-Shirt that hugs friends via telecommunication; the Eiza Dress, an evening dress that reacts to Twitter messages; the Galaxy Dress, the world's first colour-changing dress with 24,000 micro-LEDs; and the Cute Circuit MFA Dress, designed for the Museum of Fine Arts (MFA) in Boston and manufactured from »magic fabric« consisting of 10,000 micro-LEDs and app-controlled sensors that animate its surface (see photo gallery, p. 158) – high-tech design by Cute Circuit
- The Commuter Trucker Jacket – Levi's and Google Jacquard (see interview with Ivan Poupyrev, pp. 84 ff.)

ZAHLEN, DATEN, FAKTEN
NUMBERS, DATA, FACTS

WACHSTUMSMARKT »WEARABLE TECHNOLOGIES«

Uhren, Armbänder, Brillen, Schmuck, Kopfhörer, Gürtel, Schuhe und vieles mehr – das Feld der Wearable Electronics ist weit und der Markt wird wachsen. Im Jahr 2015 wurde tragbare Elektronik weltweit im Wert von 24 Milliarden US-Dollar verkauft. Bis zum Jahr 2025 soll sich der Markt mehr als vervierfacht haben und bei 103 Milliarden US-Dollar liegen (siehe Abb. FS6). Das prognostiziert das US-amerikanische Marktforschungsunternehmen IDTechEx in seiner neuen Studie »Wearable Technology 2015–2025: Technologies, Markets, Forecasts«.

Der marktdominierende Sektor wird der Studie zufolge das Gesundheitswesen sein, innerhalb dessen die Bereiche Medizin, Fitness und Wellness immer mehr verschmelzen werden. Von Akteuren wie Apple, Accenture, Adidas, Fujitsu, Nike, Philips, Reebok, Samsung, SAP und Roche kommen laut IdTechEX in diesem Segment die vielversprechendsten neuen Entwicklungen. Die wirklich umwälzenden neuen Technologien sehen die Autoren der Studie jedoch im Bereich der E-Textilien. Sie werden sich nach den Worten der Marktforscher zunehmend etablieren. In der Konsequenz werde es zur Entwicklung von immer neuen modischen, industriellen, kommerziellen und militärischen Anwendungen kommen. Auf der anderen Seite werde das sogenannte Wearable Infotainment, also Kleingeräte und Kleidung, die Informationen und Unterhaltung für ihre Träger liefern, immer gebrauchstauglicher. Über drei Milliarden Sensoren werden den Studienergebnissen zufolge bis zum Jahr 2025 im Bereich der tragbaren Technologien zum Einsatz kommen (siehe Abb. FS7).

GROWTH MARKET »WEARABLE TECHNOLOGIES«

Watches, bracelets, glasses, jewellery, headsets, belts, shoes, and much, much more – the field of wearable electronics is huge, and the market is growing. In 2015, a 24 billion US dollars' worth of wearable electronics were sold. By 2025, the market is expected to quadruple to a volume of 103 billion US dollars, according to a new study by IDTechEx, a US-based market research company, entitled »Wearable Technology 2015–2025: Technologies, Markets, Forecasts« (see fig. FS6).

According to this study, the dominant segment in this market will be the health sector, with medicine, fitness, and wellness sub-sectors increasingly merging. The most promising new developments in this segment, according to IDTechEx, are coming from players like Apple, Accenture, Adidas, Fujitsu, Nike, Philips, Reebok, Samsung, SAP, and Roche. As for truly disruptive new technologies, the authors of the study see them emerging mostly in the field of e-textiles. They will become increasingly well-established. Consequently, new fashion and industry applications will be developed, both commercial and military. At the same time, »wearable infotainment« – small devices and clothing that can provide wearers with information and entertainment – will become ever more usable. By 2025, according to the study, more than three billion sensors will be put to use in wearable goods (see fig. FS7).

Abb. | Fig. FS6 Der Markt der Wearables wächst rapide // The wearables market is rapidly growing

Entwicklung des Wearable-Technology-Markts, Prognose 2016–2025, in Milliarden USD

Wearable Technology Market Size, Forecast 2016–2025, USD billions

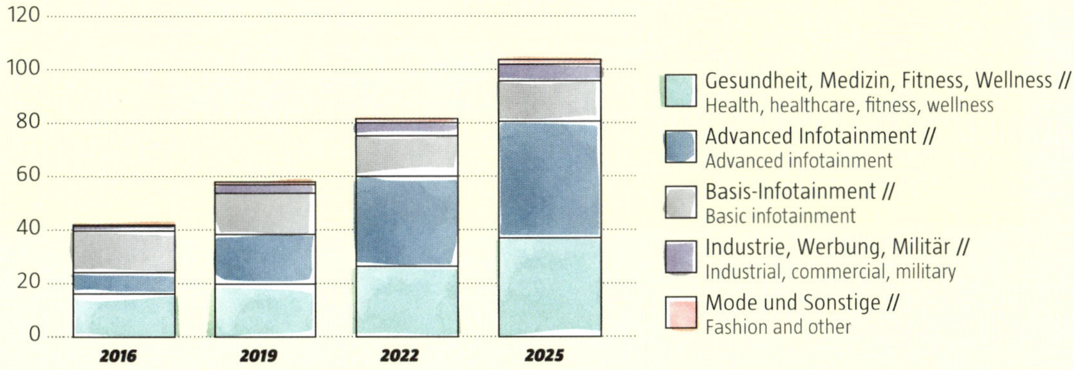

Quelle: Eigene Darstellung nach IDTechEx Research Report »Wearable Technology 2015–2025« // Source: Diagram based on IDTechEx Research Report »Wearable Technology 2015–2025«

Abb. | Fig. FS7 Fünfmal so viele Sensoren beeinflussen unser Leben // Five times as many sensors impact our lives

Zahl von Sensoren für Wearables, Prognose 2016–2025, in Millionen Stück

Wearable Sensors Units Sold, Forecast 2016–2025, Millions

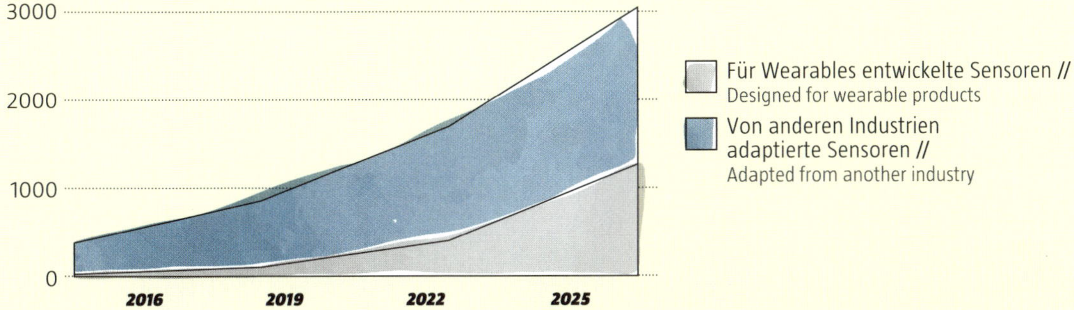

Quelle: Eigene Darstellung nach IDTechEx Research Report »Wearable Technology 2015–2025« // Source: Diagram based on IDTechEx Research Report »Wearable Technology 2015–2025«

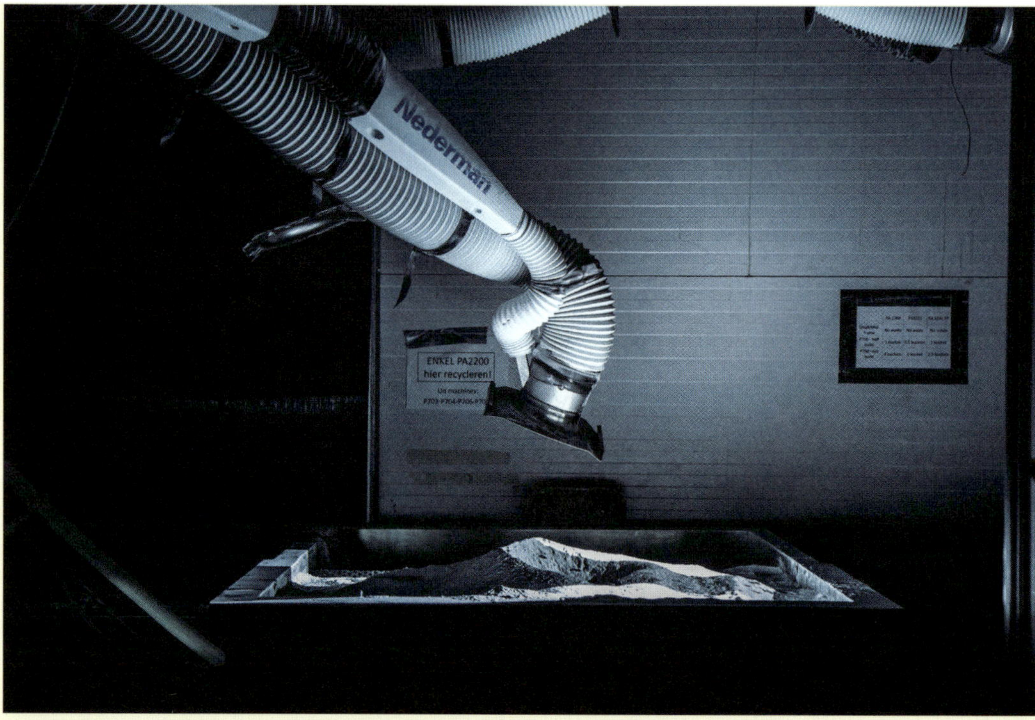

Der 3-D-Druck wird die Modebranche radikal verändern. Hier: ein 3-D-Drucker von Adidas/Futurecraft 3D. // 3D printing will change the fashion industry radically: a 3D printer by Adidas/Futurecraft 3D.

ADDITIVE FERTIGUNG: JÄHRLICHE STEIGERUNGSRATEN VON ÜBER 20 PROZENT

Der 3-D-Druck wird eine der wegweisenden Technologien der Zukunft sein. Dr. Sascha Peters, Gründer der deutschen Zukunftsagentur Haute Innovation und international gefragter Redner bei Innovationsworkshops zu nachhaltigen, ressourcenschonenden und smarten Materialien, sieht in ihm gar »den nächsten Entwicklungssprung in der industriellen Produktion«. Bis zum Jahr 2025 ist jedenfalls mit einem signifikanten Wachstum zu rechnen. So soll bis dahin ein weltweites Marktvolumen von 49 Milliarden US-Dollar erreicht werden. Ausgehend von einem Umsatz von 5,9 Milliarden US-Dollar im Jahr 2015 entspricht das einer jährlichen Wachstumsrate von 23,7 Prozent. Das geht aus der Studie »The Future of 3D Printing to 2025« von Smithers Pira hervor, eines international agierenden britischen Unternehmens der Verpackungs-, Papier- und Druckindustrie. Das US-amerikanische Beratungsunternehmen Wohlers Associates beziffert das Marktvolumen für das Jahr 2014 auf 4,1 Milliarden US-Dollar und hat eine jährliche Wachstumsrate von 33,8 Prozent in den Jahren 2012 bis 2014 errechnet. Im Wohlers Report 2015 wird für die kommenden Jahre sogar von jährlichen Steigerungsraten von über 30 Prozent ausgegangen.

ADDITIVE MANUFACTURING: YEARLY INCREASES OF 20 PERCENT AND MORE

3D printing will be the ground-breaking technology of the future. Dr. Sascha Peters, founder of the German future institute Haute Innovation and an internationally sought-after innovation workshop lecturer on sustainable, resource-friendly, and smart materials, goes so far as to describe 3D printing as »the next developmental leap in industrial production«. By 2025, the global market will have grown significantly – reaching, it is estimated, a volume of 49 billion US dollars. With a market volume of 5.9 billion US dollars in 2015, this is equivalent to an annual growth rate of 23.7 percent. At least, that is what is suggested in a study entitled »The Future of 3D Printing to 2025« by Smithers Pira, a UK-based packaging, paper, and printing company with global operations. Wohlers Associates, a US consulting firm, calculated a global market volume of 4.1 billion US dollars in 2014 and an annual growth rate of 33.8 percent between 2012 and 2014. According to their 2015 Wohlers Report, a growth rate of even more than 30 percent is to be expected over the coming years.

INNOVATIONEN
INNOVATIONS

CLEAN SWIMWEAR

Ein Bikini, der die Meere reinigt – die Designer und Architekten Pinar Guvenc, Inanc Eray und Marco Mattia Cristofori des Architektur- und Designbüros Eray Carbajo aus New York und Istanbul haben mit dem *Sponge Suit* ein Clean Tech Wearable entwickelt, das Design, Umweltschutz, additive Fertigung und Nanotechnologie miteinander verbindet. Der Hightech-Bikini setzt sich aus zwei Komponenten zusammen: einer netzartigen Hülle, die im 3-D-Druckverfahren aus elastischem, zuckerbasiertem Kunststoff hergestellt wurde, und einem superleichten, stark absorbierenden, aus einem hydrophoben Nano-Material bestehenden Schwamm. Seine wasserreinigende Fähigkeit erhält der Bikini dadurch, dass der Schwamm verunreinigte Substanzen aufsaugt, nicht jedoch das Wasser. Die aufgenommenen Verunreinigungen werden erst dann abgegeben, wenn der wiederverwendbare Schwamm auf eine Temperatur von 1.000 Grad erhitzt wird. Mit seinem Projekt hat das internationale Dreiergespann viel Aufmerksamkeit auf sich gezogen und räumte unter anderem den ersten Preis beim Design-Wettbewerb »Reshape 15 Wearable Technology Competition« ab.
www.eraycarbajo.com

CLEAN SWIMWEAR

A bikini that cleans the ocean: the designers and architects Pinar Guvenc, Inanc Eray and Marco Mattia Cristofori, working for New York and Istanbul-based architecture and design studio Eray Carbajo, have developed the *Sponge Suit*, a clean-tech wearable that combines design, environmental protection, additive manufacturing, and nanotechnology. The high-tech bikini has two components: a net-type covering made from elastic, sugar-based synthetics using a 3D printing process, and a super-lightweight, highly-absorbent sponge composed of a hydrophobic nanomaterial. It derives its water-cleaning capacity from the fact that the sponge absorbs polluted substances, but no water. The absorbed pollutants are not released unless the reusable sponge is heated to a temperature of 1,000 degrees Celsius. With their project, the international trio has attracted a lot of attention, earning them a first price in the »Reshape 15 Wearable Technology Competition«, among others.
www.eraycarbajo.com

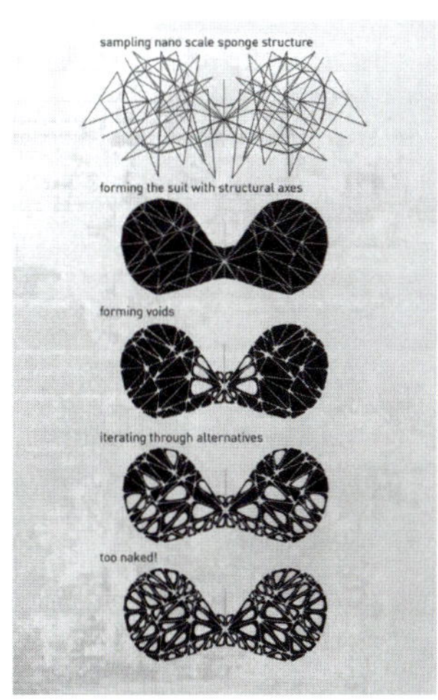

Der Sponge Suit – ein 3-D-Hightech-Bikini, der die Meere reinigt. // The Sponge Suit: a 3D high-tech bikini that cleans the ocean.

SICHTBAR UNSICHTBAR

Metallisch schimmernd im Farbspektrum zwischen Blau, Grün und Gelb – die Accessoires von *The Unseen* haben etwas Mystisches. Dieser Eindruck wird verstärkt, sobald die Oberflächen beginnen, auf ihren Träger oder die Umwelt zu reagieren. Aus feinstem Leder gearbeitet, verändern sie ihre Farben durch den Einfluss von Körpertemperatur, Sonnenlicht, Wind oder Berührungen. Die luxuriösen Jacken, Taschen, Rucksäcke, Portemonnaies und Handyhüllen oder exklusiven Schmuckstücke und Accessoires stehen im Spannungsfeld von Wissenschaft, Kunst, Design und Performance. Die Gestalterin der Smart-Fashion-Kollektion ist die Londonerin Lauren Bowker. Sie bezeichnet sich selbst nicht als Designerin, sondern als »Material Alchemist«, denn ihr Interesse gilt vor allem chemischen und biologischen Prozessen und der Frage, wie sie mit Materialien in Wechselwirkung stehen. Luxus, der das Unsichtbare sichtbar macht.

www.seetheunseen.co.uk

VISIBLY INVISIBLE

A metallic, iridescent blue, green, and yellow shimmer gives *The Unseen's* accessories a mystical flair. This impression becomes even stronger when their surfaces start to react to the wearer and the environment. Made from the finest leather, they change their colours under the influence of body temperature, sunlight, wind, or touch. These luxurious jackets, bags, backpacks, purses, and cell phone covers, plus exclusive jewellery and accessories, lie somewhere between the worlds of science, art, design, and performance. The smart fashion collection is designed by the Londoner Lauren Bowker, who describes herself as a »material alchemist« rather than a »designer« as her interest is primarily focused on chemical and biological processes and on the question of how they interact with materials: luxury making the invisible visible.

www.seetheunseen.co.uk

Touch me – berührt man den Rucksack von The Unseen, verändert er seine Farbe. // Touch me: this backpack by The Unseen changes its colour when you touch it.

BEST PRACTICES

Der Moon Parka ist das erste Kleidungsstück aus synthetischer Spinnenseide. // The Moon Parka is the first garment made from synthetic spider silk.

ARACHNOPHILIA

The North Face reist mit Spinnen zum Mond. Das japanische Forschungsunternehmen *Spiber* und der japanische Sportswear-Hersteller *Goldwin* haben für die Outerwear-Marke *The North Face* den »Moon Parka« entwickelt: das weltweit erste Kleidungsstück aus synthetischer Spinnenseide.

Spinnenseide besteht aus natürlichen Proteinen, die als Rohölersatz den Verbrauch nicht erneuerbarer Ressourcen und damit die Emission von Treibhausgasen senken. »In naher Zukunft werden Proteine als industrielles Ausgangsmaterial genutzt werden, so wie heute Metall, Glas oder Kunststoff«, ist man sich bei Spiber sicher. Bis heute hat das Unternehmen über 600 Typen synthetisiert, analysiert und die Informationen darüber in einer Datenbank zusammengetragen. Dadurch ist Spiber in der Lage, quasi endlose Variationen von Materialien mit den unterschiedlichsten Eigenschaften zu kreieren. Eine dieser Kreationen ist die Faser QMONOS für den Oberstoff des Parka. Die Kooperation zwischen Spiber und Goldwin und die gemeinsame Fertigstellung des ersten Moon Parka Ende 2015 könnten sowohl einen Paradigmenwechsel in der Sportbekleidungsindustrie einläuten als auch ein Meilenstein auf dem Weg hin zur Massenproduktion von proteinbasierten Produkten sein. Vergleichbar mit dem Start der ersten Satelliten ins All und der Mondlandung. Nicht umsonst wurde der Spinnenseiden-Prototyp »Moon Parka« getauft. Die Jacke ist eine Wiederauflage des »Antarctica Parka« von The North Face – einer Outerwear-Jacke, die dafür entwickelt wurde, den harschesten und rauesten Bedingungen in der eisigen Kälte des Südpols standzuhalten.

www.spiber.jp | www.goldwin.co.jp | www.thenorthface.com

ARACHNOPHILIA

The North Face takes spiders to the moon. The Japanese research company *Spiber* and the Japanese sportswear manufacturer *Goldwin* have developed the Moon Parka, the world's first garment made of synthetic spider silk, for the outerwear brand *The North Face*.

Consisting of natural proteins, spider fibres help reduce the consumption of non-renewable resources such as oil, thus curbing greenhouse gas emissions. Spiber's representatives confidently claim that, »In the near future, proteins will be widely used as industrial raw materials«. So far, the company has synthesized and analyzed more than 600 types of proteins, compiling the information in a huge database. This allows them to create an almost infinite variety of materials, each with its own properties. The outer fabric of the Moon Parka is made from QMONOS, one of these innovative materials.

The cooperation between Spiber and Goldwin, and the joint production of the first Moon Parka in late 2015, may mark the beginning of a paradigm shift in the sportswear industry and also a true milestone towards mass-manufactured protein-based products – similar to the launch of the first satellite or the first moon landing. It's no accident that the spider fiber prototype has been named »Moon Parka«. The jacket is a new edition of The North Face's »Antarctica Parka« – an outerwear jacket that has been developed to withstand the roughest conditions in the bitter cold of the South Pole.

www.spiber.jp | www.goldwin.co.jp | www.thenorthface.com

VON 3-D-SUPERMATERIALIEN UND HIGH-SPEED-ROBOTERN

Drei Projekte, alle lanciert innerhalb von weniger als zwölf Monaten – *Adidas* macht Tempo. Der Sportartikelhersteller aus Herzogenaurach steht stellvertretend für eine ganze Branche, die unter Hochdruck neue Herstellungsverfahren wie die additive Fertigung oder Mass Customization und intelligente Robotertechniken in Verbindung mit Recycling und Zero-Waste-Konzepten vorantreibt.

Im Juni 2015 fiel der Startschuss für das Projekt *»Sport Infinity«* – ein von der Europäischen Kommission finanziertes und von der Adidas-Gruppe geleitetes Projekt, an dem ein Konsortium unterschiedlicher Experten verschiedener Branchen beteiligt ist. Im Rahmen des Projekts soll ein Sneaker entstehen, der individuell anpassbar und recycelbar ist; ressourcenschonend, abfallfrei und im 3-D-Druck-Verfahren hergestellt. Der Sportschuh soll aber nicht nur aus abgelaufenen Tretern hergestellt werden können, sondern auch aus anderen Gegenständen. »Fußballschuhe könnten künftig also Materialien jedweder Art enthalten – von Kohlefasern, die im Flugzeugbau verwendet werden, bis hin zu den Fasern der Fußballschuhe, mit denen bei der letzten WM die Tore geschossen wurden«, kündigen die Herzogenauracher an.

Ein weiteres innovatives Projekt, das Adidas kürzlich an den Start gebracht hat, ist der Sneaker *»Futurecraft 3D«* – der Prototyp eines individualisierten Sportschuhs. Seine Sohle ist

3D SUPER-MATERIALS AND HIGH-SPEED ROBOTS

Three product launches within 12 month – *Adidas* is moving full speed ahead. The sportswear manufacturer, based in Herzogenaurach, Germany, is representative of a whole industry pushing ahead with new production processes, such as additive manufacturing, mass customization, and intelligent robot techniques, combined with recycling and zero-waste concepts.

In June 2015, *Sport Infinity* – a project commissioned by the European Commission and led by the Adidas group, with the involvement of a broad consortium of experts from various industries – was launched. One of this project's aims is to develop a sneaker that is individually customizable and recyclable, resource-friendly, free of waste, and 3D-printable. It ought to be possible to produce it not only from worn-out sneakers but from other objects as well. »Future football boots might contain materials of any type – from carbon fibres that are used in aircraft construction to fibres from shoes that served during the last World Championship«, the people from Adidas have announced.

Another innovative project recently launched by Adidas is the *Futurecraft 3D* sneaker – the prototype of an individualized sports shoe. Its sole is 3D-printed to precisely fit the wearer's individual foot shape. First, a

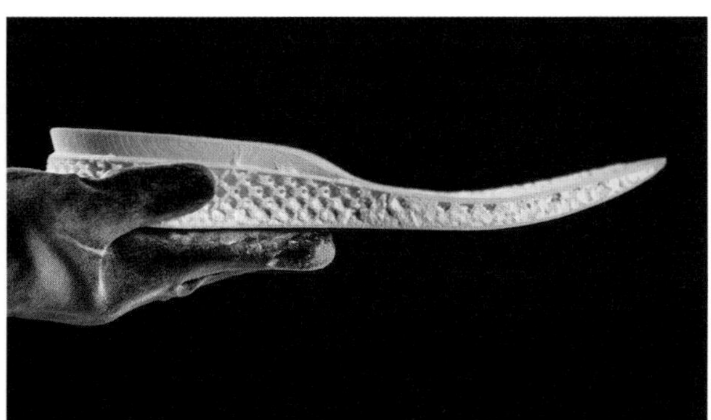

Beim Adidas-Projekt Futurecraft 3D werden Schuhsohlen per 3-D-Druck hergestellt, individuell angepasst an die Fußform des Trägers. //
In the Adidas project Futurecraft 3D, shoe soles are 3D-printed to precisely fit the wearer's individual foot shape.

angepasst an die individuelle Fußform seines Trägers und wird per 3-D-Druck gefertigt. Vorab scannt ein Mitarbeiter im Store den Fuß und nimmt eine Laufbandanalyse vor. Anhand der Daten, die daraus generiert werden, wird dann die perfekte Innensohle gedruckt. Das Verfahren hat Adidas zusammen mit dem belgischen 3-D-Druck-Spezialisten *Materialise* entwickelt.

Projekt Nummer drei ist die Pilotfabrik *»Speedfactory«* – eine Zukunftsvision für die Produktfertigung. In der Speedfactory sollen funktionale Sportartikel mithilfe intelligenter Robotertechnologie noch schneller und teilweise sogar direkt am Point of Sale und nach individuellen Designvorgaben einzelner Kunden produziert werden. Für den Einzelhandel könnte das eine neue Form des Hightech-Erlebnis-Shoppings werden. Die erste Speedfactory wurde beim Kunststoffhersteller Oechsler AG im bayerischen Ansbach errichtet. Weitere Hochgeschwindigkeitsfabriken in Adidas-Läden sollen folgen.
www.adidas.com

salesperson in the store scans the foot and performs a treadmill analysis. Based on the data generated from this, the perfect insole is then printed. This procedure has been jointly developed by Adidas and the Belgian 3D-printing specialist *Materialise*.

Project number three is *Speedfactory* – a pilot factory for exploring future ways of manufacturing. In a Speedfactory, intelligent robot technology will be used to produce functional sports goods faster and possibly at the very point of sale, based on individual customers' design specifications. For retail, this could turn into a new type of high-tech event shopping. The first Speedfactory has been installed at Oechsler AG in Ansbach, Bavaria, Germany. Next, high-speed factories are planned for Adidas stores.
www.adidas.com

TO DO'S

- **Das bisherige Produktportfolio analysieren**
- **Neue Materialien finden, die zukunftsfähig und innovativ sind**
- **Nach neuen Technologien suchen, die eigene Produkte effektiv verbessern**
- **Die Ergebnisse mit den Anforderungen der neuen Konsumentengeneration abgleichen**
- **Pionierstatus und Zugewinn an Image gegenüber möglicherweise höheren Kosten abwägen**
- **Ökonomischen Zusatznutzen wie Materialeinsparungen mit einbeziehen**
- **Ökologischen Zusatznutzen als zukünftig relevante Messgröße berücksichtigen**
- **Kooperationen eingehen**

- Analyzing the existing product portfolio
- Finding new materials that are future-fit and innovative
- Searching for new technologies that help improve products
- Comparing results with the requirements of a new consumer generation
- Weighing pioneer status and image gain against potentially higher costs
- Taking into account ecological benefits, such as material savings
- Factoring in ecological benefits as prospective relevant indicators
- Engaging in cooperation

»Mode als Katalysator für technologische Entwicklungen«

Dr. Ivan Poupyrev *im Interview über die Bedeutung von 3-D-Druck, Augmented Reality, Virtual Reality und Wearable Technologies, über den Adrenalinkick von Mode, über neue Kooperationen und wie sich Technologie und Mode gegenseitig beflügeln. Er verantwortet als Technischer Leiter innerhalb der Google Advanced Technology and Projects (ATAP) Group das »Project Jacquard« (siehe S. 89) sowie das »Project Soli« für berührungslose Interaktion.* // **Dr. Ivan Poupyrev** ***on the significance of 3D printing, augmented reality, virtual reality and wearable technologies, the adrenalin of fashion, new areas of cooperation, and how technology and fashion spur each other on. Dr. Poupyrev is a Technical Project Lead within the Google Advanced Technology and Projects (ATAP) Group, and is responsible for Project Jacquard (see p. 89) and Project Soli for touchless interaction.***

Neue Technologien erobern den Markt. Welche sind für Sie am wichtigsten?

Wenn wir über neue Technologien reden, dann müssen wir zwei Bereiche unterscheiden: die Technologien, die gerade heranreifen, und diejenigen, die gerade erst entstehen. Jemand wie ich – ich verstehe mich als Erfinder, Wissenschaftler und Forscher – interessiert sich für beides.

Beginnen wir mit den heranreifenden ...

3-D-Druck, Augmented Reality, Virtual Reality (VR), Wearable Technologies – das sind sicherlich die wichtigsten. Spannend daran ist, dass diese Technologien jetzt für jeden zugänglich werden. Den 3-D-Druck gibt es ja bereits seit 20, 30 Jahren. Jahrelang war diese Technologie vor allem ein High-End-Tool für Forschung und Industrie, jetzt hat sie sich demokratisiert. Zur gleichen Zeit erreichen die Wearables den Massenmarkt. Seit den 1990er Jahren reden wir über Wearables, jetzt erleben sie ihren Durchbruch. Und dann Virtual Reality – gibt es auch schon seit den 1960ern. Aber jetzt wird sie Teil der Öffentlichkeit. Einzeln betrachtet, sind all diese Technologien nicht wirklich interessant. Also nein, natürlich sind sie interessant, aber singulär betrachtet sind sie bei Weitem nicht so einflussreich, als wenn sie zusammenwirken.

New technologies conquer the market. Which are the ones you consider most important?

When it comes to new technologies, we have to distinguish between two areas: technologies that are already maturing, and technologies that are only now entering the scene. People like me – I consider myself an inventor, scientist, and researcher – are intrigued by both.

Let's start with those that are maturing.

3D printing, augmented reality, virtual reality, wearable technologies – these are certainly the most important. The exciting thing about them is that they are now accessible to everybody. 3D printing has existed for 20, even 30 years. For years it was just a high-end technology for research and industry, but now it has been democratized. At the same time, wearables have reached the mass market. People have talked about wearables since the 1990s; now we are witnessing their breakthrough. Virtual reality has existed since the 1960s. It is now becoming an integral part of public life. Viewed in isolation, neither of these technologies is particularly interesting. Of course, they are intriguing, but they are much less influential individually.

»Fashion as a Catalyst for Technological Development«

Das heißt, interessant wird es also in der Kombination …

Genau. Durch die Kombination der neuen Technologien untereinander und in Verbindung mit der Zeit, in der wir leben – die Zeit des Internets und einer neuen Kommunikationskultur – entsteht ein Schneeballeffekt. VR mit Wearables, 3-D-Druck mit Wearables, VR mit 3-D-Druck – jetzt fängt es an interessant zu werden …

Wie werden diese Technologien die Modeindustrie beeinflussen?

Wenn man sich die Geschichte der Mode anschaut, dann sieht man, dass Technologien immer der Auslöser für grundlegende Veränderungen waren. Nehmen wir die Nähmaschine oder die Entwicklung neuer Materialien wie Nylon. Meistens haben sie auch Veränderungen in der Gesellschaft bewirkt. Kleidung stand immer schon in direkter Verbindung mit der Kultur: Wer Jeans getragen hat, hat damit ein Statement abgegeben. Auch der Hip-Hop-Kult ist geprägt durch einen bestimmten Look. Die Mode von Chanel hat zu einer Befreiung der Frau geführt; Frauen haben auf einmal Hosen getragen. Kleidung spiegelt kulturelle Veränderungen wider. Und umgekehrt forciert sie kulturelle Veränderungen. Wenn Technologie mit Kleidung zusammengebracht wird, werden Grenzen überwunden. Technologien als Bestandteil unserer Kleidung werden Teil des Alltags. Als »Google Glass« auf den Markt kam, gab es starken Widerstand, diese Wearables am Körper zu tragen. Kleidung hingegen öffnet häufig den Markt und erfährt eine größere Akzeptanz.

Setzt Mode der Technologie Grenzen? Schließlich müssen Kleidungsstücke tragbar und waschbar sein?

Dabei geht es doch nur darum, Materialien zu finden, zu entwickeln und zu integrieren, mit denen das funktioniert. Da mache ich mir nicht so viele Gedanken. Abgesehen davon denke ich, dass sich in Zukunft auch die Art und Weise, wie Menschen ihre Kleidung behandeln, verändern wird. Vielleicht werden Kleidungsstücke bald mit UV-Strahlen gereinigt. Oder die Produkte sind modular und austauschbar. Oder man trägt sie nur einmal, und anschließend werden sie wieder neu 3-D-gedruckt.

So it's the combination that is interesting?

In conjunction with each other and with the era in which we live – the era of the Internet and a new culture of communication – these new technologies create a snowball effect. VR combined with wearables, 3D printing combined with wearables, VR combined with 3D printing – now it starts to become interesting…

How will these technologies impact the fashion industry?

If you look at the history of fashion, you will see that fundamental change has always been triggered by technology. Consider, for instance, the sewing machine, or more recently developed materials such as nylon. Technological developments often lead to societal change. There has always been a direct link between culture and the way people dress. When people started wearing blue jeans, it was like a statement. The hip hop cult had its own look. The fashion of Chanel furthered the emancipation of women, who suddenly began to wear trousers. The way we dress reflects cultural change. Conversely, cultural change is reinforced by clothing habits. When technology meets clothing, boundaries come down. Technology as an integral part of our clothing pervades everyday life. When »Google Glass« was launched, strong resistance was felt against wearing such gadgets on your body. Clothing, however, opens the market and fosters acceptance.

Does fashion impose boundaries on technology? Garments have to be wearable and washable, after all.

This is just a question of identifying, developing, and integrating suitable materials. I am not too concerned about it. I think the way people deal with clothing will change over time. Perhaps ultraviolet rays will soon be used to clean textiles. Products may become modular and exchangeable. Or we will wear them once and then put them through the 3D printer again.

Wie werden all diese Entwicklungen unser Leben verändern? Haben Sie eine Vision?

Ich glaube an das Prinzip der Serendipität, also an überraschende Entdeckungen. Sie verdanken sich aber nicht dem puren Zufall, sondern einer bestimmten Fähigkeit, einer Arbeitsweise. Deswegen wäre jede Prognose, die ich jetzt abgeben würde, falsch. Ich kann höchstens Tendenzen benennen, Richtungen andeuten, in die es laufen wird: Es geht mehr und mehr um Kommunikation, Technologie, Wahrnehmung und Sicherheit. Die Anwendungen im Bereich Gesundheit, in der Unterhaltung und im Sport sind offensichtlich. Wirklich spannend ist, was im Lifestyle passieren wird. Hierfür Visionen zu entwickeln bringt gar nicht so viel. Anwendungen entwickeln sich weiter, indem man sie realisiert und ausprobiert. Nur so weiß man, was optimiert werden muss. Um sie dann wieder neu zu erfinden. Und wieder neu. Und wieder neu. Das beste Beispiel ist das Internet: Wer hätte zur Zeit der Erfindung des World Wide Web gedacht, dass eines der beliebtesten Themen im Netz Katzenvideos sein würden (lacht). Die Menschheit ist nicht berechenbar. Deshalb sollten wir auch gar nicht erst versuchen, zu weit in die Zukunft zu schauen.

Viele Experten sind der Meinung, dass neue Technologien *der* Game Changer bei der Suche nach Lösungen für die ökologischen Herausforderungen sind, vor denen wir zurzeit stehen. Wie sehen Sie das?

Man kann es auch so sehen, dass die Technologien die Probleme erst ausgelöst haben.

Unbestritten!

Die Frage ist, wie wir Technologie dazu verwenden können, unseren ökologischen Fußabdruck zu verringern. Dabei geht es vor allem darum, den Konsum zu verringern. Wenn wir über die Modebranche reden, dann muss sich die Einstellung gegenüber einem Kleidungsstück verändern. Das funktioniert nur, wenn Kleidung einen wirklichen Mehrwert bietet. Nur dann kommen wir weg von der Mentalität des Einmal-Tragens und Wegwerfens. Im Project Jacquard denken wir viel über den sogenannten digitalen Nutzen nach und wie er mehr Wert

How will these developments transform our lives? Do you have a vision?

I believe in the principle of serendipity, in unanticipated discoveries. This is not about coincidences; rather, it's a skill, a way of working. Therefore, any prediction I can make at this moment will probably be wrong. Of course, to some extent we know what will happen: it will likely have to do with communication, technology, perception, and security. Applications in areas like health, entertainment, and athletics are obvious. The truly exciting aspect is lifestyles. Here, developing visions doesn't make much sense. You have to implement and test applications in order to develop them. Only then do you know what has to be optimized, so you can reinvent the application. And then reinvent it again... and again... The best example is the Internet: everyone expected it to develop into a gigantic encyclopædia. But who would have thought that cats would be the most important topic on the Internet? Humankind is unpredictable. Therefore we shouldn't even try to look too far into the future.

Many experts look to new technologies as *the* key game changer in dealing with the environmental challenges we face today. What do you think?

One could also argue that these challenges have been caused by technology in the first place.

Undeniably...

The question is how technologies can be used to reduce our ecological footprint. This is mainly a matter of reducing consumption. If we talk about the fashion industry, we must change our attitudes towards clothing – from something you wear once and throw away to something that is adding real value. In the Jacquard project, we think a lot about digital benefits and how they can add value. This is exactly what happens when a piece of garment develops a digital history. We provide clothing with a new level of function and meaning.

Innovative Touch-Technologie und traditionelle Textilfertigung verschmelzen in einem Prozess. Das Ergebnis ist das Commuter Trucker Jacket von Levi's und Google Jacquard. // Innovative touch technology and traditional textile manufacturing merge into a single process. One result is the Commuter Trucker Jacket by Levi's and Google Jacquard.

bringen kann. Wenn ein Kleidungsstück eine digitale Historie entwickelt, dann passiert genau dies. Wir verleihen Kleidung eine neue Funktion und Bedeutung. So können wir erreichen, dass die Menschen ihre Kleidungsstücke öfter und länger tragen. Wenn ich mit Designern aus der Modebranche spreche, dann sagen sie: »Wir kaufen Kleidung nicht, weil wir etwas Neues brauchen, sondern weil es uns einen Adrenalinkick gibt.« Den gleichen Reiz und das gleiche Vergnügen müssen wir durch digitale Innovationen erzeugen.

Indem Sie ein neues Muster auf Ihre Jacke beamen?

Ja, zum Beispiel. Ich sehe aber noch ganz andere Dinge. Das können auch neue Distributionswege sein. Vielleicht ist eine neue Ebene in der Technologie so etwas wie Uber. So wie wir Autos teilen, teilen wir vielleicht auch Kleidung.

Wir haben über die zwei Arten von Technologien gesprochen: die sich etablierenden und jene, die gerade erst aufkommen. Was tut sich im Bereich der Innovationen?

Viele Innovationen kommen aus der Biologie. Do-it-yourself-Biotech, DIY Genetics ... Das sind die Bereiche, in denen gerade viel passiert. Sein eigenes kleines Biolabor haben und Dinge für den persönlichen Gebrauch genetisch verändern. Neue aufregende Materialien entwickeln – Biomaterialien oder das große, neue Gebiet der Metamaterialien, mit denen wir neue Strukturen und Eigenschaften kreieren, die zuvor noch unbekannt waren. So sind etwa die aktuellen Entwicklungen rund um Graphen und Quantenpunkte hoch spannend. Ich bin kein Fundamentalphysiker, aber ich bin es gewohnt, Dinge möglich zu machen, die vorher unmöglich waren. So entstehen spannende, neue Anwendungen.

Wie können Führungskräfte, Designer und Einkäufer der Modeindustrie Innovationen kreieren und integrieren?

Gewisse technische Fähigkeiten sind generell sehr wichtig. Entscheidend ist, dass sie ein Verständnis dafür haben, was Technologie ihnen bringen kann.

Thus, we can make people wear their garments more often and for longer periods. When I speak with designers from the fashion industry, they tell me: »We don't buy clothing because we need something new, but because it gives us an adrenalin rush.« We have to create the same stimulus and the same enjoyment when it comes to digital innovation.

By beaming a new pattern onto your jacket?

Yes, that's one example. But I can see potential for a lot more here. Imagine new distribution channels. Perhaps the new level of technology will be something like Uber. We might share clothing, similarly to sharing cars.

We talked about the two types of technologies: those that are already establishing themselves, and those that are only just emerging. What is happening on the innovation front?

Many innovations come from biology. Do-it-yourself biotech, DIY genetics... These are the areas where a lot is happening at the moment. Like having your own little bio-lab and genetically changing things for personal use. Like developing new, exciting materials: biomaterials, or the huge new area of meta-materials that allow us to create new structures and properties. All these things are becoming possible. Graphenes and quantum points, for example. I am not a fundamental physicist, but I'm used to making things possible that haven't been possible in the past. This allows exciting new applications to come into being.

How can the managers, designers, and purchasers of the fashion industry create and integrate innovations?

Certain technological skills are generally very important. The crucial thing here is an understanding of the contributions technology can make.

»Anwendungen entwickeln sich weiter, indem man sie realisiert und ausprobiert. Nur so weiß man, was optimiert werden muss. Um sie dann wieder neu zu erfinden.«

»You have to implement and test applications in order to develop them. Only then do you know what has to be optimized, so you can reinvent the application. And then reinvent it again... and again...«

Nun ist das Verständnis der Modemacher für digitale Technologien aber nicht unbedingt sehr ausgeprägt ...

Es geht ja auch nicht darum, dass jeder selbst zum Technologen wird, sondern darum, Brücken zu bauen. Da kommen wir wieder zurück zum Anfang unseres Gesprächs. Einzeln betrachtet, sind Virtual Reality, Wearables und Augmentation nicht wirklich interessant. Aber wenn wir Technologie in die Mode bringen, dann wird sie zum Katalysator für ein neues Verständnis von Mode. Und umgekehrt: Wenn die Mode- mit den Technikmenschen zusammenkommen, dann wird die Denkweise der Modeindustrie zu einem Katalysator für neue technologische Entwicklungen. Auf diese Weise werden neue Ideen geboren.

Es geht also um neue Kooperationsformen ...

Ja, in Zukunft wird es wichtig sein, dass Menschen interdisziplinär und funktionsübergreifend zusammenarbeiten. So wie unser Team im Project Jacquard. Der Inhaber der Fabrik, in der die Garne hergestellt werden, weiß noch nicht einmal, wie man ein Handy bedient. Er hat auch kein Internet, wir telefonieren noch über das Festnetz. Wir waren dort und haben mit den Menschen zusammengearbeitet und waren sehr beeindruckt. Es geht um Respekt. Das textile Handwerk ist ein Teil unserer Kultur und eine große Errungenschaft der Menschheit. Ich bin der festen Überzeugung, dass Kollaboration und Kooperation die nächsten großen Durchbrüche bringen werden.

Aus der Kooperation mit Levi's ist das Commuter Trucker Jacket entstanden. Ist Ihnen damit ein solcher Durchbruch gelungen?

Beim Project Jacquard war uns von Anfang an wichtig, dass wir dieses Experiment nicht beginnen, um nur ein neues Designerstück für eine Ausstellung oder eine Messe zu kreieren. Wir wollten ein skalierbares Produkt entwickeln, das direkt in Produktion gehen kann. Dafür müssen wir die richtige Supply Chain zusammenstellen und die traditionelle Textilindustrie zu einem Teil der digitalen Industrie werden lassen.

In the past, technological understanding hasn't been fashion people's greatest strength...

It is not a matter of everyone becoming a technological expert, but of building bridges. This brings us back to the start of our conversation. Considered individually, virtual reality, wearables, and augmentation are not very interesting. But technology added to fashion becomes a catalyst for better understanding what fashion is. Conversely, if fashion people meet technology people, the mindset of the fashion industry becomes a catalyst for new technological developments. In this way, new ideas are being brought to life.

So this is about new forms of cooperation?

Yes. In the future, it will be important for people to cooperate across disciplines and functions. Our team with Project Jacquard is very cross-functional. The owner of the yarn-producing company doesn't even know how to operate a mobile phone – let alone how to surf the Internet. So we still use landline phones. We visited them and worked with the people, and we were very impressed. This is about respect. The textile handicraft is part of our culture and a great achievement of humankind. I firmly believe that collaboration and cooperation will bring about the next major breakthroughs.

The cooperation with Levi's resulted in the Commuter Trucker Jacket. Did this lead to that kind of breakthrough?

When we started Project Jacquard, we never intended to simply create a new designer piece for an exhibition or a trade fair. Right from the beginning, our aim has been to develop a scalable product that can be mass-produced. This requires putting together the right supply chain and letting the traditional textile industry become an integral part of the digital industry.

Das *Project Jacquard* von Google ATAP verbindet digitale Interaktion und Mode. Konkret werden Touch-Technologien direkt in Kleidungsstücke integriert. So wird die Jeans, die Jacke oder das Hemd selbst zum Touchscreen. Dafür wird ein leitfähiges Garn, das mit einem kleinen Knopf verbunden ist, in den Stoff eingewebt. Der Knopf sendet die Touch-Impulse an das Endgerät: ein Tablet, ein Smartphone oder einen Computer. Das interaktive Gewebe soll jeder Stoffproduzent mit seinen herkömmlichen Maschinen herstellen können. Die Vision von Google ATAP ist es, dass traditionelle Textilunternehmen Jacquard verwenden können, um ihre eigenen Touch-Textilien zu entwickeln. Erster offizieller Partner ist Levi's.

Project Jacquard is a project run by Google ATAP. It aims to combine digital interaction with fashion: specifically, to directly integrate touch technologies into pieces of clothing so that a pair of jeans, a jacket, or a shirt becomes a touchscreen in itself. This is achieved by weaving a conductive yarn connected to a button into the fabric. The button sends the touch impulses to a terminal, such as a tablet, a smartphone, or a computer. Any textile producer should be able to produce the interactive fabric using conventional machines. According to Google ATAP's vision, traditional textile companies will soon be able to use Jacquard to develop their own touch textiles. Levi's is the first official partner.

Dr. Ivan Poupyrev ist Erfinder und Wissenschaftler und forscht zu interaktiven Lifestyle-Technologien. Das »Fast Magazine« nominierte ihn im Jahr 2013 als einen der 100 kreativsten Menschen in der Geschäftswelt. Nach Stationen bei Sony, Walt Disney und Motorola kam er als Technischer Leiter zur Google Advanced Technology and Projects (ATAP) Group in San Francisco und verantwortet dort das Project Jacquard und das Project Soli (berührungslose Interaktion).

Dr. Ivan Poupyrev is an inventor, scientist and researcher of interactive lifestyle technologies in San Francisco. In 2013, he was nominated as one of the 100 most creative people in the world of business. He formerly worked with Sony, Walt Disney and Motorola, and is now the Technical Project Lead of Project Jacquard and Project Soli (touchless interaction) within the Google Advanced Technology and Projects Group (ATAP).

FUTURE SCENARIO V
THE SHARING SOCIETY

6.30 Uhr, leises Vogelgezwitscher. Max versucht es zu ignorieren und dreht sich noch einmal um. Gleich wird das Bett sanft vibrieren und ihn damit wecken wollen. Schon gestern Abend hat Max eine temporäre Kopie seines elektronischen Fingerabdrucks an das SmartCore gesendet, die zentrale Konsole des Apartments. Sie zieht nun seine persönlichen Präferenzen aus der Cloud: Das Licht im Schlafzimmer ist unmerklich gedimmt; genau auf die Helligkeit, mit der Max am besten in den Tag startet. Und es beruhigt ihn zu wissen, dass ihm der Kaffee schmecken und die Dusche gleich genau die richtige Temperatur haben wird. Alles dank SmartLife – des intelligenten Cloud-OS.

SMARTLIFE

Das Apartment ist nicht Max' Wohnung. Es liegt auch nicht in seiner Stadt und nicht in seinem Heimatland. Als er gestern Nachmittag erfahren hat, dass während des heutigen Meetings bei Alaska Outdoor seine physische Präsenz gewünscht ist, hat er sich die Wohnung über die Plattform SmartFlat organisiert. Vor dem Verlassen schreibt er seiner Vermieterin ein positives Feedback und zahlt ihr die Übernachtung online mit CommunityCredits.

Für den Weg ins Büro entscheidet sich Max entgegen seiner Gewohnheit für Car- statt Bikesharing. Er muss nämlich einen kleinen Umweg über eine Packstation nehmen. Für die Vorstandssitzung heute hat er sich via SmartLife einen Anzug und feine Schuhe organisiert. FashionRent hat beides über Nacht in ebenjene Packstation in seiner Nähe gebracht, die er jetzt mit seinem von einem Hybridmotor angetriebenen Mietwagen anfährt.

It is 6.30 a.m., and the soft twittering of birds can be heard. Max rolls over in bed, trying to ignore them. Soon his bed will gently vibrate and wake him up. Yesterday evening, Max sent a temporary copy of his electronic fingerprint to SmartCore, the apartment's central console. Now, SmartCore retrieves his personal preferences from the Cloud: the bedroom lights are dimmed slightly to the exact brightness with which Max likes to start his day. It's reassuring to know that the coffee will taste as it always does, and that the shower will have exactly the right temperature – thanks to SmartLife, the intelligent Cloud OS.

SMARTLIFE

The apartment is not Max's home. It is not situated in his town, or even in his country. Yesterday, when he learned from Alaska Outdoor that his physical presence at today's meeting would be welcomed, he visited the SmartFlat platform to arrange an apartment. Before leaving the apartment, he writes his landlady a positive feedback message and pays for his night's stay online with CommunityCredits.

Contrary to his usual habits, he chooses to get to the office via a car share rather than a bike share, as he has to take a little detour to the package collection station. For today's board meeting, he has ordered a suit and a pair of elegant shoes via SmartLife. FashionRent has sent it overnight to the near-by collection station that he is now heading to in his hybrid-engine rental car.

SMARTECONOMY

Alaska Outdoor ist ein Sanierungsfall. Das Unternehmen hatte einmal großen Erfolg mit urbaner Outdoor Fashion im Hochpreissegment, die es im Wholesale und über den eigenen Online-Shop verkauft hat. Dann aber hat Alaska Outdoor quasi alle Entwicklungen verschlafen und ist fast pleitegegangen. Da wenigstens die Abschlusswissensbilanz positiv ausgefallen ist, hat sich Fashion Invest für den Einstieg entschieden – eine der großen Investmentgesellschaften mit einem Spezialgebiet: dem Aufkauf von Unternehmen, die den Übergang in die Sharing Economy verschlafen haben. Auf diese Weise wird Alaska Outdoor jetzt fit für eine Realität gemacht, in der das Konsumverhalten früherer Tage fast in Vergessenheit geraten ist. Kaum jemand kauft im Jahr 2025 noch Produkte, um sie allein zu besitzen und irgendwann wegzuwerfen. Dieses lineare Konsumverhalten aus der Vergangenheit finden viele Menschen genauso obszön, wie Credits für den materiellen Besitz von Produkten zu verschwenden, die sie fast nie benötigen. Ehrlicherweise sollte man aber auch sagen, dass die Lebenshaltungskosten so hoch geworden sind, dass man sich privaten Besitz kaum noch leisten kann.

Max teilt die meisten der für ihn lebensnotwendigen Produkte. Eine SmartApp sagt ihm für jedes Produkt, wie häufig er es verleihen muss, damit sich seine Anschaffung amortisiert. Dazu greift die App auf eine Real-Time-Datenbank zurück, in der der aktuelle ShareKurs und die durchschnittliche Nachfrage hinterlegt sind. Die App kalkuliert einen individuellen ShareZins und errechnet, wie wahrscheinlich es ist, dass sich das Produkt tatsächlich amortisieren wird. Wenn sich Max zum Kauf entscheidet und das Produkt über den SmartCredit zahlt, gehört es so lange der Bank, bis Max die entsprechenden Credits durch Verleihen und Tilgen ausgeglichen hat.

Zuletzt hat sich Max auf diese Art ein IT-System für seinen Arbeitsplatz angeschafft. Sein Arbeitgeber hat nämlich kein festes Büro, sondern Workspace in einem SharedOffice Building für ihn gemietet. Während Max heute bei Alaska Outdoor ist, arbeitet also jemand anderes an seinem Schreibtisch und kofinanziert das IT-System. Für den Workflow ist das kein Problem, denn wichtige Daten hat sowieso jeder dezentral in der Cloud

SMARTECONOMY

Alaska Outdoor is in big trouble. The company was once hugely successful with its high-priced urban outdoor fashion, which it sold wholesale and in its own online shop. Later, however, Alaska Outdoor missed out on almost every new development, and nearly went bankrupt. Since Alaska Outdoor did at least have a positive final intellectual-capital balance, Fashion Invest – one of the major investment firms specializing in buying businesses that missed the advent of the sharing economy – decided to step in. Thus, Alaska Outdoor is now being made fit for a world in which the consumption behaviour of former days is almost forgotten. In the world of 2025, hardly anybody buys products in order to own them for themselves and eventually throw them away. To many people, the linear consumption behaviour of the past seems no less obscene than wasting credits for materially owning products they seldom, if ever, need. The fact is that the costs of living have become so high that private ownership is out of the question most of the time.

Max shares a major part of the products he needs for daily life with others. A SmartApp tells him how often he has to rent out each product in order to make it pay for itself, by accessing a real-time database that lists the current SharePrice and the average demand. It then computes an individual ShareRate and calculates the likelihood that the product will eventually amortize. If Max decides to buy the product using SmartCredit, it will belong to the bank until Max has rented the product out sufficiently often to be able to pay back the credits used.

In the same way, Max recently acquired an IT system for his place of work. Instead of a dedicated office, Max's employer has given him rented workspace in a SharedOffice building. Today, while Max is at Alaska Outdoor, someone else works at his desk and co-finances the IT system. For the workflow, this is no problem, as important data is stored in the decentralized Cloud. For his pro-active financing approach, Max has even

gespeichert. Max' Arbeitgeber hat ihm für diese Finanzierung aus Eigeninitiative sogar einen Bonus gewährt. Kollaboratives Eigentum ist nicht nur in allen Lebenssituationen und Gesellschaftsschichten angekommen, es ist für alle Beteiligten auch ein echtes Win-Win.

SMARTBUSINESS

Bei Alaska Outdoor werden in der ersten Hälfte des Meetings Interna diskutiert, die Max nicht wirklich interessieren. Er nutzt die Zeit, um einige Anfragen zu beantworten, die über den KnowledgePool an ihn weitergeleitet worden sind. Der Pool hat zuvor mittels eines Algorithmus errechnet, ob er dafür qualifiziert ist, die Anfrage optimal zu bearbeiten, oder ob es im Unternehmen beziehungsweise bei assoziierten Marktbegleitern einen besseren Ansprechpartner gibt.

In der Mittagspause dirigiert SmartMixer Max zielstrebig zu einer Kollegin, die seine Interessen teilt und ihm auf Anhieb sympathisch ist. Wie sich herausstellt, lieben sie beide Hunde; sie entschließen sich spontan, einen Mittagsspaziergang mit dem Vierbeiner eines Mitarbeiters zu machen. Der hatte die Gassirunde in SmartPet inseriert und freut sich nun über die DogwalkCredits und die unverhofft hinzugewonnene Zeit.

$F_{(X\infty)}$ = SHARING²

Nachmittags ist dann bei Alaska Outdoor endlich auch Max mit seinem Wissen gefragt: Er ist Spezialist für Materialflussfragen, der Vorstand erhofft sich von seinem Sachverstand und seinem Wissen Impulse für eine neue Beschaffungs- und Absatzstrategie. Es ist eine von Max' leichteren Übungen, die vollkommen veralteten Sourcing-Strukturen von Alaska Outdoor in der Luft zu zerreißen. Stattdessen stellt er seine Lieblingsformel $f_{(x\infty)}$ = sharing² auf: Die Sharing Economy ist demnach die logische Folge einer Kreislaufwirtschaft. Für Alaska Outdoor heißt das, zunächst die Beschaffung und den Materialfluss der zirkulären Realität anzupassen. Max zeigt den Konferenzteilnehmern einige Datenbanken, in denen die gemeinschaftliche Nutzung von Kunstfasern und Ausrüstungschemikalien gehandelt wird. Er erklärt ihnen, dass Sharing Economy in der Modewelt vor allem den Kreislauf von der Rohstoffbeschaffung bis zum Ende des

received a bonus from his employer. Joint ownership has arrived in all areas of life and strata of society, and it is also a true win-win situation.

SMARTBUSINESS

During the first half of the meeting at Alaska Outdoor, discussion is about internal matters that Max is not really interested in. He uses the time to answer enquiries forwarded to him by the KnowledgePool. The pool has used an algorithm to calculate whether he is optimally qualified to answer these questions, or whether a more suitable contact person exists within the company or partner organizations.

During his lunch break, SmartMixer directs Max to a colleague who shares his interests and whom he instantly likes. It turns out that she is fond of dogs, as he is, and so they spontaneously decide to take a co-worker's dog for a walk. The co-worker had advertised the dog walk on SmartPet, and is pleased to earn some unexpected DogwalkCredits and get some extra free time.

$F_{(X\infty)}$ = SHARING²

In the afternoon, Max's knowledge is finally in demand at Alaska Outdoor. He is a specialist on questions of material flow, and the board hopes that his expertise and knowledge will initialize a new procurement and sales strategy. Pulling apart Alaska Outdoor's totally out-dated sourcing structures is one of Max's easier exercises. To replace them, he proposes his favourite formula, $f_{(x\infty)}$ = sharing², according to which the sharing economy naturally follows from the circular economy. For Alaska Outdoor, this means that, as a first step, procurement and material flow should be adapted to a circular reality. Max presents the conference participants with some databases dealing with the joint usage of artificial fibres and finishing chemicals. He explains to them that, in the world of fashion, »sharing economy« does not necessarily mean cooperatively owning a raincoat. Instead, it applies to the complete life cycle of a product, from

»Ich denke, die größte wahrnehmbare Veränderung ist, dass die Menschen sich nicht mehr einfach dazu entscheiden, ein Fahrzeug zu kaufen, sondern Mobilität.« Shelby Clark, CEO von Peers.org, einer Plattform für den Austausch über Sharing-Economy-Modelle

Lebenszyklus eines Produkts und wieder zurück – also Recycling und Rücknahme – bedeutet und nicht unbedingt den kooperativen Besitz einer Regenjacke.

Anschließend wendet sich die Runde noch einer drängenderen Frage zu: Wo können Outdoor-Jacken überhaupt noch vertrieben werden? Es zeigt sich schnell, dass die Mitbewerber von Alaska Outdoor die offensichtlichen Points of Rent (PoR) – diejenigen Orte, an denen die Über- und Rückgabe von Mietobjekten zwischen Unternehmen und Konsumenten stattfindet und die seit einigen Jahren die bislang von den traditionellen PoS geprägte Handelslandschaft bereichern – schon besetzt haben. Die üblichen Verdächtigen, ein paar große vertikale Modemarken, haben die lukrativsten Vergabestellen untereinander aufgeteilt: Auf U-Bahn-Stationen konzentrieren sich die einen, auf den Kofferraum der Carsharing-Anbieter die anderen. Touristenorte, Festivals und Sportstätten hat sich ein weiteres großes Unternehmen bereits gesichert. Trotzdem gelingt es Max und dem Vorstand, ein neues Vertriebskonzept für den Premiumbereich zu entwerfen: Einige kreative PoR wie Fluglinien und Vermieter von Luxuskoffern haben offensichtlich noch keine Konzessionen an einen Generalvermieter vergeben.

Das Meeting ist gut gelaufen. Die Verantwortlichen bei Alaska Outdoor sind zufrieden. Max auch, denn er kann mit einem positiven Feedback rechnen. Und auch sonst scheint der Tag ein gutes Ende zu nehmen: Max' Mittagspausenbekanntschaft hat sein Profil auf SmartFriend besucht und ihm eine Einladung zu einem Sundowner geschickt. Gemeinsam mit anderen SmartFriends organisiert sie eine Rooftop Networking Party, zu der jeder etwas beiträgt – Drinks, Pintxos, Playlists. Der Hashtag ihrer Einladung: #upintheclouds.

the procurement of raw materials to the recycling of the used product by decomposing it into raw materials, thereby closing the loop.

The discussion then turns to a question that is even more urgent: Where is it still possible to sell outdoor jackets? It quickly turns out that obvious points of rent (PoR) – locations where rental objects can be handed over and back between businesses and consumers and which, for some years, have been enriching the landscape of commerce previously characterized by traditional points of sale – have already been seized by competitors. The usual suspects – a number of major vertical fashion brands – have divided the most promising locations up among themselves, with some specializing in underground stations, and others focusing on the luggage compartments of car-sharing providers. Another competitor has gained an unassailable position in tourist locations, at festivals, and in sports facilities. In spite of this, Max and the board succeed in setting up a new sales concept for the premium sector: some creative points of rent, such as airports and luxury suitcase rental businesses, appear to have not yet awarded concessions to a general lender.

The meeting goes well. The people from Alaska Outdoor are happy. Max is happy too, since he can expect to get positive feedback. The remainder of the day looks great, too: Max's lunch-break acquaintance visited his profile on SmartFriend and sent him an invitation to share a sundowner. With other SmartFriends, she is going to have a rooftop networking party, to which everybody contributes – drinks, pintxos, and playlists. The hashtag of her invitation is #upintheclouds.

HERAUSFORDUNGEN
CHALLENGES

- Den Daten- und Persönlichkeitsschutz respektieren
- Hierarchische Prozesse aufbrechen
- Unternehmerischen Protektionismus abbauen
- Arbeitgeber-Arbeitnehmer-Strukturen neu interpretieren
- Zirkuläre Wertschöpfungsprozesse rechtzeitig erkennen und nutzen
- Sich auf die kollaborative Ökonomie einlassen

- Recognizing the need for data and privacy protection
- Breaking up hierarchical processes
- Reducing corporate protectionism
- Re-interpreting employer-employee structures
- Recognizing and using circular value-creation processes
- Committing to a collaborative economy

»I think the biggest change that we're seeing here is that people are choosing to buy mobility as opposed to just buying a car.« Shelby Clark, CEO of Peers.org, a platform to support the sharing economy movement

In Zukunft wird Kommunikation zum Point of Sale, während Offline- und Online-Erfahrung zu einer Einheit werden. // In the future, communication becomes the point of sale, as offline and online experience merge into one.

ZAHLEN, DATEN, FAKTEN

NUMBERS, DATA, FACTS

CouchSurfing, Airbnb, LeftoverSwap, Hitch, Uber, Lyft, Amazon Family Library, Spotify, SoundCloud – 44 Prozent der erwachsenen US-Bürger können sich unter »Sharing Economy« etwas vorstellen, und fast jeder Fünfte hat schon aktiv beim großen Teilen mitgemacht. Zu diesem Ergebnis kommt das weltweite Beratungsunternehmen PricewaterhouseCoopers (PwC) im Jahr 2015 in einer umfassenden Studie mit dem Titel »The sharing economy«.

Neben weichen Faktoren, wie Gemeinschaftsgefühl, Spaß und Vertrauen, sind es vor allem drei Motive, die der Studie zufolge die Begeisterung für das gemeinsame Konsumieren und Besitzen speisen: finanzielle, ökologische und Komfortaspekte. 86 Prozent derjenigen, die ihren Antworten zufolge mit Sharing vertraut sind, stimmen zum Beispiel der Aussage zu, dass es das Leben erschwinglicher macht. 83 Prozent bestätigen die Aussage, es mache das Leben bequemer. Und immerhin 78 respektive 76 Prozent sagen, dass Sharing Abfall reduziere bzw. gut für die Umwelt sei.

Der Markt für gemeinsamen Konsum ist riesig. Die fünf attraktivsten Felder sind Reisen, Automobilität, Kapitalbeschaffung, Personal und Streaming. Allein für diese Sektoren errechnete PwC für das Jahr 2014 ein Marktvolumen von 15 Milliarden US-Dollar; für das Jahr 2025 prognostizierte die Wirtschaftsprüfungsgesellschaft einen Anstieg auf 335 Milliarden US-Dollar. Im Jahr 2015 dürften die beiden bekanntesten Sharing-Anbieter die Übernachtungsplattform Airbnb und der Mobilitätsdienstleister Uber gewesen sein.

Zur besseren Einordnung: Uber wurde im März 2009 gegründet. Im März 2016 wurde der Börsenwert des Vermittlungsdienstes mit circa 50 Milliarden US-Dollar beziffert – mehr als die durchschnittliche Marktkapitalisierung alteingesessener Fluggesellschaften. Und über Airbnb haben laut eigenen Angaben des Unternehmens im Jahr 2015 mehr als 30 Millionen Gäste eine Übernachtung gebucht, darunter allein eine Million an einem Spitzentag im August.

Woher kommt dieser Boom? Zunächst lässt sich festhalten, dass es eine äußerst attraktive Zielgruppe ist, die sich für das Teilen begeistert: Den größten Enthusiasmus löst die Sharing Economy in der Altersgruppe der 18- bis 24-Jährigen,

CouchSurfing, Airbnb, LeftoverSwap, Hitch, Uber, Lyft, Amazon Family Library, Spotify, SoundCloud – 44 percent of US adults are familiar with the sharing economy, and nearly one in five has engaged in a sharing-economy transaction. These findings are taken from a comprehensive study entitled »The sharing economy«, conducted by PricewaterhouseCoopers (PwC) in 2015.

Three motives provide the main drivers of enthusiasm for joint consumption and ownership: financial, environmental, and convenience-related. For instance, 86 percent of those familiar with the sharing economy agree that sharing makes life more affordable. 83 percent agree that it makes life more convenient and efficient. And 78 percent say that the sharing economy reduces waste, whilst 76 percent agree that it is better for the environment.

The market for joint consumption appears to be huge. The five most attractive fields are travelling, automobility, capital procurement, personnel and streaming. For these sectors alone, PwC calculated a market volume of 15 billion US dollars in 2014; for 2025, they predicted that this would increase to 335 billion US dollars. In 2015, the best-known sharing providers are arguably the lodging platform Airbnb, and the mobility service provider Uber.

To get a clearer picture: Uber was founded in March 2009. In March 2016, the market value of the transportation network company was estimated at 50 billion US dollars – a greater value than the average market capitalization of long-established airline companies. And according to Airbnb, the company booked stays for a total of 30 million guests in 2015, with one million people booking on one August day alone.

Where does this boom come from? Firstly, we can say that those who are excited about sharing form an extremely attractive target group. The sharing economy meets with the greatest enthusiasm in the 18–24 age group, and among those who earn an annual income of 50,000 to 75,000 US dollars. This target group has

Abb. | Fig. FS8 **Die große Bereitschaft zu teilen** // The strong commitment to sharing

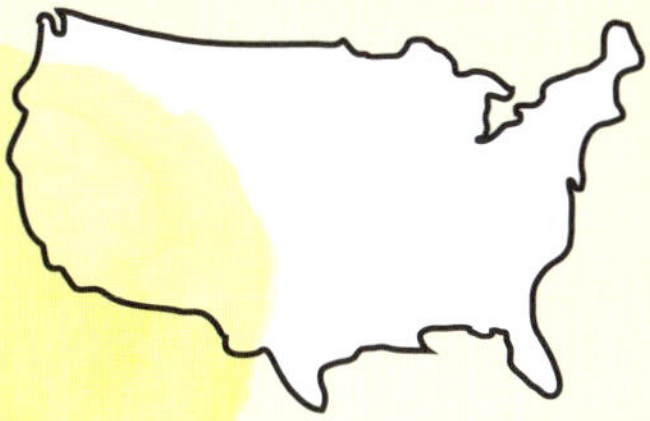

44 %

der US-Bürger können sich vorstellen, Sharing-Economy-Angebote zu nutzen. // of US adults are familiar with the sharing economy.

Davon meinten ... // Among those, ...

86 %, dass Sharing das Leben erschwinglicher macht. // agree that sharing makes life more affordable.

78 %, dass Sharing Abfall reduziert. // agree that sharing reduces waste.

83 %, dass Sharing das Leben bequemer macht. // agree that sharing makes life more convenient and efficient.

76 %, dass Sharing gut für die Umwelt ist. // agree that sharing is better for the environment.

Die größte Zustimmung erfährt Sharing in der Gruppe der 18- bis 24-Jährigen mit einem durchschnittlichen Einkommen von 50.000 bis 75.000 US-Dollar. // The sharing economy is met with the greatest enthusiasm in the 18–24 age group, and among those who earn an annual income of 50,000 to 75,000 US dollars.

Quelle // Source: www.pwc.com/CISsharing

64 %

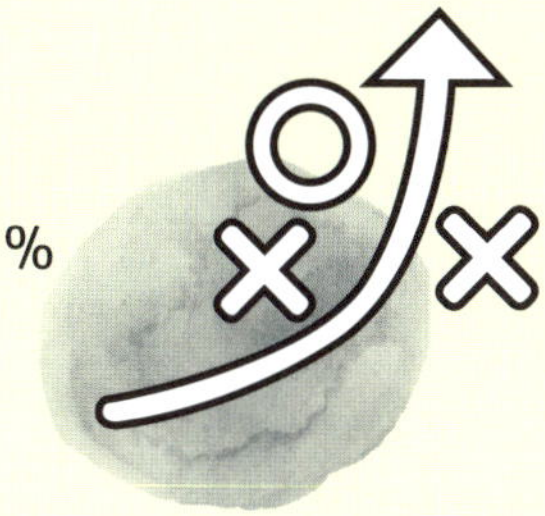

der Verbraucher sagen, dass in der Sharing Economy die Kontrolle durch die Verbraucher selbst wichtiger ist als die staatliche Kontrolle. // of consumers say that in the sharing economy, peer regulation is more important than government regulation.

69 %

sagen, dass sie keinem Unternehmen der Sharing Economy vertrauen, das ihnen nicht von jemandem empfohlen wird, dem sie vertrauen. // say they will not trust sharing economy companies until they are recommended by someone they trust.

bei Konsumenten mit einem jährlichen Haushaltseinkommen zwischen 50.000 und 75.000 US-Dollar und bei Familien mit Kindern unter sechs Jahren aus. Diese Zielgruppen sind in dem Bewusstsein aufgewachsen und ausgebildet worden, dass Start-ups, eine freiberufliche Existenz und Ich-AGs zum normalen Wirtschaftsalltag gehören. Nun solidarisieren sich diese »Micropreneure« und ihre Mitarbeiter untereinander und entwickeln in Nischen Geschäftsmodelle der Sharring Eonomy.

Dem Verhalten der Digital Natives, der Generation, die komplett in einer vom Web geprägten Gesellschaft aufgewachsen ist, kommt also in der Transformation hin zu einer »phygitalen« (siehe Future Scenario »Contradictive Consumers«, S. 31 ff.) Gesellschaft eine Schlüsselfunktion zu. 69 Prozent treffen Kaufentscheidungen beispielsweise auf Empfehlungen von Freunden hin. Und bei 90 Prozent aller Käufe lassen sie sich von online abgegebenen Bewertungen beeinflussen. Marktplätze innerhalb sozialer Netzwerke (Social Communities) und ein Handel, der durch persönliche Beziehungen und den Austausch der Kunden untereinander geprägt ist (Social Commerce), gewinnen so immer mehr an Bedeutung. Konsequenterweise wird ihr rapide steigendes Volumen einer der Wachstumstreiber des gesamten E-Commerce in der Sharing Economy sein.
www.pwc.com/CISsharing

learned from early-on to see start-ups, freelancing, and Brand You as part of everyday business. These »micropreneurs« and their employees have now come together to develop niche business models for the sharing economy.

The behaviour of the digital natives – the generation that has grown up entirely in a Web-dominated society – thus plays a key role in the transformation toward a »phygital« (see the »Contradictive Consumers« future scenario on pp. 31 ff.) society. 69 percent make their purchasing decisions based on suggestions from friends. And 90 percent of their buying decisions are influenced by online ratings. Consequently, the rapidly growing volume of social commerce – characterized by personal relationships and interactions between customers – and social communities – markets embedded in social media – will be one of the major growth drivers of e-commerce in the sharing economy.
www.pwc.com/CISsharing

FOKUS // FOCUS: SHARING ECONOMY

Als Konzept erfuhr die Sharing Economy ihren ersten Boom im Jahr 2010: Online-Tausch- und -Leihplattformen wie NeighborGoods oder SnapGoods waren angetreten, um traditionelle Konsumformen zu revolutionieren. »Wer braucht eine Bohrmaschine, wenn er ein Loch in der Wand haben möchte?«, war die Suggestivfrage, die aufzeigen sollte, warum geteilter Besitz und Teilhabe rational seien. Für ihre Konsum- und Kapitalismuskritik wurden die Vorreiter der Sharing Economy in den Medien weltweit hymnisch gefeiert.

In der Mitte der Gesellschaft angekommen ist diese Einstellung, trotz der beeindruckenden Zahlen aus der PwC-Studie, jedoch nach wie vor nicht. Vielmehr sind die von ihr inspirierten Plattformen entweder bedeutungslos geworden oder gleich wieder ganz verschwunden. Was ist da passiert? Ohne sie überhaupt laut auszusprechen, haben Amazon und Co. die Gegenfrage gestellt: »Wer fährt eine halbe Stunde quer durch die Stadt, um für 10 Euro eine Bohrmaschine zu leihen, die er anschließend wieder zurückbringen muss, wenn er sie online für 30 Euro kaufen kann und am selben Tag geliefert bekommt?« Und die Konsumenten haben geantwortet: »So gut wie niemand.«

Neben dem kooperativen Konsum fußt Sharing Economy auf weiteren Ideen wie der Maker-Bewegung (der demokratisierten und dezentralen Produktion von Gütern und Dienstleistungen), Privatfinanzierung (Crowdfunding und Peer-to-Peer-Krediten) und frei zugänglichem Wissen (Open-Source- und Open-Knowledge-Ansätzen). Doch auch diese Konzepte haben ihre Schwachstellen. Sie leiden darunter, dass die Halbwertszeit neuer Ideen in der digitalen Welt gnadenlos kurz ist: Waren Crowdfounding und Schwarmintelligenz gestern noch hip, sind sie heute schon uncool und radikal out. Oder sie sind – wie im Fall von privat vermittelten Dienstleistungen, zum Beispiel Übernachtungen und Mitfahrgelegenheiten – schnell und geräuschlos in die Marktmechanismen des Kapitalismus integriert worden, die zu kritisieren oder gar auszuhöhlen sie ursprünglich angetreten waren.

Ist die Sharing Economy deshalb zum Scheitern verurteilt? Mitnichten. Aber sie hat ihre Unschuld verloren und taugt zumindest nicht mehr zur blauäugigen Kapitalismuskritik.

As a concept, the sharing economy saw its first boom in 2010: online swapping and sharing platforms, such as NeighborGoods or SnapGoods, set out to revolutionize traditional forms of consumption. »Who needs a drilling machine if all you want is a hole in the wall«, was one of the leading questions used to demonstrate the rational reasons for joint ownership and sharing. Around the world, the pioneers of the sharing economy were being praised ecstatically for their stand against consumption and capitalism.

Despite the impressive numbers presented in the PwC study, however, this attitude has failed to become mainstream. Instead, most of the platforms have become irrelevant, or have disappeared altogether. So what happened? Without even saying it out loud, Amazon and Co. posed the counter-question: »Who drives half an hour through town to borrow a drilling machine when you can buy it online for 30 euros and have it delivered the same day?« And consumers answered: »Barely anybody.«

Apart from cooperative consumption, other ideas drawn on by the sharing economy include the maker movement (the democratized and decentralized production of goods and services), private funding (crowd funding and peer-to-peer loans), and freely accessible knowledge (open-source and open-knowledge approaches). These concepts, however, have weaknesses of their own. They suffer from the fact that, in the digital world, the half-life periods of new ideas are excruciatingly short: crowd funding and swarm intelligence, still hip yesterday, are uncool and out-dated today. Or, as with privately brokered services such as accommodation or real-time ridesharing, they have been quickly and unspectacularly integrated into the very market mechanisms of capitalism they had initially set out to challenge or even undermine.

Does this mean that the sharing economy is doomed to failure? Not at all. But it has lost its innocence. At any rate, it no longer lends itself to being naively advocated

Vielmehr ist sie eingehegter Teil der freien Marktwirtschaft geworden. Evolutionäre Unternehmen (siehe Future Scenario »Economic Evolution«, S. 11 ff.) werden dabei durchaus in der Lage sein, Effizienzsteigerungen in vorgelagerten Wertschöpfungsprozessen zu bewirken, ohne auf unethische Geschäftspraktiken wie pure Kostenreduzierungen oder schiere Ausbeutung ihrer Mitarbeiter zurückgreifen zu müssen.

»Intra-Corporative« – also die gemeinsame Nutzung von Produktionsmitteln und Wissen innerhalb von Unternehmen – wird in der Sharing Economy 2.0 den gemeinsamen, privaten Bohrmaschinenbesitz ablösen und Teilen und Zusammenarbeit auf ein auch wirtschaftlich interessantes Niveau heben. Und auch der Abgesang auf das Konzept der gemeinsamen Verfügbarkeit im Gegensatz zum individuellen Eigentum ist verfrüht: Denn auch wenn Konsum heute vielfach schwindelerregend billig zu haben ist, wird dies in Zeiten schwindender Ressourcen nicht immer so bleiben. Kritik an Übersättigung und rücksichtslosem Verbrauch von Naturstoffen behält also weiterhin ihre Berechtigung. Was heute schon für teure Anschaffungen wie Autos gilt, wird zukünftig zwar nicht für alle, aber doch für viele Produkte gelten: Wieso das Vehikel anschaffen, wenn nur sein Nutzen interessiert?

Zusammenfassend lässt sich über die Sharing Economy Folgendes festhalten:

- Die Online-Handelsprozesse der Sharing Economy werden durch digital-integrale Systeme, die Online-Offline-Konvergenz mit kollaborativer Wertschöpfung von zwei oder mehr Unternehmen verbinden, elementar verändert: beispielsweise durch smarte Applikationen oder Affiliate-Programme, bei denen ein Hauptanbieter Vertriebspartner in seinen Webauftritt einbindet und ihnen eine Vermittlungsprovision gewährt. Diese Systeme brechen traditionelle Wertschöpfungsketten auf und setzen sie neu zusammen.
- Kunden werden kritischer. Aktives Empfehlungsmarketing und die Moderation von Peer-to-Peer-Diskussionen werden für Unternehmen an Bedeutung gewinnen. Angesichts der Vernetzung der Konsumenten und ihres permanenten Austauschs führen für Käufer nachteilige Praktiken wie geplante Obsoleszenz (siehe das Dossier »Design«, S. 184 ff.) zum

as an alternative to capitalism. Instead, it has become a fenced-in part of the market economy. Evolutionary businesses (see the »Economic evolution« future scenario on pp. 11 ff.) might be able to enhance efficiency in upstream value-creation processes without resorting to unethical business practices such as pure cost reductions and the exploitation of people. But how, specifically, would they do this?

In the sharing economy 2.0, intra-corporate joint usage of resources and knowledge will replace the joint private ownership of drilling machines, and will raise sharing and cooperation to a level where it becomes economically interesting. Similarly, we are not yet ready to say farewell to the concept of joint ownership as opposed to private possession. Consumption is often dizzyingly cheap today, but this could change in the future as resources start to run short, justifying continued criticism of over-saturation and inconsiderate usage of resources. What applies to purchasing expensive cars today will, in the future, apply to many products, although not to all products: Why should I buy a vehicle if all I really want is the benefits of using it?

To summarize, we can say about the sharing economy:

- Digital-integral systems that combine online-offline convergence with collaborative value creation by two or more businesses – e. g., affiliate programmes where a primary provider integrates distribution partners into his website and pays them a commission, or smart applications – will fundamentally change the e-commerce processes of the sharing economy, breaking up traditional value chains and recombining them in new ways.
- Customers become more critical. Word-of-mouth marketing and the moderating of peer-to-peer discussions will become more important to businesses. With customers increasingly interconnected and continually interacting, businesses that adopt practices disadvantageous to customers such as obsolescence

unkalkulierbaren Risiko des Verlusts von Reputation bei Unternehmen.

- Kundenbindungssysteme erhalten in der Sharing Economy noch größere Bedeutung, als sie heute schon besitzen.
- Dienstleister für Dienstleister, sogenannte Continuity Services, werden in der Sharing Economy unabdingbar. Sie ermöglichen die smarten Verbindungen von einer Online-Plattform zur anderen und steigern damit den Kundennutzen.

(see the »Design« dossier on pp. 184 ff.) incur the incalculable risk of losing their reputation.

- In the sharing economy, customer loyalty systems become even more important than they are today.
- Service providers for service providers – so-called continuity services – will be indispensable in the sharing economy. They facilitate smart interconnections between online platforms, thus increasing customers' benefits.

Der von dem Künstler Jay Nelson entworfene Patagonia Worn Wear Truck fährt mit Biodiesel und betreibt seine Nähmaschinen mit Sonnenenergie. // Designed by artist Jay Nelson, the Patagonia Worn Wear wagon runs on biodiesel while driving and solar power when the sewing machines are spinning.

BEST PRACTICE

PATAGONIA IST SCHON IN DER SHARING ECONOMY ANGEKOMMEN

Einer der bekanntesten und versiertesten Player auf der Klaviatur der Sharing Economy innerhalb der Modebranche ist wohl unbestritten Patagonia. Mit seiner »Reduce, Reuse, Recycle«-Kampagne macht das Unternehmen schon seit Jahren Schlagzeilen. Für die größten sorgte es wahrscheinlich 2011 mit einer ganzseitigen Anzeige in der New York Times anlässlich des Black Friday (des Freitags nach Thanksgiving, an dem in den USA traditionell die Zeit der Weihnachtseinkäufe beginnt). Unter dem Motto »Don't buy this jacket« stellte der kalifornische Ausrüster und Hersteller von Outdoor-Bekleidung den besinnungslosen Konsum der Vorweihnachtszeit infrage. Die Weiterentwicklung des Kampagnenkonzepts heißt »Worn Wear«. Patagonia kombiniert mehrere digitale und analoge Elemente. Ein Online-Blog, auf dem Kunden Geschichten und Fotos über ihre Lieblingsstücke aus der Patagonia-Kollektion mit anderen Kunden teilen, ist das Herz der »Worn Wear«-Kampagne. Es wird ergänzt durch physische Elemente wie einen Reparaturservice, der mit einem historischen Pick-up durchs Land fährt, und ein Angebot zum Recycling, falls ein Teil mal gar nicht mehr zu retten sein sollte.

Darüber hinaus geht Patagonia immer häufiger Kooperationen mit Start-ups der Sharing Economy ein – so mit Yerdle oder iFixit. Über die App Yerdle können Nutzer Gegenstände tauschen, für die sie keine Verwendung mehr haben, oder sie gegen Credits verkaufen. Patagonia bietet auf Yerdle nun seine per Recycling- und Reparaturservices zurückgenommenen »Worn Wear«-Produkte an. Einen Nutzen aus dieser Kooperation ziehen alle Beteiligten: Yerdle profitiert von zusätzlichem Volumen, Patagonia sammelt Glaubwürdigkeitspunkte, und die Nutzer freuen sich über das vergrößerte Angebot.

Nicht um Umsatz, sondern um Reputation und Glaubwürdigkeit geht es bei der Kooperation zwischen Patagonia und der Plattform iFixit. Dort helfen sich Konsumenten gegenseitig, kaputte Gegenstände zu reparieren. Patagonia hat Pflege- und Reparaturanleitungen für seine Produkte eingestellt und ermöglicht seinen Kunden damit, sie länger zu nutzen.

http:// wornwear.patagonia.com | www.yerdle.com | www.ifixit.com/Patagonia

PATAGONIA HAS ALREADY ARRIVED IN THE SHARING ECONOMY

Patagonia is certainly a well-known business well-versed in the principles of the sharing economy. Its »Reduce, Reuse, Recycle« campaign has made headlines for years. Arguably the most prominent example was a full-page ad in The New York Times timed for Black Friday – the Friday after Thanksgiving and traditional beginning of the holiday shopping season in the US. Under the »Don't buy this jacket« slogan, the Californian outfitter and outdoor wear manufacturer questioned the mindless consumption of the pre-Christmas period. Patagonia's next-generation campaign concept goes by the name of »Worn Wear« and sees the business combining digital and analogous elements. The central hub of the »Worn Wear« campaign is provided by a blog where customers can share stories and pictures of their favourite pieces from the Patagonia collection. The campaign includes physical elements, such as a repair service travelling the country in a historic pick-up, and an offer of a recycling service if a piece is beyond repair.

Patagonia also frequently enters into collaborations with start-ups from the sharing economy, such as Yerdle or iFixit. Customers can use the Yerdle app to swap objects they no longer need, or buy them for credits. Through Yerdle, Patagonia now offers »Worn Wear« products collected through its recycling and repair services. This is a win-win situation for everybody involved: Yerdle benefits from the additional volume generated, Patagonia gains points in terms of credibility, and platform users are happy about the extended options. The collaboration between Patagonia and the iFixit platform is about reputation and credibility rather than sales volume: it lets consumers help each other fix broken things. Patagonia has posted maintenance and repair manuals for its products, enabling users to use them for a longer period.

http:// wornwear.patagonia.com | www.yerdle.com | www.ifixit.com/Patagonia

INNOVATIONEN
INNOVATIONS

500 FOLLOWER = 1 US-DOLLAR

Follower werden zum Zahlungsmittel. Die norwegische Modemarke *Onepiece* belohnt Fans, die freiwillig zu ihren Botschaftern werden. Dafür hat sie eine neue Art von Währung oder Social Currency etabliert. Das Prinzip: Beim Check-out im Online-Shop kann man seine Accounts bei Facebook, Instagram, Twitter, Tumblr, Vine, Pinterest oder YouTube mit dem Bezahlsystem von Onepiece synchronisieren. Jeweils 500 Follower werden in einen US-Dollar umgewandelt.
www.onepiece.com

FASHION FLATRATE

Die Gemüsekiste für Fashionistas. Mit Rückgabeoption. Was sich für Modejunkies wie ein Traum anhört, macht der in San Francisco ansässige Modeaboservice *Le Tote* wahr: Kundinnen bekommen zu einem monatlichen Fixpreis Kleidung und Accessoires versandkostenfrei zugestellt. Was gefällt, wird gekauft. Was nicht gefällt, wird wieder abgeholt. Durch die Auswertung der Käufe und Rückgaben lernt Le Tote seine Kundinnen dabei über die Zeit immer besser kennen, die Trefferquote beim Inhalt der Pakete steigt von Sendung zu Sendung.
www.letote.com

VERLEIH DEINE GARDEROBE

»Guilt-Free Unlimited Wardrobe« lautet der Claim des Pariser Start-ups *Rentez-vous*. Das Ziel von Gründerin Fiona Disegni: die Demokratisierung von High Fashion. Über eine Mitgliedschaft in der Rentez-vous-Swap-Community können Modebegeisterte besondere Stücke aus ihrer Garderobe Gleichgesinnten präsentieren und sie mit ihnen teilen, indem sie sie für 15 Prozent des ursprünglichen Kaufpreises eine Woche lang verleihen. Die Verlängerung privater Kleiderschränke ins Internet bedeutet nicht nur, dass die Nutzer quasi unbegrenzten Zugang zu sonst hochpreisigen Styles haben, sondern auch, dass sie ihre teuren Schätze über Leihgebühren refinanzieren können.
www.rentez-vous.com

500 FOLLOWERS = 1 US DOLLAR

Followers are becoming a currency. The Norwegian fashion brand *Onepiece* rewards customers that volunteer to be brand messengers. To achieve this, they have established a new type of social currency. When checking out, customers can synchronize their Facebook, Instagram, Twitter, Tumblr, Vine, Pinterest, or YouTube accounts with the Onepiece payment system, with every 500 followers being converted into one US dollar.
www.onepiece.com

FASHION FLAT RATE

The grocery box for fashionistas, with a return option – it sounds like a dream for fashion junkies, but *Le Tote*, a San Francisco fashion subscription service, makes it a reality. For a fixed monthly fee, female customers receive dresses and accessories free of shipping costs. They purchase what they like and return what they don't. By evaluating customers' purchases and returns, Le Tote gets to know them better and better, and the hit rate improves from shipment to shipment.
www.letote.com

RENTING OUT YOUR WARDROBE

Rentez-vous, a Paris-based start-up, claims to offer a »guilt-free unlimited wardrobe«. Founder Fiona Disegni aims to democratize high fashion. As members of the Rentez-vous swap community, fashion enthusiasts can display special pieces from their wardrobe for like-minded people, and can also share them. The extending of private closets via the Internet means that users have nearly unlimited access to high-priced styles, and can refinance their expensive treasures by way of rentals.
www.rentez-vous.com

... UND VIELE MEHR

Es gibt unzählige weitere Beispiel für Sharing-Economy-Konzepte in der Modebranche: *Kidizen* ist ein Special-Interest-Peer-to-Peer-Marktplatz für Baby- und Kinderkleidung, Kinderschuhe und Spielzeug. Demgegenüber haben sich *Poshmark* und *Kleiderkreisel* darauf spezialisiert, verkaufs- und kaufwillige Erwachsene miteinander in Kontakt zu bringen. *Rocksbox* wartet mit einem Abonnement- und Mietservice für Schmuck auf. *Armarium* bietet in New York City einen Mietservice für Luxusmode, die für Normalsterbliche üblicherweise unerschwinglich ist. *House of Bubbles* hat den Gedanken des gemeinsamen Besitzens nach Brasilien getragen: Über eine Mitgliedschaft erhalten Luxuskonsumenten in São Paulo Zugriff auf Key Pieces von angesagten High-Fashion-Marken. Um sie, statt sie zu kaufen, einfach auszuleihen.

www.kidizen.com | www.poshmark.com | www.kleiderkreisel.de
www.rocksbox.com | www.armarium.com | www.houseofall.co

... AND MUCH MORE

An infinite number of additional examples of sharing-economy concepts could be mentioned: *Kidizen* is a special-interest peer-to-peer marketplace for babywear, children's clothes and shoes, as well as toys. *Poshmark* and *Kleiderkreisel* specialize in putting adults who wish to sell or buy things in touch with each other. *Rocksbox* offers a jewellery subscription and rental service. In New York City, *Armarium* provides a rental service for the kind of luxury fashion that ordinary mortals normally cannot afford. *House of Bubbles* has introduced the idea of joint ownerships to Brazil: joining gives luxury consumers from São Paulo access to key high-fashion brand pieces – which they borrow rather than buy.

www.kidizen.com | www.poshmark.com
www.kleiderkreisel.de | www.rocksbox.com
www.armarium.com | www.houseofall.co

TO DO'S

- **Kreative Partizipationsmöglichkeiten und eigene Dienstleistungen entwickeln**
- **Allianzen zur kollaborativen Wertschöpfung schmieden**
- **Design neu interpretieren**
- **Produkte und Dienstleistungen für eine gemeinschaftliche Nutzung konzipieren**
- **Geeignete Kooperationspartner für Vertriebsmöglichkeiten in der Sharing Economy finden**
- **Neue Player im Blick behalten und evaluieren, wann und unter welchen Bedingungen eigene Produkte und Dienstleistungen für die Sharing Economy geeignet sind**

- Developing creative participating opportunities and services
- Forming alliances for collaborative value creation
- Re-interpreting design
- Conceiving products and services for joint usage
- Finding suitable cooperating partners to open up distribution opportunities in the sharing economy
- Keeping an eye on new players; evaluating when and under what conditions one's products and services can be compatible with the sharing economy

»Für 1.000 Jeans, die wir verkaufen, sollen andere 2.000 weniger verkaufen.«

Besitz versus Teilhabe. Was bedeutet diese Idee für die Mode? ***Bert van Son****, Entrepreneur und Inhaber des niederländischen Start-ups Mud Jeans, verleast seit 2012 Jeans. Was Sharing für die Textilbranche an Chancen und Herausforderungen mitbringt – Bert van Son im Interview. //* ***Ownership versus participation – what does this concept mean for fashion? Bert van Son, entrepreneur and owner of the Dutch start-up Mud Jeans, has been leasing out jeans since 2012. In the following interview, he talks about the opportunities and challenges offered by sharing for the fashion industry.***

Wie wichtig ist Besitz?

Besitz kann ziemlich wichtig sein. Wenn man zum Beispiel Eigentümer eines Hauses ist, dann ist das nicht so schlecht. Aber es gibt einen Unterschied zwischen besitzen und besitzen – denn es kommt auf das Objekt an, um das es geht. Für Gebrauchsgegenstände ist Besitz meiner Meinung nach nicht wichtig. Nehmen wir eine Waschmaschine – man muss nicht der Besitzer einer Waschmaschine sein. Ihre Leistung ist wichtiger als das hässliche Gerät an sich. In meinem ersten Beispiel ist die Situation eine andere: Das Eigentum an einer Immobilie trägt wesentlich dazu bei, dass sie demjenigen, der sie besitzt, Sicherheit gibt. Und Sicherheit ist etwas, was Menschen schon immer gern hatten. Jedenfalls geht es mir so. Und ich spüre das im Moment auch ganz besonders, weil einem als Start-up jegliche Sicherheit fehlt (lacht).

Für das Konzept von Mud Jeans ist Eigentum aber eher kontraproduktiv ...

Unser Konzept besteht ja nicht nur aus Sharing. Zunächst einmal ist es unser Anspruch, unsere gesamte Lieferkette zu kennen und sicherzugehen, dass die Jeans ordentlich produziert werden. Ordentlich heißt für mich, dass beim Baumwollanbau für unsere Hosen so wenig Pestizide und Insektizide wie möglich benutzt werden. Dass die Bauern einen fairen Lohn bekommen. Dass unsere Jeans in Fabriken gewaschen und genäht werden, die von der Fair Wear Foundation überprüft werden. Kurz, dass entlang unserer Lieferkette annähernd solche Bedingungen herrschen, wie wir das in Europa für selbstverständlich erachten.

How important is it to own things?

Possession can be quite important. It's not too bad to own a home, for instance. But there is owning and owning: it depends on the objects we are talking about. For commodities, ownership is not important, I would say. Consider a washing machine – there is no need to own a washing machine. What it does is more important than the ugly device itself. In my first example, however, the situation is different: ownership of a property considerably contributes to your sense of security. And security is something people have always been fond of. At least, that's how I feel. And as the owner of a start-up, which doesn't give you any sense of security, I know what I'm talking about (laughing).

For the concept of Mud Jeans, however, ownership is rather counterproductive...

Our concept isn't limited to sharing. First of all, we have the ambition to know our entire supply chain and to ensure that the jeans are produced in a decent way. »Decent« means that the cotton for our jeans is produced using the least possible amount of pesticides and insecticides, that farmers are fairly paid, and that our jeans are washed and sewn in factories that are checked by the Fair Wear Foundation. In a nutshell, »decent« means that the conditions along our entire supply chain aren't much inferior to those we take for granted in Europe.

»If we sell a thousand pairs of jeans, others will sell two thousand less.«

Aber die größte Aufmerksamkeit kommt bei Mud Jeans dem Vermarktungsmodell zu.

Auf öko und sozial machen viele. Was uns unterscheidet, ist unser Lease-a-Jeans-Konzept, bei dem derjenige, der uns seine alte Mud Jeans zurückbringt, Rabatt auf eine neue bekommt. Wir machen das, weil wir die Baumwolle von einer zurückgegebenen Jeans wieder benutzen können. So versuchen wir, unsere Rohstoffe in einem Kreislauf zu halten und das lineare Modell der Jeansproduktion, Kauf – Tragephase – Müll, zu durchbrechen.

Kann es für Modeartikel ein gemeinsames Besitzen überhaupt geben? Die Jeans, die ich anhabe, ist meine Hose. Die teile ich mir doch nicht mit meinem Nachbarn! Wenn ich eine Hose leihen will, dann gehe ich in den Kostümverleih ...

Das ist etwas anderes. Aber ein Kostüm brauche ich vielleicht zweimal im Jahr, und da sind wir wieder dabei, dass kaufen bei so einem Produkt meiner Ansicht nach keinen Sinn hat. Eine Jeans trägt man das ganze Jahr über. Wir machen es auch ein bisschen anders – und das kommt sehr gut an bei unserer Kundschaft: Nachdem wir die Jeans wieder zurückgenommen haben, reparieren wir oder, wie es heute heißt, upcyclen wir sie, und dann geht sie als Vintage Jeans wieder in den Verkauf. Dazu geben wir ein kleines Booklet mit der Story des vorherigen Trägers, damit wird sie zu einem etwas anderen, neuen Produkt. Das ist eben nicht nur Sharing von Jeans, sondern auch Teilen von Emotionen und Teilen einer Geschichte.

Wo ist dabei der Unterschied zu einem Second-Hand-Laden?

Was wir von unseren Kunden hören, ist, dass sie es sehr schön finden, eine Jeans, die sie runtergetragen haben oder die ihnen nicht mehr passt oder gefällt, tauschen zu können. Sie haben dann ein Gefühl, das wir »guilt-free«, also positiv-unschuldig nennen. Und das mögen unsere Kunden. Sie haben Spaß und ein gutes Gewissen und können eine neue Jeans bekommen, ohne das Gefühl zu haben, dass für ihren Konsum die Natur oder Menschen leiden mussten. Und sie wissen, dass wir etwas Intelligentes damit anstellen werden, wenn sie eine Jeans an uns zurücksenden. Entweder reparieren wir sie oder

At Mud Jeans, however, the main focus is on the marketing model.

There are many who flaunt their environment-friendliness and social-mindedness. What sets us apart is our Lease-a-Jeans concept: if you return your old Mud Jeans, you get a discount on your new one. We do this because we can reuse the cotton from the old jeans. We thus try to keep our raw materials circulating and to break out from the linear model of production, purchase, usage, and disposal.

Is it actually possible to jointly own a fashion item? The jeans I wear are my jeans. I wouldn't share them with my neighbour, would I? If I want to borrow a pair of trousers, I go to a costume rental business...

That's different, of course. Consider a women´s suit, however. You may perhaps need it twice a year. Once again, we have an example where it doesn't make sense to buy such a product. A pair of jeans is something you wear throughout the year. Here, too, our approach is somewhat different – and very popular with our customers. After taking back a pair of jeans, we repair them – or, in modern language, we upcycle them – so we can resell them as Vintage Jeans. We even add a small booklet telling the story of the previous wearer, thereby turning the jeans into a new and different product. This is not just about sharing a pair of jeans; it's about sharing emotions, about sharing a story.

What sets your business apart from a second-hand store?

What we hear from our customers is that they like the idea of returning a pair of jeans that they have worn down, or that no longer fit or suit them. It gives them a feeling we call »guilt-free«. Our customers really like that. They can have fun with a clear conscience, and they can get a new pair of jeans without having the feeling that nature or other people suffered for it. And they know that we will do something intelligent with

wir machen neue Stoffe daraus. Das ist clever und das gefällt unseren Kunden.

Was sind das für Kunden, die sich so viele Gedanken über Jeans machen?

Das kann ich leider auch nicht mit letzter Sicherheit sagen – obwohl wir versuchen, viel über sie herauszufinden. Wir untersuchen zum Beispiel intensiv unsere Social Media Follower. Dort kommen wir zu folgendem Bild: 30 plus, gut gebildet, Kinder im Haushalt, essen tendenziell biologisch, reisen viel ... Wir nennen sie Conscious Explorers.

Sind das nicht einfach nur Hedonisten?

Einige von ihnen ganz bestimmt. Bei denen ist die Selbstbestätigung, etwas Gutes zu tun, ein Teil ihrer Kaufentscheidung. Wir stoßen bei unserer Marktforschung immer wieder auf Kunden, die ich sehr interessant finde: Sie kaufen drei billige T-Shirts bei Primark, wissen aber, dass das nicht gut ist, weil es irgendwo in der Kette jemanden geben muss, der unfair behandelt wird und der diesen Schleuderpreis ermöglicht. Und weil sie das ahnen, kaufen sie dann auf der anderen Seite eine gute Jeans, um die negativen Effekte der drei T-Shirts zu kompensieren. Paradox, oder?

Man könnte sagen: moderner Ablasshandel. Kommen wir zurück zum Sharing-Konzept: Es funktioniert so, dass Mud Jeans Hosen verkauft, aber im Besitz des Materials bleibt, aus dem sie gefertigt wurden. Wie funktioniert das *en détail*?

Es ist ein Gentlemen's Agreement zwischen unseren Kunden und uns. In dem schon erwähnten Booklet erklären wir außerdem unsere Idee und bitten den Käufer freundlich, diesem Agreement zuzustimmen. Dass es für ihn also okay ist, dass er nur die Nutzungsphase der Hose gekauft hat, ihr Rohmaterial aber in unserem Besitz bleibt. Wenn der Kunde unserer Idee zustimmt – er muss dafür nichts weiter tun, als sie gut zu finden –, dann bitten wir ihn außerdem, uns die Hose nach dem Tragen wieder zurückzuschicken. Egal, ob nach einem Jahr oder nach zehn. Aber wir werden unseren Kunden nicht mit Verträgen vorschreiben, was sie zu tun haben – alles, was wir

the jeans they have handed in. We either repair it, or we reprocess it into new textiles. That's clever, and our customers like it.

Who are these customers who think so much about jeans?

That is a question I cannot ultimately answer – even though we try to find out a lot about them. We conduct in-depth enquiries into our social media followers, for instance. The picture that emerges is: 30 plus, well-educated, households with children, a penchant for organic food and a lot of travelling... we call these people »conscious explorers«.

Aren't they simply hedonists?

Some certainly are. For them, the self-affirmation they get from doing good is part of their buying decision. When conducting market research, we frequently meet people that I personally find very interesting: they buy three cheap T-shirts from Primark, knowing that such a cheap price is only possible because someone along the supply chain gets treated unfairly. And since they are dimly aware of this, they go on to buy a »good« pair of jeans to offset the negative effects of buying those three T-shirts. It's ironic, isn't it?

One could also describe it as a modern form of the trade in indulgences. But let's come back to the concept of sharing. In theory, Mud Jeans sells the jeans, but remains in possession of the material they are made of. In more detail, how does this work?

It's a gentlemen's agreement between our customers and ourselves. Moreover, in the above-mentioned booklet, we put forward our idea and politely ask customers to approve this agreement, according to which they have only bought the use phase of the jeans, whereas the raw materials remain ours. If customers subscribe to this idea – they don't have to do anything except be agreeable to it – we also ask them to send the jeans back

»Besitz kann ziemlich wichtig sein.«

»Possession can be quite important.«

tun, ist Handlungsoptionen anzubieten. Weil wir nicht wollen, dass unser Rohmaterial auf Deponien oder in Müllverbrennungsanlagen landet. Und zudem glaube ich fest daran, dass ein zirkuläres Modell in Zukunft auch ein ökonomisch interessantes sein kann. Im Moment ist das ehrlich gesagt noch nicht so. Wenn ich heute neue Rohstoffe kaufe, kommt mich das billiger, als wenn ich recycelte einsetze. Aber ich bin fest davon überzeugt, dass sich das Verhältnis irgendwann ändern wird.

Also funktioniert das Marketingkonzept als Geschäftsmodell nicht?
Doch. Zwar waren die ersten Jahre schwieriger, als ich mir das vorgestellt habe, und ich habe auch mehr Energie gebraucht, als ich mir hätte ausmalen können, aber seit einigen Monaten läuft es sehr gut. Ob das so bleibt und es den Aufwand wert gewesen ist, werden wir in den kommenden zwei Jahren sehen. Aber ich gehe fest davon aus, dass es so kommen wird.

Dass Sharing zu einem funktionierenden Business Case wird?
Ja, und zwar nicht nur als Marketinggag. Weil es mehr und mehr Konsumenten geben wird, die darüber nachdenken, wie Ressourcen, Produktion und Konsum logisch zusammenhängen. Klar bewegen wir uns noch in einer Nische, in der eine Minderheit von Konsumenten wissen will, wo die Textilien, die sie trägt, herkommen, von wem und auf welche Art und Weise sie gemacht worden sind. Aber es ist eine Wachstumsnische. Als wir vor uns vier Jahren gegründet haben, war das noch nicht so.

Aber bis es so weit ist, dass Zirkularität einen Geschäftsvorteil mit sich bringt, muss Mud Jeans irgendwie überleben ...
Selbstverständlich kann man als Firmengründer so billig wie möglich einkaufen und dann so teuer wie möglich verkaufen, um ein großes Marketingbudget zu realisieren. Wir machen das radikal anders: Wir kaufen teuer ein und versuchen, unsere Verkaufspreise auf einem vernünftigen und fairen Niveau zu halten, mit dem wir erklären können, wie die Preise zustande kommen. Und uns ist es gelungen, mit unserem Geschäftsmodell viel öffentliches Interesse zu erzeugen. Wir bekommen viel PR und Aufmerksamkeit, weil unser Business Case neu

once they have finished wearing them. It doesn't matter whether this is after one year, or after 10 years. But we are not going to oblige customers to act in certain ways by making them sign a contract – what we do is point out options for action. It's simply that we don't want our raw materials to end up in landfills and incinerators. I firmly believe that, in the future, a circular model will also be economically interesting. To be honest, this is not yet the case. Today, buying new raw materials is cheaper than using recycled materials. I am convinced, however that this relationship is going to be reversed.

So the marketing concept thus doesn't work as a business model?
It does. The first several years were harder than expected, and demanded more of my energy than I had foreseen, but for some months now it has been working very well. Whether it will continue to do so, and whether it will ultimately prove to be worth the effort, is something that remains to be seen over the next two years. But I am convinced that it will.

That sharing will prove to be a valid business case?
Yes, and not only as a marketing ploy. Because there will be more and more consumers who think about how resources, production and consumption are linked to each other. This is certainly a small niche market as yet, because only a minority of consumers are eager to learn more about the textiles they wear: where do they come from, who has made them, how have they been made? This niche market is growing. Four years ago, when we launched our business, things were quite different.

Mud Jeans must find a way to survive until circularity becomes a competitive advantage...
For an entrepreneur, it is, of course, possible to buy at the lowest possible price and to sell at the highest possible price in order to make sure your marketing

»Wir machen keine astronomischen Umsätze, wir fahren nicht die teuersten Autos – dennoch geht es uns übrigens sehr gut. Aber für ein Unternehmen, das seit Jahrzehnten fette Umsätze macht und dessen Chefs alle übertriebene Autos fahren, ist es sehr schwierig, den Status quo infrage zu stellen.«

und gut ist. Das ist unser Vorteil, und so macht Marketing auch ohne exorbitantes Budget Spaß.

Birgt das nicht die Gefahr, dass aus einer guten Idee ein profaner Marketingcoup wird?
Ja. Das kann man durchaus so sehen. Deshalb sind wir als »B Corp« organisiert und zertifiziert. B Corps sind solche Unternehmen, die ihre Wirtschaftlichkeit dafür nutzen, etwas Gutes zu tun. Also ein Zwitter aus Limiteds, die das Wohl ihrer Shareholder an die erste Stelle setzen, und den Do-good-Organisationen, die zwar schöne Projekte initiieren, aber nichts verdienen. Als B Corp liegen wir dazwischen: Wir wollen Geld verdienen, aber nicht, um dabei reich zu werden, sondern um innovative Ideen auszuprobieren. Unser Profit und unsere unternehmerische Power sind dafür da, fair zu handeln und uns für die gute Sache einzubringen. Ich bin davon überzeugt, dass wir mit unserem auf dem Sharing-Gedanken basierenden Geschäftsmodell in diesem Rahmen profitabel werden und weiterexistieren können. Denn ob eine Geschäftsexistenz »sinnvoll« ist, hängt auch immer davon ab, welches Ziel man sich setzt und wie man »Erfolg« definiert. Und unser Ziel ist ein anderes als das von ausschließlich gewinnorientierten Unternehmen: Unser Wachstum soll immer dazu beitragen, dass alle daran beteiligt sind und alle – entlang der gesamten Wertschöpfungskette – etwas von unserem Erfolg haben. Eben nicht die reine Maximierung unseres Gewinns.

Aber funktioniert es wirklich, dass durch Sharing und guten Konsum die Welt verbessert wird? Sie haben das Szenario ja selbst beschrieben: Ein Kunde kauft eine faire Jeans und drei unfaire T-Shirts – kritische Ökonomen nennen das »Rebound-Effekt«.
Klar ist das widersprüchlich: Mein Ziel als Marke ist es selbstverständlich, zu wachsen und mehr Jeans zu verkaufen. Aber ich bin ein neuer Spieler auf dem Markt. Wenn man mich danach fragt, was mein Ziel ist, dann sage ich nicht, dass insgesamt mehr Jeans verkauft werden sollen – die Welt braucht nicht noch mehr Jeans. Sondern ich möchte, dass die Konsumenten meine Jeans kaufen anstatt die einer anderen Marke.

budget is large enough. Our approach is radically different: we buy at a high price and try to keep the selling prices at a reasonable and fair level that allows us to explain the facts behind the prices. We've also succeeded in arousing plenty of public interest in our business model. We get a lot of PR and attention, because our business strategy is new and good. This is our advantage, and that's why marketing is fun even without an exorbitant budget.

Doesn't this approach harbour the risk of turning a good idea into a conventional marketing coup?
Yes, that's one way to see it. It is also the reason why we are organized and certified as a »B corp«. B corps are businesses who use their economic viability to do good things – a hybrid between a limited company that puts shareholders' interests first, and a do-good organization that initiates beautiful projects, but doesn't earn anything. As a B corp, we are something in between: we want to make money, but, rather than becoming rich, we want to try out innovative ideas. Our profits and our entrepreneurial power are there to allow us to act fairly and to contribute to the good cause. I am convinced that our sharing-oriented business model can and will eventually be profitable, and that it will survive. Whether or not a business makes sense always depends on your goals, and on how you define »success«. And our goal is different from that of purely profit-oriented businesses: our ambition is for our growth to be shared by everybody, so that all those who contributed to it – along the entire value chain – can participate in our success. That's not exactly the definition of profit maximization.

But are sharing and »good« consumerism really a workable way to make the world a better place? You have described the scenario yourself: people buy a fair pair of jeans and three unfair T-shirts – sceptical economists call it »the rebound effect«.

»Our turnover isn't astronomical, and our cars aren't the most expensive, but we do quite well. For a business that has sold well for years and whose bosses own big cars, however, it is hard to challenge the status quo.«

Für 1.000 Jeans, die ich verkaufe, sollen andere Unternehmen 2.000 weniger verkaufen. Ich esse vom Kuchen eines anderen. Das ist zwar nicht nett, aber so ist die Realität.

Wäre so ein Ansatz, wie Mud Jeans ihn verfolgt, auch ein Geschäftsmodell für arrivierte Denim Brands?

Nein, das, was wir tun, ist für große Unternehmen quasi unmöglich. Denn dazu müssten sie ihr Geschäftsmodell auf den Kopf stellen – aber ich glaube, dass viele Menschen erkennen, dass genau das eigentlich notwendig ist. Unser Vorteil ist, dass unser ganzes Team die Denkweise einer B Corp verinnerlicht hat. Wir wissen, dass es unser Fundament ist und dass wir so arbeiten müssen. Das heißt, wir müssen eine ganze Menge Zugeständnisse machen. Wir machen keine astronomischen Umsätze, wir fahren nicht die teuersten Autos – dennoch geht es uns übrigens sehr gut. Aber für ein Unternehmen, das seit Jahrzehnten fette Umsätze macht und dessen Chefs alle übertriebene Autos fahren, ist es sehr schwierig, diesen Status quo infrage zu stellen. Die beginnen zwar gerade alle zu verstehen, dass es unabdingbar ist, ihren Weg zu ändern, sie wissen aber auch, dass es unmöglich ist. Also, was machen sie? Greenwashing. Sie polieren die Außenwahrnehmung ihres Unternehmens auf, indem sie sich ein paar mikroskopisch kleine Verbesserungen einfallen lassen, und tun so, als hätten sie den Stein der Weisen gefunden.

Können die Großen von euch lernen?

Klar lernen sie. Und sie werden unsere Ideen kopieren. Aber so ist es ja immer. Das ist ja immer auch die Rolle der Entrepreneure und Pioniere.

Gibt es keinen Raum für Kooperationen?

Im Kleinen passiert so etwas wie Zusammenarbeit schon. Beispielsweise färbe ich meine Jeans immer dann, wenn eines von den großen Eco-Denim Labels eine Charge färbt. Dann lasse ich hinter ihrem Stoff noch ein paar Tausend Yards von meinem Denim färben und waschen (lacht). Ich sehe aber ehrlich gesagt in der Praxis keine Möglichkeit für eine weitreichende Kooperation. Sie?

It is certainly contradictory: as a brand, I aim to grow and to sell more jeans, sure enough. But I am a new player in the market. If you ask what my goal is, I certainly wouldn't say that my goal was to sell more jeans – the world has no need for more jeans. Instead, I want consumers to buy my jeans, not those offered by competitors. If I sell a thousand pairs of jeans, competitors will sell two thousand less. I'm eating into the cakes of others. It's not nice, but that's how reality is.

Could established denim brands also profit from taking an approach similar to that of Mud Jeans?

No. What we do is nearly impossible for big companies. They would have to turn their business models upside down – but I believe that many people understand that that's exactly what is needed. Our advantage is that our entire team has internalized the mindset of a B corp. We know that this mindset is our foundation, and that we have to work hard. We know that we have to make a lot of trade-offs. Our turnover isn't astronomical, and our cars aren't the most expensive, but we do quite well. For a business that has sold well for years and whose bosses own big cars, however, it is hard to challenge the status quo. They are all beginning to realize that changing their way of doing business will ultimately be a necessity, but they also know that doing so is impossible. So what do they do? They turn to greenwashing – to making themselves look better by implementing microscopically small improvements and pretending that they have found the philosopher's stone.

Can the big companies learn from you?

They certainly can. And they are going to copy our ideas. But that's how things generally work. Entrepreneurs and pioneers' role has always been like this.

Is there no room for cooperation?

On a small scale, cooperation of some sort is certainly taking place. I always dye my jeans after a big denim

Mudventure: Das niederländische Denim Label Mud Jeans und Gründer Bert van Son führen kooperatives Wirtschaften und smarte Recyclingideen in der Textilindustrie ein. Das B-Corp-zertifizierte Unternehmen zeigt, wie die zirkuläre Ökonomie aussehen könnte. // Mudventure: The Dutch denim label Mud Jeans and its founder Bert van Son have introduced the cooperative approach and smart recycling ideas into the fashion industry. This B-Corp-certified company demonstrates what the circular economy might look like.

Sie könnten zum Beispiel die gleiche Baumwolle benutzen. Oder ein Gentlemen's Agreement unter den fairen Denim Companies schließen: Die Fasern bleiben im Besitz von kooperativ organisierten Kleinbauern, und Sie kaufen ihnen gemeinsam das Nutzungsrecht ab.

Das ist eine großartige Idee. Ich glaube, da sollte ich wirklich mal länger drüber nachdenken. Sie würde zu so etwas wie einem Open-Source-Supply-Chain-Modell führen. Und sie würde die Position der Farmer stärken. Die bekommen nämlich das Allerwenigste und machen dafür die allerhärteste Arbeit. Aber das ist in der Modeindustrie leider entlang der ganzen Wertschöpfungskette so – diejenigen, die die härteste Arbeit machen, sind immer die, die am wenigsten bezahlt bekommen.

label has dyed a batch, for instance. Once they have dyed their cloth, I have several yards of my denim dyed and washed (laughing). But, honestly, I don't see any chances for a farther-reaching cooperation. Do you?

You could use the same cotton, for instance. Or there could be a gentlemen's agreement among the fair denim companies: the fibres remain in the possession of small farmers organized in cooperatives, whereas you purchase from them the right to use it.

That is a great idea. I should really think about it more thoroughly. That idea might allow us to create something like an open-source supply chain. It would strengthen farmers' position. The farmers, you know, work more and get less money than anyone else. But then that applies to the fashion industry's entire value chain: those who work most are always those who get paid least.

Bert van Son blickt auf über 30 Jahre Erfahrung im Modegeschäft zurück. Der niederländische Unternehmer hat in Taiwan, Hongkong, China, Frankreich und Belgien gelebt und im Laufe seiner beruflichen Karriere die verschiedensten Schritte der textilen Wertschöpfungskette kennengelernt. 2012 entschied er sich, einfach mal alles anders zu machen, als er es bis dahin getan hat, und gründete Mud Jeans (www.mudjeans.eu).

Bert van Son can look back at over 30 years of experience in the fashion business. The Dutch entrepreneur has lived in Taiwan, Hong Kong, China, France, and Belgium. During his professional career, he has become familiar with various phases in the textile value chain. In 2012, he decided to embark on something completely different and founded Mud Jeans (www.mudjeans.eu).

FUTURE SCENARIO **VI**

IN CIRCLES

Acht Milliarden Menschen bevölkern die Welt. Damit leben im Jahr 2025 auf gleichem Raum doppelt so viele Menschen wie 1975 (siehe Abb. FS11, S. 119). Die Schere zwischen Arm und Reich geht global immer weiter auseinander. Gleichzeitig erstarkt weltweit betrachtet eine immer größer werdende Mittelschicht. Ein Freifahrtschein für eine auf Wachstum und Konsum fußende Gesellschaft? Oder ein Himmelfahrtskommando für eine Menschheit im erbitterten Kampf um immer knapper werdende Ressourcen?

Das Bevölkerungswachstum, eine exponentiell steigende Nachfrage nach Waren und Dienstleistungen und die rasende Schnelligkeit, mit der sich Märkte verändern, sind die Treiber eines neuen Wirtschaftsverständnisses. Das Future Scenario »In Circles« beschreibt als Teilaspekt einer Welt im Jahr 2025 eine Gesellschaft, in der sich das Konsumverhalten verschiebt: vom Verbrauch zum Gebrauch. Vom Besitz einzelner Güter zur Nutzung von Gemeingut.

RESSOURCEN NEU DENKEN

Dieses Umdenken resultiert nicht aus moralischer Einsicht, sondern aus purer Notwendigkeit, die sich durch die Grenzen des Wachstums ergibt: Damit die Menschen auf der Welt ernährt werden können, müssen landwirtschaftliche Nutzflächen ausgeweitet werden – für Getreide- und Futterpflanzen sowie Nutztiere, aber nicht, um darauf Baumwolle anzupflanzen. Und kommt Rohöl als Ressource von Gebrauchsgütern überhaupt noch zum Einsatz, dann nicht mehr, um daraus Strumpfhosen oder Plastiktüten zu produzieren, die irgendwann auf der Mülldeponie landen und verbrannt werden. Dieser Prozess ist 2025

The global population is eight billion. By 2025, the number of people who occupied the same amount of space in 1975 has been doubled (see fig. FS11 on p. 119). The gap between the rich and the poor continues to widen. At the same time, a globally growing middle class is gaining influence. Is this a free ticket to a society based on growth and consumption? Or is it a one-way ticket to a global community fighting bitterly over scarce resources?

A growing global population, exponentially increasing demand, and dizzyingly paced market changes are drivers for a new perception of economy. Set in the year 2025, the »In Circles« future scenario describes a society in which consumer behaviour is shifting from »using up« to »putting to good use«, from »individually possessing« to »jointly owning«.

RETHINKING RESOURCES

This kind of paradigm shift is not driven by moral insight, but by necessity occasioned by the limits to growth. In order to feed mankind, new areas suitable for agriculture have to be found: to grow crops and for livestock – but not to grow cotton. In the unlikely event that oil still plays a role as a consumer goods resource, it is certainly not being used to make tights or plastic bags that will eventually wind up in landfills or incinerators. By 2025, this process is in full swing, and it is clear that the old linear structures relying on the unchecked usage of primary raw materials will eventually break down.

»Die Notwendigkeit echter Innovation war noch nie so groß wie jetzt. Wir können hochwertige und kreislauffähige Alternativen entwickeln, die für Mensch und Natur nützlich sind. Eine positive Zukunft ist möglich, warum sollten wir's anders machen?«

Michael Braungart, Deutscher Chemiker und Mitbegründer des Cradle-to-Cradle-Konzepts

in vollem Gange, und mittelfristig ist völlig klar: Die alten linearen Strukturen des ungehemmten Verbrauchs von Primärrohstoffen werden zusammenbrechen.

Alternativen müssen gar nicht erst neu erfunden werden – sie existieren bereits. Auch jenseits der Szenarien von Reduktion und Verzicht. Denn die Frage, ob wirklich Rohstoffknappheit herrscht, hängt vom Blickwinkel ab. Wechselt man die Perspektive, gibt es Rohstoffe zur Genüge. Nur stecken sie fest: in bereits produzierten Produkten, in Bergen von Abfall, in jedem Gegenstand unseres täglichen Lebens. Die Antwort auf das vermeintliche Problem der zu knappen Ressourcen ist folglich recht naheliegend: die Wiederverwendung von bereits Vorhandenem; die Umstellung von Primär- auf Sekundärrohstoffe.

ZWEI SPHÄREN, ZWEI KREISLÄUFE

Im Future Scenario »In Circles« gehen Produkte in einen ewigen Kreislauf der Materialisierung und Dematerialisierung ein (Technosphäre). Aus einem Stuhl wird ein Stuhl wird ein Stuhl. Oder: Aus einem Stuhl wird ein Tisch werden drei Bücherregale. Rohstoffe werden einmal beschafft und dauerhaft in einem Kreislauf gehalten, immer unter der Voraussetzung, dass ihre Verwendung die Umwelt dabei nicht belastet. Produkte, die sich bei ihrem Gebrauch abnutzen, wie etwa ein Buntstift oder ein Autoreifen, werden nach ihrer Nutzung wieder in die Natur zurückgeführt (Biosphäre). Auch dieser Kreislauf ist endlos: Aus einem Baum wird ein Buntstift wird ein Baum.

NUTZEN STATT BESITZEN

Die Denkweise, Produkte zu kaufen, zu besitzen und zu entsorgen, gehört der Epoche der linearen Strukturen an. Hersteller verkaufen nur noch den Gebrauch ihrer Produkte, zum Beispiel 10.000 Stunden Telefonieren, Fernsehen oder Autofahren (siehe Future Scenario »The Sharing Society«, S. 91 ff.). Nach der Phase der Nutzung gehen die Produkte und damit auch die Rohstoffe wieder an die Marke zurück. »Universal Mining« – Gegenstände werden zu Ressourcendepots. Dabei setzen Hersteller von vornherein Materialien ein, die sich leicht in ihre Einzelkomponenten zerlegen lassen. In der Folge haben Monomaterialien einen höheren Stellenwert als zusammengesetzte

It is not necessary to invent alternatives from scratch, as they already exist – going further than scenarios of reduction and self-restraint. Whether or not raw materials are in scarce supply depends on how one views it. If one changes one's perspective, one sees that resources exist in abundance. It's just that they are hidden in manufactured goods, in mountains of waste, and in everyday objects. This makes the answer to the alleged problem of scarce resources quite simple: let's re-use what already exists, moving from primary to secondary raw materials.

TWO SPHERES, TWO CIRCLES

In the »In Circles« future scenario, products enter a continuous circle of materialization and dematerialization (the technosphere). A chair is turned into a chair, and again into a chair. Or a chair is turned into a table, and then into three bookshelves. Raw materials are procured once and then continually kept in the circle, provided that using them isn't detrimental to the environment. Products that wear out during usage are thus returned to Nature (the biosphere). This circle is also infinite: a tree is turned into a pencil, and again into a tree.

USING THINGS INSTEAD OF POSSESSING THEM

The paradigm in which products are bought, possessed, and eventually disposed of belongs to the era of linear structures. Today, what manufacturers sell is just the usage of products, such as 10,000 hours of making phone calls, watching television or driving a car (see the »The Sharing Society« future scenario on pp. 91 ff.). After a period of usage, products – and with them their raw materials – are returned to their manufacturers. This is called »universal mining« – objects become depots of resources. From the outset, manufacturers focus on materials that can easily be disaggregated into their single components. For this reason, mono-materials are of higher value than composite materials. The

»The need for innovation has never been greater. Today, we are capable of developing high-value and recyclable alternatives that are beneficial to people and Nature. A positive future is possible, so why not embark on it?«

Michael Braungart, German chemist and inventor of the Cradle to Cradle concept

Stoffe. Die Abhängigkeit von volatilen Rohstoffmärkten, die durch eine zunehmende Verknappung getrieben wird, ist damit Teil der Vergangenheit. Vielmehr führt die Kreislaufwirtschaft zu Rohstoffsicherheit und ökonomischer Balance.

FORM FOLLOWS FUNCTION

Im Jahr 2025 bemisst sich der Wert eines Gegenstands an seiner Langlebigkeit, Produktivität, Funktionalität und Regenerationsfähigkeit. Je besser die Recyclingfähigkeit, desto niedriger die Produktionskosten. Je länger die Gebrauchsphase, desto länger die Leasing- oder Mietperiode, desto höher die Einnahmen. Um schnell den Break-even zu erreichen, müssen Produkte also vor allem langlebig, funktional, regenerativ und attraktiv sein. Das steigert ihren Wert und senkt die Stückkosten. Welchen Wert hat welche Leistung? Wie ist eine Gebrauchsphase definiert? Und wer bezahlt wie lange wofür? Darauf wird es in Zukunft viele verschiedene Antworten geben.

Eine neue Ära der Produktentwicklung hat begonnen. Ästhetik und Designorientierung sind dabei keineswegs verloren gegangen. Die Aufgaben für das Design werden deutlich komplexer. Nicht nur Optik, Haptik, Passform und Funktionalität eines Produkts spielen eine Rolle, sondern auch Zero-Waste-Fähigkeit, Reversibilität, Modularität, Langlebigkeit, Reparatur- und Recyclingfähigkeit. Auch die chemischen und physikalischen Eigenschaften der Stoffe, aus denen das Produkt gefertigt wurde, werden – mit Blick sowohl auf den Gebrauch als auch auf die Wiederverwertung – bereits im Designprozess berücksichtigt.

Bei Produkten in einem Kreislauf werden ihre technischen Daten wie Ausgangsstoffe, Weiterverarbeitungsmethoden, Farbe, Gewicht etc. gespeichert und sind so allen Nutzern in allen Phasen ihres Lebenszyklus zugänglich. Das führt zu einer nie dagewesenen Transparenz und zu deutlich mehr Sicherheit bei der Frage, welche Chemikalien etwa bei der Herstellung eines Produkts eingesetzt wurden. Für den Recyclingprozess werden diese Daten maschinell ausgelesen und bewertet. Die Produkte werden dann durch mechanische und chemische Prozesse in ihre Einzelkomponenten zerlegt, sortenrein sortiert und wieder neu zusammengesetzt.

scarcity-driven dependence on volatile raw-material markets has thus become a thing of the past. The circular economy now ensures that raw materials are always available, and that the economy is well balanced.

FORM FOLLOWS FUNCTION

In 2025, the value of an object depends on its life cycle, productivity, functionality and suitability for regeneration. The more easily it can be recycled, the lower its production costs. The longer it can be used, the longer it can be rented out, and the more money can be earned from it. In order to be able to quickly arrive at the break-even point, products must be durable, functional, regenerative, and attractive. This increases the value and reduces unit costs. How much is performance worth? How should the period of usage be defined? Who is going to pay for what? For how long? In the future, these questions will be answered in different ways.

A new era of product development has begun. Æsthetics and design orientation are still important. The tasks of design are becoming more complex. In addition to visual appearance, surface feel, correct fit and functionality, zero-waste capability, reversibility, modularity, longevity, reparability, and recyclability are increasingly playing an important role. The physical and chemical characteristics demonstrated by materials when they are used, as well as when they are recycled, are already taken into account during the design process.

The technical data of a product – like information on its source materials, reprocessing methods, colour, and weight – is stored in order to be accessible to all users in every phase of the product life cycle. This leads to an unprecedented transparency, and much more certainty regarding, for instance, the chemicals that have been used in manufacturing a product. This data is automatically read out and evaluated during the recycling process. Using mechanical and chemical processes, products are then decomposed, correctly sorted, and recomposed.

Tauschen, teilen, mieten – Einzelhandelsgeschäfte verwandeln sich in Treffpunkte des kollaborativen Konsums, zu Ausgabe- und Sammelstellen, zu Repair Shops, zu Informationszentren und Orten des Datentransfers – mit modernster Technik ausgestattet, aber zugleich inspirierend und erlebnisorientiert. Sie werden zu einem zentralen Ort des Geschehens innerhalb eines gesamten Wirtschaftsmodells.

Rekreation, Revitalisierung und Regeneration prägen die Weltwirtschaft, die von der einstigen Wegwerfgesellschaft so weit entfernt ist wie die soziale Marktwirtschaft vom Feudalismus.

Swapping, sharing, lending – retail stores are turned into centres of collaborative consumption, pick-up points, repair shops, information centres, and data transfer facilities. They are equipped with cutting-edge technology, but are also inspiring and experience-oriented. They have become the central hubs of the entire economic model.

Recreation, revitalization and regeneration are characteristic elements of a world economy that is as different from the former throw-away society as the social market economy is different from feudalism.

HERAUSFORDUNGEN
CHALLENGES

- **Technische Umsetzung der Circular Economy auf Materialebene**
- **Ausschluss toxischer Chemikalien im Recyclingprozess**
- **Neue Logistikketten durch veränderte Materialflüsse und Wertschöpfungsketten**
- **Regionale Verschiebungen von Sourcing- und Produktionsländern**
- **Neue Anforderungen an das Produktdesign**
- **Neue Dienstleistungen im Einzelhandel und Anforderungen an Ladenbau, Interior Design, Architektur**
- **Neue Wirtschaftsmodelle für Sharing, Leasing etc.**
- **Neue Systeme für den Informations- und Datentransfer**

- Finding technological solutions for implementing the circular economy on the material level
- Banning toxic chemicals from the recycling process
- Managing new logistics chains caused by changing material flows and value chains
- Managing shifts in the regional distribution of producer countries
- Meeting new challenges in product design
- Creating new services in retail and fulfilling demands to store design and architecture
- Implementing new economic models for sharing, leasing, etc.
- Creating new systems of information and data transfer

ZAHLEN, DATEN, FAKTEN

NUMBERS, DATA, FACTS

CIRCULAR ECONOMY: VON DER PIONIERPHASE ZUM MAINSTREAMKONZEPT

Eine Prognose der britischen Ellen MacArthur Foundation aus dem Jahr 2013 besagt, dass sich das Modell der Circular Economy bis zum Jahr 2018 in ihrer Pionierphase befinden wird. Vorreiter der Kreislaufwirtschaft können in dieser Phase die Vorteile gegenüber ihren Wettbewerbern ausbauen: Sie erweitern ihre Kompetenzen im zirkulären Produktdesign, treiben innovative Geschäftsmodelle voran, entwickeln Recyclingtechniken weiter und kooperieren mit führenden Konzernen, um gemeinsam Marktanteile zu gewinnen. Bis 2025 könnte die Kreislaufwirtschaft dann laut der Ellen MacArthur Foundation im Mainstream angekommen sein.

Eine »Billion-Dollar-Chance«: Welche ökonomischen Konsequenzen und insbesondere Vorteile die fundamentale Transformation des betrieblichen Sourcing-Prozesses und des Wirtschaftsverständnisses mit sich bringt, hat die Stiftung in ihrem Bericht »Towards the Circular Economy Vol. 1« aus dem Jahr 2012 berechnet. Demnach werden die Einsparungen bei den Materialkosten in Europa und Nordamerika in der Übergangsphase von der linearen Denkweise zur Kreislaufwirtschaft bis zum Jahr 2018 laut der Studie bei bis zu 380 Milliarden US-Dollar liegen. Mit dem Beginn der Mainstreamphase könnten die Materialeinsparungen bereits die Grenze von 600 Milliarden US-Dollar überschreiten. Die Herstellung recyclingfähiger Produkte wird unter anderem einen Innovationsschub, mehr Beschäftigung und eine Steigerung der Wettbewerbsfähigkeit Europas auf dem Weltmarkt zur Folge haben. Die Stiftung geht in dem Bericht davon aus, dass 2020 etwa 82 Milliarden Tonnen an Rohmaterialien in einem geschlossenen Recyclingkreislauf zu immer neuen Produkten verarbeitet werden. Im Jahr 2010 waren es noch 65 Milliarden Tonnen.

In ihrem Folgebericht »Towards the Circular Economy Vol. 2«, der 2013 erschien, beleuchtet die Stiftung insbesondere die Potenziale der Kreislaufwirtschaft für schnell drehende Konsumgüter wie Lebensmittel und Bekleidung. Hier könnten die Materialkosteneinsparungen bei jährlich über 700 Milliarden US-Dollar liegen. Das entspräche etwa 20 Prozent der Materialkosten der gesamten Konsumgüterindustrie (siehe

CIRCULAR ECONOMY: FROM THE PIONEERING PHASE TO THE MAINSTREAM CONCEPT

According to a 2013 prediction by the British Ellen MacArthur Foundation, the pioneering phase of the circular economy model will last until 2018. During this time, industry pioneers will start building competitive advantages in various ways: they will build core competencies in circular product design, drive business model innovation, create the capacity for the reverse cycle, and use the brand and volume strength of leading corporations to gain market share. According to the Ellen MacArthur Foundation, circularity will have the opportunity to go mainstream around 2025.

This is a »trillion-dollar opportunity«. In its 2012 »Towards the Circular Economy Vol. 1« report, the foundation has calculated the economic consequences and benefits offered by a fundamental transformation of the corporate sourcing processes and how we understand the economy. It estimates an annual net material cost savings opportunity of up to 380 billion US dollars in the transitional phase from the linear mindset to the circular economy. By the beginning of the mainstream phase, material cost savings may already exceed 600 billion US dollars. Production of recyclable products will boost innovation, increase employment and the competitiveness of Europe on the global market. The foundation expects the volume of raw materials entering the economic system to rise from 65 billion tonnes in 2010 to about 82 billion tonnes in 2020.

In 2013's consecutive report, »Towards the Circular Economy Vol. 2«, the foundation examined the opportunities offered by the circular economy for fast-moving consumer goods such as food and apparel. Annual material cost savings in this area may amount to 700 billion US dollars. This would be equivalent to 20 percent of the material costs of the entire consumer goods industry (see fig. FS9). By 2030, savings may be considerably greater than this figure, as the foundation anticipates that circular economic models will also determine the

Abb. | Fig. FS9 Über 700 Milliarden US-Dollar könnten eingespart werden //
Circularity could yield net materials cost savings of ~USD 700 billion

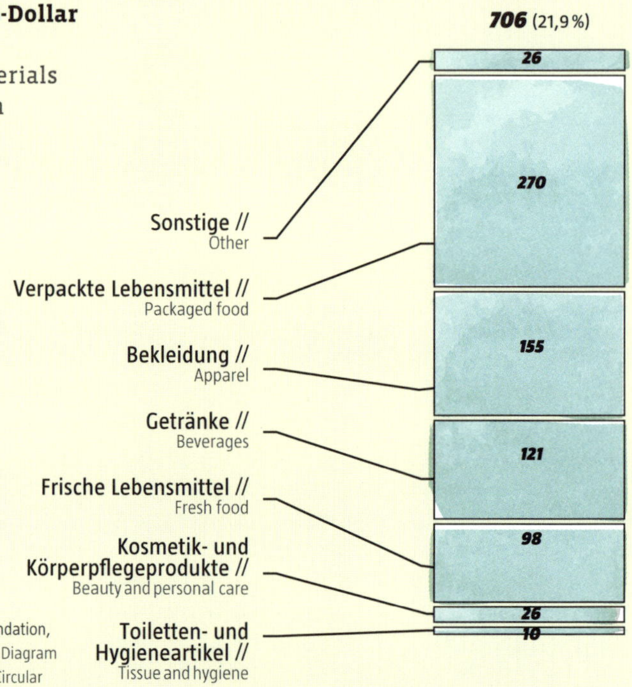

Quelle: Eigene Darstellung nach Ellen MacArthur Foundation, »Towards the Circular Economy V. 2«, 2013 // Source: Diagram based on Ellen MacArthur Foundation, »Towards the Circular Economy V. 2«, 2013

Abb. FS9). Bis 2030 könnte der Wert der Einsparungen noch weit darüber hinausgehen, denn die Stiftung geht davon aus, dass zirkuläre Wirtschaftsmodelle auch die Wertschöpfungsketten von Bioprodukten bestimmen werden – ein Markt, der über 25 Billionen US-Dollar groß ist.

KONSUMTREIBER WELTBEVÖLKERUNG

Im Jahr 2050 werden voraussichtlich über neun Milliarden Menschen auf der Welt leben. Mit der Weltbevölkerung wird auch der tägliche Konsum steigen.

- Die OECD prognostiziert, dass 2030 rund 4,9 Milliarden Menschen der Mittelschicht angehören werden, drei Milliarden mehr als im Jahr 2009. 90 Prozent dieses Wachstums hat in der Region Asien/Pazifik stattgefunden.
- Der jährliche Bedarf an Konsumgütern eines Bürgers der OECD-Staaten liegt gegenwärtig bei 800 Kilogramm Lebensmitteln und Getränken, 120 Kilogramm Verpackungsmaterialien und 20 Kilogramm neuer Kleidung und Schuhen. Rund 80 Prozent der dafür eingesetzten Materialien landen auf der Mülldeponie oder im Abwasser.
- Der Konsum der Schwellenländer wird für das Jahr 2025 auf 30 Billionen US-Dollar geschätzt; 2010 lag er noch bei 12 Billionen US-Dollar.

value chains of organic products – a market with a volume of more than 25 trillion US dollars.

WORLD POPULATION AS A CONSUMPTION DRIVER

Nine billion people are expected to be living in the world in 2050. As the world population grows, daily consumption will also increase.

- According to OECD forecasts, in 2030 about 4.9 billion people will belong to the middle class, three billion more than in 2009. Ninety percent of this increase will take place in the Asian-Pacific region.
- Today, the goods an OECD citizen buys for consumption annually include 800 kilograms of food and beverages, 120 kilograms of packaging and 20 kilograms of new clothing and shoes. Around 80 percent of these materials will end up in landfill or wastewater.
- Consumption in emerging markets is expected to rise to 30 trillion US dollars per year by 2025, up from 12 trillion US dollars in 2010.

Abb. | Fig. FS10 **Jede Sekunde wächst die Welt um 2,7 Menschen** // The world's population increases by 2.7 people per second

Zuwachs der Weltbevölkerung pro Zeiteinheit // Growth of world population per unit of time

Quelle: Eigene Darstellung nach »Statista 2015« // Source: Diagram based on »Statista 2015«

Abb. | Fig. FS11 **2050: Über 9 Milliarden Menschen leben auf der Erde** // 2050: There are more than 9 billion people living on Earth

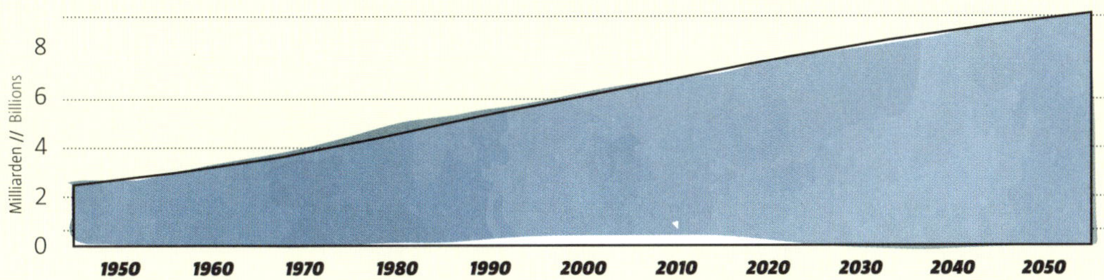

Entwicklung der Weltbevölkerung seit 1950 und Prognose bis 2050 // Development of world population since 1950 and prognosis until 2050

Quelle: Eigene Darstellung nach »OECD Statistics 2015« // Source: Diagram based on »OECD Statistics 2015«

Abb. | Fig. FS12 **Was wir konsumieren** // What we consume

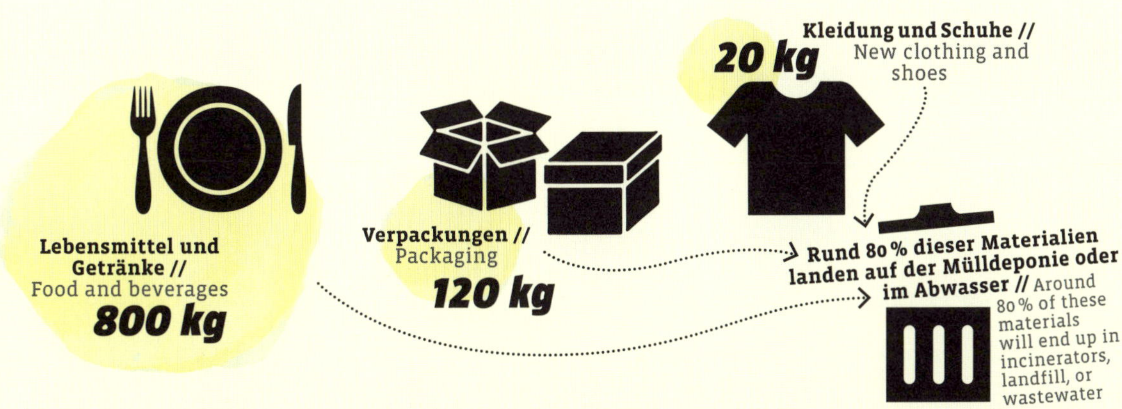

Durchschnittlicher Konsumgüterbedarf eines Bürgers der OECD-Staaten, pro Jahr // The consumer goods bought by an OECD citizen annually

Quelle: Eigene Darstellung nach Ellen MacArthur Foundation, »Towards the Circular Economy V. 2«, 2013 // Source: Diagram based on Ellen MacArthur Foundation, »Towards the Circular Economy V. 2«, 2013

FOKUS // FOCUS: CIRCULARITY IN FASHION

Beinahe die gesamte Bekleidungsindustrie wirtschaftet heute nach dem traditionellen linearen Modell, dementsprechend landet unsere Kleidung meistens auf dem Müll – in Europa und Nordamerika sind es schätzungsweise 15 Millionen Tonnen jährlich.

- Derzeit werden in den USA nur etwa 15 Prozent aller Altkleidung gesammelt, in Europa sind es rund 25 Prozent. Großbritannien liegt mit 65 Prozent deutlich über dem europäischen Durchschnitt.
- Wenn der Anteil der recycelten Textilien in ganz Europa und Nordamerika so hoch wäre wie auf den britischen Inseln, könnte die Modebranche auf dem Kontinent und in den USA Materialien im Gegenwert von etwa 35 Milliarden US-Dollar und damit 61 Prozent ihrer Materialkosten einsparen.
- Weltweit könnte die Textilindustrie ihre Materialkosten damit um 71 Milliarden US-Dollar senken.

Wirtschaftlich wird das Sammeln von Bekleidung erst dann wirklich attraktiv, wenn aus Textilien wieder hochwertige Produkte hergestellt werden können, mit denen sich ein entsprechender Preis erzielen lässt. Das Sammeln und Weiterverkaufen von Textilien für die Zweitvermarktung und auch das Sammeln, Schreddern und Weiterverkaufen von Textilien zum Beispiel an die Bauindustrie sind zwar existierende Wirtschaftsmodelle, verglichen mit den in der Kreislaufwirtschaft schlummernden Potenzialen sind sie jedoch ökonomisch nicht ansatzweise so attraktiv.

Würde weltweit 75 Prozent unserer abgelegten Kleidung gesammelt und davon nur 9 Prozent durch chemische Recyclingverfahren zu gleich- oder sogar höherwertigen Produkten verarbeitet, stiegen die Einsparungen beim zur Deckung des Bekleidungskonsums in Nordamerika und Europa nötigen Material um weitere 17 Prozent von 35 Milliarden auf 41 Milliarden US-Dollar.

Quelle: Ellen MacArthur Foundation (Hrg.), »Towards the Circular Economy V. 2«, 2013

Today, almost all of the manufacturers in the clothing industry adhere to the traditional linear model, with most of our clothing ending up in incinerators or landfills – in Europe and North America, this amounts to an estimated 15 million tonnes each year.

- While the average collection rate in the UK is already 65 percent, the average across the EU is only 25 percent. For the US, it is only 15 percent.
- Increasing collection rates in Europe and North America to match the UK's at 65 percent would result in a total of circa 35 billion US dollars in material savings – nearly 61 percent of the current material costs associated with European and North American clothing consumption.
- Globally, the material savings could total 71 billion US dollars.

For the recycling of clothing to make sense economically, textiles have to be reprocessed into high-value products that can be sold at reasonable prices. Whilst economic models such as collecting and reselling textiles as second-hand goods or collecting, shredding, and selling them as raw materials to the construction industry do exist, they cannot rival the economic attractiveness of the enormous latent potential in the circular economy.

A further increase of world-wide collection rates to 75 percent and recycling 9 percent of the textiles collected through chemical recycling – a technique that maintains fibre quality throughout the recycling process, so that textiles can be reprocessed into textiles of the same quality – would help to increase material cost savings in North American and European clothing consumption from 35 billion to 41 billion US dollars.

Source: Ellen MacArthur Foundation (ed.), »Towards the Circular Economy V. 2«, 2013

Werden immer wichtiger: Textilien aus recycelten Materialien. // Textiles made from recycled materials are becoming more and more important.

DIE FÜNF GRÖSSTEN HERAUSFORDERUNGEN BEIM RECYCLING VON TEXTILIEN

- Automatische Sortierung von unterschiedlichen Textilien
- Post-Consumer Recycling: »Von der gebrauchten Faser zur neuen Faser«
- Trennung von Fasergemischen
- Erhaltung der Faserqualität
- Ausschließen toxischer Chemikalien

VON DER FASER ZUR FASER

Pioniere des chemischen Recyclings von der Faser zur Faser sind unter anderem

- Teijin (Polyester), www.teijin.com
- Aquafil (Nylon), www.aquafil.com
- Evrnu (Baumwolle; siehe S. 124), www.evrnu.com
- Re:newcell (Zellulosefasern), www.renewcell.se
- Worn Again (Baumwoll-Polyester-Gemische), www.wornagain.info
- Relooping Fashion (Baumwolle), www.reloopingfashion.org
- Ambercycle (Polyester, Baumwoll-Polyester-Gemische), www.ambercycleinc.com
- EU-Projekt »Trash2Cash« (Zellulose, Papier, Polyester), www.trash2cashproject.eu
- Ioncell-F, ein Projekt der Aalto-Universität und der Universität Helsinki mit Unterstützung des Technischen Forschungszentrums Finnland (Baumwolle), www.aalto.fi/en/, www.helsinki.fi/facultyofscience/research/news/2016/2016hm-award.html

THE FIVE MAJOR CHALLENGES OF RECYCLING TEXTILES

- Automatically sorting different textiles
- Post-consumer recycling: converting used fibres into »new« fibres
- Decomposing composite fibres
- Maintaining fibre quality
- Excluding toxic chemicals

FROM FIBRE TO FIBRE

Pioneers of chemical recycling from fibre to fibre include:

- Teijin (polyester), www.teijin.com
- Aquafil (nylon), www.aquafil.com
- Evrnu (cotton; see p. 124), www.evrnu.com
- Re:newcell (cellulose fibres), www.renewcell.se
- Worn Again (cotton-polyester composites), www.wornagain.info
- Relooping Fashion (cotton), www.reloopingfashion.org
- Ambercycle (polyester, cotton-polyester composites), www.ambercycleinc.com
- »Trash2Cash« EU project (cellulose, paper, polyester), www.trash2cashproject.eu
- Ioncell-F, a project conducted by Aalto University and the University of Helsinki with support from the Technical Research Centre of Finland (cotton), www.aalto.fi/en/, www.helsinki.fi/facultyofscience/research/news/2016/2016hm-award.html

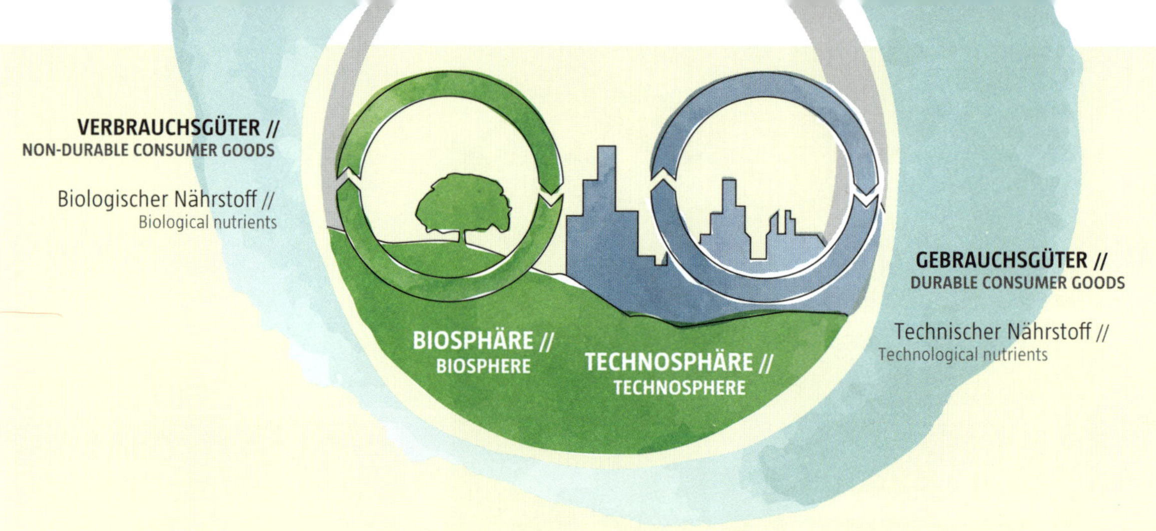

Abb. | Fig. FS13 **Technischer und biologischer Kreislauf** // Technological and biological cycles

Quelle: Eigene Darstellung nach »Cradle to Cradle« // Source: Diagram based on »Cradle to Cradle«

REDUCE, REUSE, RECYCLE

In der Modebranche existieren bereits zahlreiche Ansätze zur Kreislaufwirtschaft. Die Konzepte drehen sich meistens um das Prinzip von »Reduce-Reuse-Recycle«.

- Marken und Capsule-Kollektionen: Reclaim Collection von Topshop; Reclaimed Vintage in Kooperation mit Asos; Truth to Materials von Patagonia; Sport Infinity von Adidas (siehe Best Practices zum Future Scenario »Materielle Individualligenz«, S. 71 ff.); Made Kind von Berghaus; Ekocycle, unter anderem in Kooperation mit Adidas, Globetrotter, Keds und MCM; die Kollektion des Designers Christopher Ræburn; Newcomer Labels wie Mud Jeans, Jan'n June, Outerknown und Ecoalf sowie zahlreiche Upcycling-Kollektionen
- Rücknahmesysteme von iCollect bei über 40 Unternehmen, darunter H&M, C&A, Puma, The North Face, Levi's, Mammut und Columbia Sportswear
- Verleih- und Swapping-Plattformen wie Kleiderkreisel, Rocksbox, Poshmark, Kidizen, Armarium, House of Bubbles, Yerdle, Rentez-vous (siehe Future Scenario »The Sharing Society«, S. 91 ff.), Kleiderei, Sharewear (siehe S. 125), Hubbub, ReKindness
- Repair-Services wie von Nudie oder Worn Wear von Patagonia (siehe Best Practice zum Future Scenario »The Sharing Society«, S. 91 ff.)
- Online-Marktplätze für industrielle Abfälle wie Reverse Resources

REDUCE, REUSE, RECYCLE

Various circular-economy concepts already exist in the fashion industry. Most focus on the »reduce-reuse-recycle« principle.

- Brands and capsule collections: Reclaim Collection by Topshop; Reclaimed Vintage in cooperation with Asos; Truth to Materials by Patagonia; Sport Infinity by Adidas (see the Best Practice section of the »Material Individualligence« future scenario, pp. 71 ff.); Made Kind by Berghaus; Ekocycle in cooperation with Adidas, Globetrotter, Keds and MCM (and others); Christopher Ræburn collection; newcomer labels such as Mud Jeans, Jan'n June, Outerknown, and Ecoalf; various upcycling collections
- iCollect take-back systems run by more than 40 businesses, including H&M, C&A, Puma, The North Face, Levi's, Mammut and Columbia Sportswear
- Lending and swapping platforms, such as Kleiderkreisel, Rocksbox, Poshmark, Kidizen, Armarium, House of Bubbles, Yerdle, Rentez-vous (see the »Sharing Society« future scenario on pp. 91 ff.), Kleiderei, Sharewear (see p. 125), Hubbub, ReKindness
- Repair services such as the Nudie Jeans repair shops or Worn Wear by Patagonia (see the Best Practice section of the »Sharing Society« future scenario, pp. 91 ff.).
- Online marketplaces for industrial waste, such as Reverse Resources

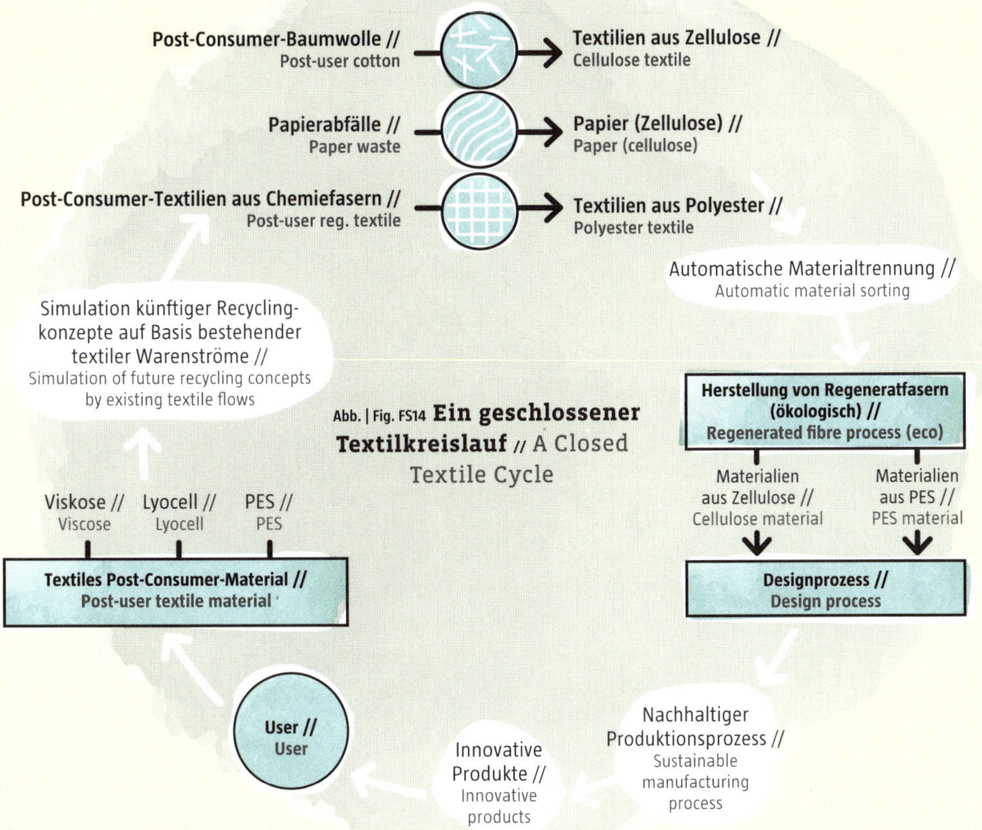

Abb. | Fig. FS14 **Ein geschlossener Textilkreislauf** // A Closed Textile Cycle

Quelle: Eigene Darstellung nach »Trash2Cash« //
Source: Diagram based on »Trash2Cash«

CLOSING THE LOOP

Es gibt auch schon einige Unternehmen, die Produkte in einem geschlossenen Kreislauf herstellen. Ihr Ansatz basiert häufig auf dem von dem deutschen Chemiker Michael Braungart (siehe Interview, S. 127 ff.) und dem US-amerikanischen Architekten William McDonough entwickelten Cradle-to-Cradle-Konzept. Beteiligte Unternehmen aus der Textil-, Mode- und Chemieindustrie sind unter anderem Camper, Desso, Freitag Lab, Lantal Textiles, Lanxess, Lenzing, Nike, Otto und Trigema.

Cradle to Cradle ist ein Qualitätsansatz mit dem Ziel, industrielle Prozesse so zu verbessern, dass sie keine negativen Auswirkungen auf die Umwelt haben. Dabei unterscheiden Braungart und McDonough zwei »Nährstoffkreisläufe« – den biologischen und den technischen (siehe Abb. FS13). Im biologischen Kreislauf werden Produkte, die abgenutzt oder verschlissen werden, von vornherein so entwickelt, dass sie als Nährstoffe zurück in die Biosphäre gelangen. Ein Beispiel dafür sind kompostierbare T-Shirts. Im technischen Kreislauf hingegen werden Gebrauchsgüter nach ihrer Nutzung durch chemische oder mechanische Prozesse wiederaufbereitet und sinnvoll wiederverwendet. Die »technischen Nährstoffe« bleiben erhalten. So entsteht eine Welt ohne Abfälle.

CLOSING THE LOOP

Some businesses already produce goods in closed circles. Most of them focus on the Cradle-to-Cradle concept developed by the German chemist Michael Braungart (see interview, pp. 127 ff.) and the American architect William McDonough. Businesses from the textile, fashion, and chemical industries that produce goods in closed circles include Camper, Desso, Freitag Lab, Lantal Textiles, Lanxess, Lenzing, Nike, Otto, and Trigema.

Cradle to Cradle is a quality approach aiming at improving industrial processes in order to ensure both production processes and products themselves no longer have negative environmental impact. Braungart and McDonough distinguish between two nutrient cycles: biological and technological (see fig. FS13). In the biological cycles, development of products that wear out during usage – e. g., compostable T-shirts – allows for their reabsorption into the biosphere as nutrients. In the technological cycle, consumer goods that are no longer needed are chemically and mechanically reprocessed into new products. The »technological nutrients« survive. Thus, a world without waste can emerge.

INNOVATIONEN
INNOVATIONS

DIE ENTSCHLÜSSELUNG DER FASER-DNA

Bei *DeNAture* wird die DNA von Fasern und Materialien decodiert. Das Projekt der Designerin und Materialforscherin Miriam Ribul demonstriert, wie designorientiertes Denken in verschiedenen Kontexten durch neue Kommunikationsstrategien Systeme der Kreislaufwirtschaft unterstützen kann. Mithilfe von Sensoren und UV-Mikroskopen entschlüsselt DeNAture Informationen wie Materialursprung, Materialtyp und Prozesse, die für das chemische Recycling von Bedeutung sind. Dafür werden Materialien, die Herstellungsprozesse durchlaufen haben, bei denen Chemikalien eingesetzt werden, mit einem binären Zahlencode versehen. Der Code übersetzt die unsichtbaren chemischen Prozesse und Verbindungen in ein für Mikroskope und Sensoren lesbares Muster. Die Identifizierung von Materialien wird dadurch erheblich beschleunigt, ohne dass sich die Eigenschaften der Fasern verändern. In einer sogenannten Recyclopädie werden die Daten archiviert und stehen anschließend Nutzern weltweit zur Verfügung. Miriam Ribul entwickelte das Kodierungssystem DeNAture in Zusammenarbeit mit der Technischen Universität Chalmers Göteborg und dem schwedischen SP Technical Research Institute; finanziert wurde das Projekt von der Initiative für europäische Zusammenarbeit in Wissenschaft und Technik.
www.miriamribul.com

BAUMWOLLE IM GESCHLOSSENEN KREISLAUF

Das in Seattle an der US-amerikanischen Pazifikküste ansässige Mode-Start-up *Evrnu* hat ein einzigartiges Verfahren entwickelt, mit dem gebrauchte Baumwolltextilien zu einer neuartigen Chemiefaser auf Zellulosebasis verarbeitet werden können. Dafür werden bei Evrnu zunächst Farbstoffe und andere verunreinigende Substanzen aus dem textilen Baumwollabfall herausgelöst. Im nächsten Schritt wird die Baumwolle dann chemisch in ihre Fasermoleküle zerlegt und schließlich wieder neu ausgesponnen. Nach Angaben des Unternehmens ist das Verfahren das erste seiner Art, das nun in den USA kommerzialisiert werden soll. »Es gibt bereits Techniken, mit denen industrielle Abfälle zu neuen Fasern verarbeitet werden. Hier besteht meistens das Problem, dass die Faserqualität

DECODING THE FIBRE DNA

DeNAture is a project to decode the DNA of fibres and materials. This project by Miriam Ribul, a designer and material researcher, demonstrates how design-oriented thinking can support circular economy systems by providing new communication strategies in various contexts. Using sensors and UV microscopes, DeNAture decodes information such as the origin of a material, its type, and the processes involved in recycling it chemically. After production, materials that have been treated chemically are marked with a binary number code. The code translates the invisible chemical processes and compounds into a pattern that can be read using microscopes and sensors, thus facilitating the identification of materials without changing the characteristics of the fibres. The data is then archived in a »recyclopedia« and made available to users from all over the world. Miriam Ribul developed the DeNAture coding system in collaboration with the Chalmers University of Technology, Göteborg, and the Swedish SP Technical Research Institute. The European Cooperation in Science and Research (COST) has financed the project.
www.miriamribul.com

COTTON IN THE CLOSED CYCLE

Evrnu, a fashion start-up based in Seattle, Washington, has developed a novel procedure that allows used cotton textiles to be reprocessed into a new type of cellulose-based chemical fibres. First, dyes and other »dirty« substances are dissolved, removing them from the textile cotton waste. The cotton is then chemically decomposed into its component fibre molecules, and is newly spun. According to Evrnu, the procedure – the first of its kind – is ready for commercialization in the United States. Stacy Flynn, Chief Executive Officer and co-founder of Evrnu, who runs the business together with Chief Scientific Officer Christopher Stanev, says: »Techniques already exist that allow industrial waste to be reprocessed into new fibres. One frequent problem

Die Zukunft neu gedacht: Fasern, die Informationen speichern. Und schwedisches Premium-Design für digitale Tauschbörsen. // Rethinking the future: fibres that store information; and Swedish premium design for digital swapping platforms.

vermindert wird – aus langstapeliger Baumwolle werden kurzstapelige Fasern. Die Recyclingmaterialien müssen mit frischen Fasern gemischt werden, um eine ausreichend hohe Qualität zu erreichen«, sagt Chief Executive Officer und Mitgründerin Stacy Flynn, die Evrnu zusammen mit Chief Scientific Officer Christopher Stanev leitet. Ihr durch Cradle to Cradle inspirierter Anspruch war es, Post-Consumer-Produkte zu verarbeiten und dabei eine gleichbleibend hohe oder sogar höherwertige Faserqualität zu erzielen. »Eine weitere Voraussetzung war, dass die neue Faser, die wir erzeugen, wieder recycelbar ist. In unserem Herstellungsprozess sollten außerdem keine Primärrohstoffe zum Einsatz kommen und auch keine Abfälle chemischer Nebenprodukte entstehen. Erst dann reden wir von einem geschlossenen Kreislauf«, so Flynn weiter.

www.evrnu.com

READY-TO-SHARE

Filippa K, Hope, House of Dagmar, Nikolaj d'Étoiles, Uniforms for the Dedicated, Weekday und Whyred – Schwedens bekannteste Modemarken haben eine »Co-created Collection« herausgebracht. Vom Blumen-Blouson über den Casual-Blazer bis hin zu Cowboystiefeln im Reptilleder-Look – auf *Sharewear* kann man sich die Designerstücke ganz einfach ausleihen. Allerdings unter der Voraussetzung, dass sie weiterverliehen werden können. Das gilt auch für alles andere, was man so an ausrangierten Schätzen in seinem Kleiderschrank aufbewahrt: Auf der digitalen Tauschbörse von Sharewear kann jeder Stücke einstellen, die er nicht mehr tragen möchte. Dafür wird einfach ein Foto mit #shareware auf Instagram gepostet – und schon kann eine andere Person das gute Stück als neues Lieblingsteil für sich entdecken. Sharewear ist ein Projekt der schwedischen Democreativity Initiative und wurde von zwei staatlichen schwedischen Agenturen, VisitSweden und Svenska Institutet, ins Leben gerufen.

www.sharewear.se

is the reduction of the fibre quality, as long-staple cotton is turned into short-staple fibres. Recycled materials have to be remixed in order to achieve sufficiently high quality.« Inspired by Cradle to Cradle, she aims to reprocess post-consumer products and to achieve equal or even higher fibre quality. »Another guiding principle is that the fibre we produce can be recycled all over again. Furthermore, our production process should require no primary raw materials and produce no chemical by-products. Only if these conditions are fulfilled, can we talk about a closed cycle«, Flynn added.

www.evrnu.com

READY-TO-SHARE

Sweden's best-known fashion brands – Filippa K, Hope, House of Dagmar, Nikolaj d'Étoiles, Uniforms for the Dedicated, Weekday, and Whyred – have launched a »Co-created Collection«. On *Sharewear*, designer pieces can be borrowed – from flower-print blousons to casual blazers, and cowboy boots in a reptile-leather style. But only if you »share it forward«. The same goes for any other treasured item of clothing users no longer wear themselves and might want to share via the digital swap meet. You simply post a picture tagged #shareware on Instagram, allowing others to potentially discover it as their new favourite piece. A part of the Swedish Democreativity Initiative, the Sharewear project was initiated by the two Swedish state agencies VisitSweden and Svenska Institutet.

www.sharewear.se

TO DO'S

- Den Produktlebenszyklus der eigenen Produkte analysieren
- Recyclingfähige Materialien integrieren
- Materialien durch intelligente Schnittführung einsparen
- Modulares Design
- Produktionsprozesse optimieren
- Dienstleistungen rund um den Kreislaufgedanken als Business verstehen
- Neue Angebote rund um »Reuse« und »Repair« integrieren
- Die End-of-Life-Phase mit einbeziehen
- Rückverfolgbarkeit von Produkten sicherstellen
- Gebrauchte Produkte optimalerweise wieder in einen neuen Kreislauf führen

- Analyzing the product life cycles of one's products
- Integrating recyclable materials
- Using intelligent cutting patterns to economize on material
- Leveraging modular design
- Optimizing production processes
- Understanding circular-economy-related services as business opportunities
- Integrating new offers around »reuse« and »repair«
- Factoring in the end-of-life phase
- Ensuring that products can be traced
- Reintroducing used products into a new cycle

Aus Abfall werden Rohstoffe: So verwendet Aquafil zur Produktion seiner Nylonfaser Econyl unter anderem alte Fischernetze. // Waste turned into raw material: Aquafil produces its Econyl nylon fibre from used fishing nets.

»Es geht nicht darum, weniger zu konsumieren, sondern intelligenter zu produzieren.«

Prof. Dr. Michael Braungart *im Interview über Intelligenz, Fast Fashion, Schönheit, Hähnchenrezepte und die Herausforderungen der Modeindustrie. //* **Prof. Dr. Michael Braungart** *on intelligence, fast fashion, beauty, chicken recipes, and the challenges faced by the fashion industry.*

Sie machen einen Unterschied zwischen intelligentem und nicht intelligentem Recycling. Wie ist das zu verstehen?
Wenn man Dinge recycelt, dann macht man die falschen Dinge nur perfekt falsch. Faktisch gesehen findet kein Recycling statt, sondern Downcycling. Die nächste Nutzung ist im Verhältnis zu vorherigen immer minderwertig.

Haben Sie dafür ein Beispiel?
In einem Kilo Leder sind 40 Gramm Chrom enthalten. Wenn ein Schuh also irgendwo in der Landschaft endet, ist er immer ein Problem für die Umwelt und die Gesundheit der Menschen. Wenn man ihn verbrennt, entsteht Chrom 6, das hochgradig krebserregend ist. Es braucht wirklich ein völliges Umdenken, damit Dinge ihre Qualität behalten oder Qualität hinzubekommen. Was mich traurig macht, ist, dass selbst Prominente jetzt Jeans aus recyceltem PET und Baumwolle machen. Viel dümmer geht es eigentlich nicht, als Baumwolle und PET zu mischen. Denn dadurch können die Materialien weder in die Technosphäre noch in die Biosphäre zurück. Beim Textil-Recycling und -Upcycling wird immer nur die nächste Stufe betrachtet, aber was ist auf der übernächsten? Nur wenn man sie ebenfalls einbezieht, kann man intelligente Textilien herstellen.

Cradle to Cradle funktioniert nur, wenn Ausgangsstoffe eingesetzt werden, die in die Biosphäre oder die Technosphäre zurückgeführt werden. Dann gäbe es keinen Müll mehr. Das löst aber nicht das Problem bereits bestehender Müllberge.

You distinguish between intelligent and unintelligent recycling. What do you mean by this?
Recycling is just a way to make false things perfectly false. In actual fact, no recycling takes place. Instead, things are being down-cycled. The recycled item is of less value than the previous item.

Can you give an example?
A kilogram of leather contains 40 grams of chrome. A shoe ending up in the landscape is always a problem – for the environment and for people's health. Burning the shoe releases chrome 6, which is extremely carcinogenic. A totally new mindset is needed in order to preserve, let alone improve, the quality of things. What saddens me is the fact that even celebrities are beginning to wear jeans made of recycled PET and cotton. Mixing cotton and PET is about the stupidest thing you can do, because the resulting materials cannot be returned to the technological sphere or the biosphere. Where it comes to textile recycling and upcycling, people tend to focus on the next step. But what about the step that comes after that? You have to take that into account as well if you want to produce intelligent textiles.

Cradle to Cradle is only workable if raw materials are used that can be returned either to the biosphere or to the technological sphere. This way, there wouldn't be

»It is not about consuming less, but about producing more intelligently.«

Wenn man Müllverbrennungsanlagen baut, muss man sie mit Abfall füllen. Eine Wiederverwertung der Materialien ist nicht möglich, weil die Heizwerte im Müll an Papier und Kunststoff hängen. Entsorgt man Abfälle, wie man es derzeit tut, ist eine Cradle-to-Cradle-Wirtschaft nicht möglich. Das heißt, dass man für heutige Produkte mit giftigen Inhaltsstoffen Zerstörungstechniken für den Übergang braucht. Aber man müsste die Müllverbrennung auf spätestens 2030 befristen und dann zu echten Material- und Stoffstromsystemen übergehen.

Retail Stores nehmen Kleidung zurück. Textilien werden in ihre Einzelteile zerlegt und wieder zu neuen Kleidungsstücken verarbeitet. Sind das die richtigen Ansätze?

Zwei Drittel der Textilien landen nicht in Sammlungen, sondern im Abfall. Auch wenn sie gesammelt werden, landen sie zum Teil später dort. Der erste Schritt wäre, Textilien von der Abfallbeseitigung insgesamt auszuschließen. Man muss wissen, dass die Textilbranche weltweit die wichtigste Industrie ist. Dort sind zwölfmal mehr Menschen beschäftigt als in der Automobilindustrie. Ein Drittel aller Chemikalien wird im Textilbereich verwendet, und etwa die Hälfte der weltweiten Abwasserprobleme steht in Zusammenhang mit der Textilbranche. Das heißt, intelligente Konzepte für die Textilindustrie sind die Zukunft für die Menschheit.

Chemikalienmanagement – ein gutes Stichwort. Für die Branche eine große Herausforderung. Was läuft hier falsch?

Textilien sind bisher nicht für den Hautkontakt hergestellt. Institutionen erstellen Listen von Dingen, die bei der Herstellung von Kleidungsstücken nicht verwendet werden sollen, im Rahmen der Detox-Kampagne von Greenpeace zum Beispiel. Aber wenn die Industrie diese Listen unterschreibt, verwendet sie andere giftige Chemikalien, und das Spiel fängt von vorne an. Alle Zutaten in Textilien müssen, wie in einem guten Kochrezept, positiv definiert werden. Nur dann lässt sich mit den Textilien auch wieder etwas anfangen. Bei einem Kochrezept sagt man auch nicht einfach, es ist frei von Hähnchen, sondern definiert alle Zutaten. Das muss auch in der Textilindustrie erreicht werden.

any garbage any more. However, this wouldn't solve the acute challenge posed by existing landfills.

If you build a waste incineration plant, you need waste to fill it. In this context, recycling is out of the question, as the heat value of the waste depends on paper and plastic. As long as waste is disposed of according to current practices, a cradle-to-cradle economy is impossible. Since many of today's products contain toxic substances, destruction techniques are indispensable for a transitional period. However, waste incineration should stop by 2030 at the latest, giving way to genuine material- and substance-flow systems.

Retail stores take back used clothes. Textiles are disintegrated, shredded or smelted and reprocessed into new textiles. Are these the right approaches?

Two-thirds of all textiles end up as waste rather than in the clothing collection. And part of what has been collected is still thrown away. A first step would be to exclude textiles altogether from waste disposal. It is worth knowing that, on a global scale, the textile industry is the world's most important industry, employing 12 times as many workers as the automotive industry. One third of all industrial use of chemicals takes place in the textile sector, and about half of all of the world's wastewater problems relate to it. This industry therefore represents the future of mankind.

Chemicals management, incidentally, is a major challenge for the textile industry. What's going wrong here?

So far, clothes have not been made to be in contact with the skin. Institutions compile lists of substances that should not be used – see the Greenpeace Detox campaign. After signing these lists, however, producers resort to other toxic chemicals, and the game starts all over again. All ingredients have to be positively defined, as with a good cooking recipe where you wouldn't expect to find a line like »Do not add chicken«. Instead, you find a complete list of ingredients.

Ein Blick ins Jahr 2050. Was wäre, wenn Cradle to Cradle die Wirtschaft weiter durchdringen würde?

2050 ist zu spät. Wenn wir die Dinge jetzt nicht ändern, werden wir so viel Vitalität einbüßen, dass wir uns ausschließlich um die Reparatur der Zerstörung kümmern und ein System Erde erleben werden, das sich selbst zerstört. Dabei werden etwa zwei Milliarden Menschen übrig bleiben. Arten wie Bären, Affen, Nashörner und Tiger werden verschwunden und es wird höchstens noch ihre DNA in Gentechnik-Datenbanken vorhanden sein. Wir müssen jetzt handeln.

Und was bedeutet das für die Modeindustrie?

Für Kleidung bedeutet das, dass alle Zutaten definiert und alle Materialien so gestaltet werden, dass sie verschleißen und in die Biosphäre gelangen oder vom Hersteller zurückgenommen werden können. Mode ist nichts anderes als die Verpackung für Menschen, darum kann man sie auch als wiederbefüllbare Verpackung behandeln. Das hat den zusätzlichen Vorteil, dass der Kunde in den Laden zurückkommt und dann auch eher ein neues Produkt kauft. Bei den Sportartikelherstellern kann man sehen, dass der finanzielle Aufwand für den Kontakt mit dem Kunden doppelt so teuer ist wie die Herstellung eines Sportschuhs. Da gibt es viel Potenzial für das Vorhaben, mit dem Kunden in Kontakt zu bleiben; was allemal lohnenswerter ist als irgendwelche Fußballvereine zu finanzieren.

Welche Auswirkungen hat Cradle to Cradle auf den Beruf des Designers?

Im Prinzip sind die Verhältnisse in der jetzigen Textilindustrie eine Bankrotterklärung der Designer. Unsere Designer sind für Cradle to Cradle nicht ausgebildet. Notwendig ist ein neuer Studiengang Design-Management, damit Designer von Anfang an die richtige Unterstützung bekommen, sonst sind sie nur Verhübscher. All das, was Sie bei der Haute Couture in Paris und Mailand sehen, ist ein Angriff auf die menschliche Gesundheit und Intelligenz. Das ist jämmerlicher Sondermüll, den Menschen auf der Haut tragen, und hinterher wundert man sich, dass immer mehr von ihnen Asthma und Allergien haben. Da das Bestehende so primitiv ist, gibt es für Designerinnen und

This is what must also be achieved in the textile industry. Only then will textiles be able to be put to good use again.

Let's take a look at 2050: provided that Cradle to Cradle succeeds in penetrating further into the economy, what does your future scenario look like?

2050 is too late. If we fail to change things now, the system will destroy itself so quickly and we will lose so much of our vitality that we can only try to stem the wave of destruction. Around two billion people will survive. Species like bears, monkeys, rhinos, and tigers will have disappeared, leaving behind their DNA in some genetic database at best. We have to act now.

What does this mean for the fashion industry?

For textiles, this means that all ingredients have to be identified, and that materials have to be designed to either decay and re-enter the biosphere or be taken back by producers. Fashion is just a packaging for people, so it can be treated as refillable packaging. This fact has the additional benefit that the customer returns to the store, and is more likely to buy a new product. As we see with sporting goods, customers value human contact twice as much as the product itself. There is much more potential in keeping contact with customers than in sponsoring football teams.

What impact does Cradle to Cradle have on the work of designers?

Basically, the existing textile industry amounts to a declaration of bankruptcy on designers' part. Our designers have not been trained appropriately for Cradle to Cradle. What we need is a new course of studies in design management, to provide designers with the right support right from the outset. Otherwise, they are just »embellishers«. What is presented as Haute Couture in Paris and Milano is simply an attack on human health and intelligence. It is hazardous waste to be worn on the

»Alle Zutaten in Textilien müssen, wie in einem guten Kochrezept, positiv definiert werden. Nur dann lässt sich mit den Textilien auch wieder etwas anfangen. Bei einem Kochrezept sagt man auch nicht einfach, es ist frei von Hähnchen, sondern definiert alle Zutaten. Das muss auch in der Textilindustrie erreicht werden.«

Designer aber auch alle Gestaltungsmöglichkeiten der Welt, mit denen sie wirklich wichtig werden können.

Eine gängige Meinung ist: Fast Fashion und Corporate Responsibility schließen sich aus. Sie sind anderer Meinung ...

Ja, natürlich. Mode ist entscheidend dafür, dass Menschen sich in Massengesellschaften ausdrücken können. Zum einen muss die Möglichkeit bestehen, einem Standard zu entsprechen, um zu einer bestimmten Gruppe dazuzugehören. Zum anderen suchen Menschen die Möglichkeit, sich zu differenzieren, indem sie verschieden aussehende Dinge anziehen. Dabei ist Mode für die Umwelt weitaus besser geeignet als Statussymbole wie ein großes Auto oder Haus. Je besser man sich über Mode ausdrücken kann, desto weniger ist man auf solche Statussymbole angewiesen. Daher bin ich ein großer Freund von Mode – und auch von Fast Fashion, in dem Sinne, dass man die dafür verwendeten Materialien erneut einsetzen kann. Es geht nicht darum, weniger zu konsumieren, sondern intelligenter zu produzieren. Wir müssen Produktionsprozesse so entwickeln, dass Verschwendung kein Problem mehr ist. Das setzt allerdings völlig andere Fertigungstechniken voraus.

Wie würde denn die Textilfertigung der Zukunft aussehen?

Textilien sollten in Zukunft geklebt werden, damit man die Materialien wiederverwenden kann. Das Nähen ist eigentlich Vergangenheit. Auch 3-D-Druck-Materialien können durchaus eine Rolle spielen, aber sie müssen so gestaltet sein, dass sie der Natur und der menschlichen Gesundheit nicht schaden. Im Moment ist das noch nicht der Fall, und man darf hier nicht die gleichen Fehler begehen, die man zuvor bei der üblichen Herstellung von Textilien gemacht hat. Bis vor sieben Jahren gab es beispielsweise kein Schwarz, das man in der Unterwäsche auf der Haut tragen konnte, ohne davon krank zu werden. Es gibt noch viele Defizite bei der Textilfertigung; die Hersteller sollten verstehen lernen, dass die Haut zentral für die menschliche Gesundheit ist und auf ihr nur Dinge eingesetzt werden sollten, die der Gesundheit dienen.

skin. And then people wonder why, more and more, they have asthma and allergies. Since the present situation is so primitive however, the world abounds with creative opportunities for young people.

According to conventional wisdom, fast fashion and corporate responsibility are mutually exclusive. You have a different perspective...

Yes, of course. Fashion is important for people to be able to express themselves in the context of a mass society. On the one hand, people must be able to attain a standard, so that they can belong to a group. On the other hand, people want to distinguish themselves from others by means of how they dress. Fashion serves this purpose much better than status symbols such as a car or a house. The more you can express yourself through how you dress, the less you rely on status symbols for self-expression. I am therefore a great fan of fashion – including fast fashion, provided it is possible to reuse the materials. It is not about consuming less, but about producing more intelligently. We have to develop production processes in which waste is no longer a problem. This, however, requires a totally different type of production techniques.

What, then, would the textile production of the future actually look like?

In the future, textiles should be glued, so that materials can be reused. Sewing is essentially a thing of the past. 3D printing may also play a role, but materials must be designed not to be detrimental to human health. So far, this is not yet the case, and we should certainly not repeat our past mistakes. Until seven years ago, no black dye for underwear to be worn next to the skin existed that was free from health hazards. There are still various problems. People need to realize how crucial the skin is for human health, and that it should only be exposed to materials that have a healthy effect.

»All ingredients have to be positively defined, as with a good cooking recipe. Only then will textiles be able to be put to good use again. In a cooking recipe, you wouldn't expect to find a line like ›Do not add chicken‹. Instead, you find a complete list of ingredients. This is what must also be achieved in the textile industry.«

Der 1958 in Schwäbisch Gmünd geborene **Michael Braungart** ist Verfahrenstechniker und Chemiker. Er ist Inhaber des »Cradle to Cradle«-Lehrstuhls für Innovation und Qualität an der Rotterdam School of Management (Erasmus-Universität), Geschäftsführer der EPEA Internationale Umweltforschung GmbH und wissenschaftlicher Leiter des Hamburger Umweltinstituts. Gemeinsam mit dem Architekten und Designer William McDonough entwickelte er das »Cradle to Cradle«-Konzept, in dessen Mittelpunkt die Entwicklung von ökoeffektiven Produktionsverfahren innerhalb einer geschlossenen Kreislaufwirtschaft steht.

Born in Schwäbisch Gmünd in 1958, **Michael Braungart**, a process engineer and chemist, holds the »Cradle to Cradle« professorship for innovation and quality at the Rotterdam School of Management (Erasmus University). He is also managing director of EPEA Internationale Umweltforschung (Environmental Protection Encouragement Agency – International Environmental Research) and Scientific Director of the Hamburger Umweltinstitut (the Hamburg Environmental Institute). Together with the architect and designer William McDonough, he developed the »Cradle to Cradle« concept, which focuses on developing eco-effective production procedures within a closed circular economy.

FUTURE SCENARIO **VII**

THRIVABILITY

»Der Ausgang der Gesellschaften aus ihrer ökonomischen Unmündigkeit« – so definieren progressive Ökonomen im Jahr 2025 die Emanzipation der Weltgesellschaft von der neoliberalen Marktdoktrin und proklamieren die »kapitalistische Aufklärung«. Sie ersetzen die auf Adam Smith, den großen Moralphilosophen und Begründer der Nationalökonomie, zurückgehende metaphysische Grundtendenz, die Geschehnisse am Markt mithilfe der alles ordnenden »unsichtbaren Hand« zu erklären, durch rationale Systeme und Rechenmodelle.

Viele große Konzerne und Unternehmen sind nach Jahrzehnten sich abwechselnder Rezessionen und Krisen kurz davor, zu zerfallen oder in der Bedeutungslosigkeit zu verschwinden. Nur einige wenige konnten ihre Position behaupten. Die von ihnen freigemachten Plätze werden im Future Scenario »Thrivability« zunehmend durch neue transnationale Organisationen und schlagkräftige, reaktionsschnelle Netzwerke mit einem neuen Zukunftsverständnis eingenommen.

ALLMÄHLICHES ENDE EINES BUZZWORDS: DER LANGSAME NIEDERGANG VON CR

Wie ist es eigentlich dazu gekommen? »Die soziale Verantwortung von Unternehmen ist es, ihre Gewinne zu erhöhen« – selbst den schärfsten Gegnern Milton Friedmans, des einflussreichsten wirtschaftsliberalen Ökonomen des 20. Jahrhunderts, von dem dieses Zitat stammt, war es in der Zeit vor der kapitalistischen Aufklärung schwergefallen, seine Aussage zu widerlegen. Und ungeachtet ihrer Unfähigkeit, langfristige Zielvorgaben in nennenswertem Umfang abzubilden, blieben ausschließlich am kurzfristigen wirtschaftlichen Erfolg

»The emergence of societies from their economic immaturity« – this is how progressive economists define the emancipation of world society from neoliberal market doctrine in the world of 2025, proclaiming a »capitalist Enlightenment«. The metaphysical trend established by Adam Smith, the great moral philosopher and founder of national economy, of explaining everything that happens within the market as the work of an order-creating »invisible hand« is replaced with rational systems and computational models.

Following decades of successive recessions and crises, many large corporations and companies are close to disintegrating or becoming irrelevant. Only a small number of them have been able to maintain their positions. In the »Thrivability« future scenario, this vacuum is increasingly being filled by new transnational organizations and powerful, fast-reacting networks with a new vision of the future.

A BUZZWORD BEATING A RETREAT: THE SLOW DECLINE OF CR

How did it come to this? »The social responsibility of business is to increase its profits« – prior to the capitalist enlightenment, even opponents of Milton Friedman, the most influential free-market economist of the twentieth century, struggled to disprove this statement of his. Short-term economic success indicators, for all their inability to reflect long-term goals, had long been the golden calf of corporate management in the years prior to 2025.

orientierte Kennzahlen auch in den Jahren vor 2025 lange das goldene Kalb der Unternehmensführung.

Zwar war vielen ökonomischen und politischen Entscheidern unterschwellig längst klar, dass gemeinwohlorientierte Ziele, wie die Demokratisierung von Entscheidungsprozessen und die kollaborative Sicherstellung des Erhalts der Lebensgrundlagen auf unserem Planeten, eigentlich viel geeigneter wären, um die Frage der Bewältigung von Ressourcenengpässen oder zirkuläre und evolutionäre Unternehmensstrukturen zu managen. Anstatt sich mit dieser Alternative intensiv auseinanderzusetzen, verabreichten sie den wankenden Konzernen jedoch beharrlich die falsche Medizin: Es genüge, ein paar vordergründige Bekenntnisse zum alten, einst aus der Forstwirtschaft entlehnten Grundsatz der »Nachhaltigkeit« abzugeben, um durch das Austarieren von ökologischen, sozialen und ökonomischen Interessen ihre Zukunft sichern.

Nachhaltige Prinzipien sind seit dem Millenniumswechsel mehr und mehr in Gesetze gegossen worden. Spätestens mit dem Zeitpunkt, da sie so normative Verbindlichkeit erhielten, begann für die unflexiblen Unternehmen der alten Ökonomie jedoch auch der zunächst unmerkliche Abstieg. Mit ihren althergebrachten Strukturen, die sich über viele Generationen und Wirtschaftszyklen hinweg herausgebildet hatten, waren sie letztlich unfähig, den neuen Anforderungen gerecht zu werden. Ihren Erfolg definierten sie weiterhin ausschließlich mittels der »Four Cheaps«: billige Arbeitskraft, billige Nahrungsmittel, billige Energie, billige Rohstoffe. So hatte der Dozent am Fernand Braudel Center der US-amerikanischen Binghamton University, Jason W. Moore, die vier Parameter benannt, nach denen der klassische Kapitalismus funktioniert. Mit einem neuen gesellschaftlichen Bewusstsein, dessen Ergebnis viele der neuen Gesetzesinitiativen sind, sahen sich die Unternehmen nun dieser hohe Profite versprechenden, aber ausbeuterischen und zerstörerischen Möglichkeit, Geschäfte zu machen, beraubt. Denn nun waren sie gefordert, nicht nur an der Kapitalrendite interessierte Shareholder, sondern auch die sich immer lauter zu Wort meldenden zivilgesellschaftlichen Stakeholder zufriedenzustellen.

Schnell verrauchte in den Chefetagen die Begeisterung für den sowieso technokratisch anmutenden Nachhaltigkeitsbegriff:

Many economic and political decision makers have long been subconsciously aware of the fact that shared welfare goals, such as the democratization of decision processes and cooperating to preserve the natural resources of our planet, would be a more appropriate way of dealing with resource shortages and managing circular and evolutionary corporate structures. However, instead of giving this alternative some serious thought, they continue to treat the stumbling corporations using the wrong medicine, contending that all that's needed to secure their future is some superficial commitments to the long-standing principle of »sustainability« (originally borrowed from forestry) as a way of striking a balance between ecological, social, and economic needs.

Since the beginning of the millennium, the principles of sustainability have increasingly been enshrined in law. As soon as these laws became normatively binding, the old economy's inflexible corporations began – imperceptibly at first – to take the downward route. Their long-standing structures, shaped over the course of many generations and economic cycles, were ultimately unable to meet the new challenges. They kept defining success in terms of the »four cheaps«: cheap manpower, cheap food, cheap energy, and cheap resources. This is how Jason W. Moore, a lecturer with the Fernand Braudel Center of Binghamton University, New York, describes the four parameters of traditional capitalism. With society developing a new consciousness leading to a number of new legislative initiatives, corporations found themselves bereft of these highly profitable, if exploitive and destructive options for doing business: the stakeholders they had to satisfy now included, alongside those looking for maximum return on capital, civil-society players with different concerns, increasingly making their voices heard.

On corporate boards, enthusiasm for the concept of sustainability – technocratic as it felt in the first place – quickly faded: it could easily be discredited as

Leicht ließ er sich als sozialromantisches Wunschkonzept diskreditieren und unter Verweis auf vermeintliche Sachzwänge als sogenannte Corporate Responsibility domestizieren. Kosten wurden freilich auch in Unternehmen mit einem CR-Konzept weiterhin reduziert oder externalisiert, galt es doch nach wie vor, Arbeitsplätze und Dividenden zu sichern, Gewinne zu maximieren und das Wirtschaftswachstum zu verteidigen. Hauptsache, der Nachhaltigkeitsbericht glänzte und die kritischen Stakeholder gaben sich zufrieden und schwiegen – so ließ sich der langsame Verfall in aller Ruhe verwalten.

DEKONSTRUKTION ALTER BEGRIFFE UND NEUES DENKEN

Doch einige progressive Visionäre der »kapitalistischen Aufklärung« wollen spätestens im Jahr 2025 mehr als eine Steady State Economy, also ein Bewahren des Status quo. Sie zweifeln nicht nur daran, dass ein unbegrenztes Wachstum mit begrenzten Ressourcen möglich sei, sondern auch daran, dass wissenschaftliche Erkenntnisse zu einem unendlichen Ausdehnen der Grenzen führen könnten. Sie wagen den Ausbruch aus dem konventionell-linearen Wirtschaftsdenken. Stattdessen folgen sie zirkulär-holistischen Vektoren.

Diese Wegbereiter eines neuen Emanzipationsprozesses plädieren nicht nur für eine intelligente Vernetzung von digitalen und analogen Absatz-, Kommunikations- und Sourcing-Kanälen, ihnen ist auch eine große Skepsis gegenüber den traditionellen marktwirtschaftlichen Handlungsmaximen gemein. Totgerittene Begriffe werden von ihnen radikal dekonstruiert: Sie ersetzen den in der verbrauchten englischen Vokabel Sustainability enthaltenen Wortbestandteil »to sustain« (= bewahren) durch »to thrive« (= gedeihen, blühen, Erfolg haben). Mit dem auf diese Weise neu geschaffenen und positiv besetzten Prinzip »Thrivability« bringen sie Enthusiasmus zurück in die Ökonomie. Der positive Nettoeffekt (Positive Net Impact, siehe S. 140) wird den mit negativen Rebound-Effekten assoziierten Effizienzsteigerungen, bei denen der »nachhaltige« Umgang mit Ressourcen durch ihren erhöhten Verbrauch konterkariert wird, entgegengesetzt. Sie entwickeln Konzepte, mit denen Materialflüsse und Wertschöpfungsprozesse sich in Kreisläufen bewegen, Innovationen

a social-romantic ideal and, with reference to alleged practical constraints, could be transformed into something called »corporate responsibility«. Admittedly, businesses with a CR concept still cut costs, as they had to secure jobs and dividends, maximize profits, and defend economic growth. What mattered was a glossy sustainability report and critical stakeholders being kept satisfied and quiet, so that the gradual decline could be comfortably managed.

DECONSTRUCTING OLD NOTIONS AND DEVELOPING A NEW THINKING

By 2025 at the latest, some progressive visionaries of the »capitalist Enlightenment« expect to see more than the steady-state economy which has been the status quo for quite a time. They not only question the possibility of unlimited growth with limited resources, but also doubt that science might enable humankind to extend these boundaries indefinitely. They have the courage to leave behind conventional linear economic thinking. Instead, they follow circular-holistic trajectories.

These pioneers of a new emancipation process not only advocate an intelligent interconnection of digital distribution, communication, and sourcing channels, they are also united in feeling considerable scepticism about traditional market-oriented action principles. They set out to radically break down over-used concepts, replacing the »sustaining« (= maintaining) part of the outdated English term »sustainability« with the term »thriving« (= flourishing, blossoming, being successful). The positive connotations of the concept of »thrivability« restore enthusiasm to the economic world. The positive net impact (see p. 140) is contrasted with the negative rebound effects of efficiency enhancements, which see a higher consumption tending to thwart the benefits of using resources »sustainably«. The pioneers of emancipation develop concepts that allow material flows and value creation processes to move in cycles, for innovations to be implemented in open networks, and

in offenen Netzwerken verwirklicht und Ideen nicht mehr als geistiges Eigentum, sondern als Gemeingüter, sogenannte Commons, gedacht werden.

Die Ansätze sind nicht esoterisch-spirituell, sondern analytisch und reflektiert. Ihr Ziel ist der kompromisslose Bruch mit dem Kennzifferndogmatismus. Entsprechend pragmatisch fällt auch ihre Antwort auf den bislang häufig im Elfenbeinturm der Wissenschaft geführten Diskurs über Suffizienz, Post- und De-Growth aus: Sobald eine kritische Masse von Firmen andere, individuelle Indikatoren für unternehmerischen Erfolg zum Maßstab erhoben hat, werden sie zunächst für den Kapitalmarkt interessant. Schließlich finden sie dort sogar Nachahmer und leiten so letztlich eine allmähliche Entkoppelung der Privatwirtschaft von der Wachstumsdoktrin des Spätkapitalismus ein.

Die »Neoconomy«-Unternehmen zeichnen sich durch weitreichende Transparenz aus. IT-gestützt berichten sie permanent und auf allen Kanälen. Das Berichtswesen umfasst weite Teile ihrer internen Strukturen und forciert darüber True-Cost- und True-Pricing-Konzepte (siehe S. 146). Zuvor externalisierte Kosten werden weitestgehend internalisiert, sodass wirtschaftliche Erfolge positiv auf das Gemeinwohl und die Erhaltung des Planeten einzahlen. Corporate Responsibility ist keine Abteilung, kein Vorstandssegment und keine Stabsstelle mehr, sondern im alltäglichen Geschäft von Neoconomy-Unternehmen verankert. Erfolg wird in Stakeholder Value gemessen, denn schließlich honorieren Lieferanten, politische Instanzen, (potenzielle) Mitarbeiter und Konsumenten die biophile Philosophie (siehe Interview mit Ralf Isenmann, S. 147 ff.) der neuen Wirtschaftsavantgarde.

for ideas to be regarded as so-called commons rather than intellectual property.

These approaches are analytical and well-considered rather than esoteric-spiritual. Their aim is to break, decisively, with the dogma of indicators. Their response to the discourse on sufficiency, post-growth, and degrowth – which has, so far, often been restricted to the ivory tower of science – is therefore a rather pragmatic one: once a critical mass of corporations have adopted other, individual indicators as the benchmark of business success, these approaches can finally become interesting to the capital market. They eventually find imitators, thereby initiating a gradual decoupling of private economy from the growth doctrine of late capitalism.

»Neoconomy« businesses are characterized by far-reaching transparency. They are constantly »on the air«, on every possible IT channel. Their reporting extends to most of their internal structures, thus promoting true-cost and true-pricing concepts (see p. 146). Since most of the expenses that were once externalized are now internalized, economic successes become contributions to the public good and the preservation of the planet. Corporate responsibility is no longer a department, a board position, or a staff function. Instead, it has become an integral part of the daily operations of neoconomy businesses. Success is measured in stakeholder value, with suppliers, political bodies, (potential) employees, and consumers all equally supporting the biophile philosophy (see interview with Ralf Isenmann on pp. 147 ff.) of the new economic avant-garde.

HERAUSFORDUNGEN
CHALLENGES

- Entkoppelung von den Kennzahlen innerhalb eines auf Kennzahlen fokussierten Systems
- Infragestellung von Sachzwängen innerhalb einer globalisierten Realität
- Kalkulation externalisierter Kosten
- Schaffung eines neuen betrieblichen Erfolgsbegriffs
- Integration neuer IT-Systeme und Steuerungsautomatismen
- Für Avantgardisten der Neoconomy: Überlebenssicherung für die visionäre Phase
- Critical Mass: Sprung von der Mikro- auf die Makroebene

- Decoupling from the indicators within a indicator-focused system
- Questioning practical constraints within a globalized reality
- Calculating externalized costs
- Developing a new concept of business success
- Integrating new IT systems and control automatisms
- For neoconomy pioneers: making a living during the visionary phase
- Critical mass: moving from the micro level to the macro level

Thrivability heißt das positiv besetzte Prinzip, das den rein auf Bewahrung ausgerichteten Nachhaltigkeitsbegriff zunehmend ersetzen wird. // The positively connoted thrivability principle will increasingly replace the concept of sustainability, with its focus on mere preservation.

FOKUS: NACHHALTIGKEITSBERICHTERSTATTUNG
FOCUS: SUSTAINABILITY REPORTING

Was genau ist eigentlich Corporate Responsibility (CR)? Per gemeinhin akzeptierter Definition eine Leitidee, die Fragen der gesellschaftlichen Verantwortung eines Unternehmens aufwirft und die es für seine eigene Situation konkretisieren muss. Und welche Funktion erfüllt ein Nachhaltigkeitsbericht? Er trifft Aussagen zu dieser individuellen Nachhaltigkeitsstrategie in Beziehung zu einem definierten Zeitrahmen.

In dieser Formulierung verbirgt sich die Anerkennung der Tatsache, dass Unternehmen trotz unterschiedlicher Rahmenbedingungen heute quasi alles als Nachhaltigkeitsstrategie verkaufen können, was minimal dem Gemeinwohl zuträglich ist. Unberührt bleibt das Kernproblem, dass sie für ihre Wertschöpfung nahezu durchgängig Gemeingüter verbrauchen; und dies zu großen Teilen, ohne dafür eine Gegenleistung zu erbringen. Der Nachhaltigkeitsbericht bleibt nach dieser Logik eine Finte, da er positivistisch über isolierte Teile unternehmerischen Handelns berichtet, während er dessen negative Effekte zumeist ignoriert. Es sind aber genau diese negativen Auswirkungen, die betrachtet und auf volkswirtschaftlicher Ebene bilanziert werden müssten, um wirtschaftliche und gesellschaftliche Prosperität in Einklang zu bringen.

Die Erfüllung der Forderung nach Harmonie zwischen Ökonomie und Gesellschaft scheitert in der Realität jedoch oft schon an den zugrunde liegenden unterschiedlichen Maßeinheiten: Quantität versus Qualität. Damit der Verbrauch von Gemeingütern kompensiert werden kann, müssen sie zunächst quantifiziert und die so gewonnenen Mengen anschließend in Geldwerte transformiert werden. Dafür sind global geltende Maßstäbe nötig. Und letztlich erfordert dies die Einbeziehung der Auswirkungen unternehmerischen Handelns auf Gesellschaft und Umwelt in die Kostenrechnung und die Rechnungslegung – und damit zwangsläufig auch in die betriebswirtschaftliche Kalkulation.

Solange Nachhaltigkeitsberichte lediglich vereinzelte Aussagen zur Strategie treffen und voneinander isolierte Maßnahmen aufzählen, die zur Wahrung der gesellschaftlichen Verantwortung des Unternehmens dienen sollten, gilt also vielmehr: »Qui s'excuse, s'accuse« – wer sich entschuldigt, klagt sich an. Oder, um die etwas derbere Formulierung eines Revolutionärs

What exactly is Corporate Responsibility (CR)? According to its widely accepted definition, it is a guiding principle that addresses the responsibility of businesses to society as a whole. And what exactly is the point of a sustainability report? It makes statements about this individual sustainability strategy with respect to a specific period of time.

This wording implicitly acknowledges the fact that today's businesses – each with their own specific framework conditions – may sell whatever contributes to the common good as a sustainability strategy. The core problem, however, remains: nearly all businesses create value by using up common resources – most of them without giving anything in return. Based on this logic, the sustainability report turns out to be little more than a red herring. It reports positively on isolated areas of corporate activity, with the negative impact mostly ignored. But it's just this negative impact that should be taken into consideration and assessed on a macro-economic level.

One of the reasons why, in reality, it is often so difficult to reconcile economy with society is that there is a mismatch between the standards used – quantity versus quality. For the using of common goods to be adequately compensated, these goods must first be quantified and the resulting quantities then calculated financially. For this, globally accepted standards are needed. This approach ultimately demands the factoring into cost accounting and financial reporting of the impact of corporate activity on the society and on the environment – and thus, inevitably, into economic calculations as well.

As long as sustainability reports are limited to making sporadic statements about strategy and listing isolated measures intended to satisfy a business's social responsibility requirements, what they implicitly convey, is: »Qui s'excuse, s'accuse« – he who excuses himself accuses himself. Or, to use the somewhat cruder wording of an old-school revolutionary: »Justification prostitutes the character« (Che Guevara). Whether distinguished or revolutionary – for as long as CR reporting doesn't achieve

der alten Schule zu gebrauchen: »Rechtfertigung prostituiert den Charakter«, wie Che Guevara schrieb. Einerlei, ob distinguiert oder revolutionär: Solange CR Reporting keine zukunftsorientierte Relevanz für die operative Steuerung erlangt, bleibt es letztlich auf dem Niveau eines Marketinginstruments.

EBENEN DER NACHHALTIGKEITSBERICHTSERSTATTUNG

- Der *Deutsche Nachhaltigkeitskodex* (DNK) ermöglicht Unternehmen einen niedrigschwelligen Einstieg in das Nachhaltigkeitsmanagement und in die betriebliche Nachhaltigkeitsberichterstattung. Der nach dem DNK geltende branchenübergreifende Transparenzstandard enthält 20 überschaubare Kriterien.
  www.deutscher-nachhaltigkeitskodex.de
- Sogenannte Frameworks (Leitlinien) gehen einen Schritt weiter und erfordern von berichtenden Unternehmen etwas komplexere Analysen. Die ***Global Reporting Initiative*** (GRI) zum Beispiel ist international anerkannt und stellt solche Leitlinien für die Nachhaltigkeitsberichterstattung zur Verfügung. Nach der aktuellen Version G4 setzen sie eine Wesentlichkeitsanalyse voraus und fordern Unternehmen damit heraus, individuell für ihre Wertschöpfung wichtige Nachhaltigkeitsthemen zu identifizieren. Eine Alternative zu GRI liefert ***AccountAbility***, eine internationale Organisation, die Nachhaltigkeits- und CR-Normen aufstellt und die Standards der AA1000-Serie herausgibt.
  www.globalreporting.org | www.accountability.org
- Erleichterung versprechen die Anbieter von Software für die Nachhaltigkeitsberichterstattung. Sie bieten Unternehmen IT-gestützte Lösungen mit einer intuitiv zu bedienenden Eingabemaske und der Möglichkeit zur quasi automatisierten Erstellung des Berichts an. ***360report*** etwa bildet in mit seinen Programmen erstellten Berichten beispielsweise die G4 nach GRI, die als internationales Referenzsystem bei der Wahrnehmung gesellschaftlicher Verantwortung dienende ISO 26000 und die Richtlinien des UN Global Compact, der Initiative der Vereinten Nationen für verantwortungsvolle Unternehmensführung, ab. Doch so komfortabel diese Anwendungen zunächst erscheinen, ersetzen sie nicht eine schlüssige Nachhaltigkeitsstrategie. *www.360report.org*

future-oriented relevance for operative management, it ultimately constitutes little more than a marketing tool.

REPORTING LEVELS OF SUSTAINABILITY

- The ***German Sustainability Code*** (Deutscher Nachhaltigkeitskodex, DNK) offers businesses low-threshold access to sustainability management and corporate sustainability reporting. The cross-industry transparency standard proposed by the DNK includes 20 manageable criteria.
  www.deutscher-nachhaltigkeitskodex.de/en
- So-called frameworks (guidelines) go one step further by requiring the reporting businesses to carry out more complex analyses. The globally recognized *Global Reporting Initiative* (GRI) provides one such set of guidelines for sustainability reporting. The current version (G4) requires businesses to carry out a materiality analysis, challenging them to identify aspects of sustainability specifically relevant to their way of creating value. An alternative to GRI is provided by ***AccountAbility***, an international organization that defines sustainability and CR norms and publishes the AA1000-series standards.
  www.globalreporting.org | www.accountability.org
- Software suppliers promise to make sustainability reporting easier. They offer businesses IT-supported solutions with an intuitive graphic interface that allow one to create reports in a largely automated way. ***360report***, for instance, provides reports that map G4 to GRI and to ISO 26000, a norm serving as the reference system for assuming social responsibility, as well as to the guidelines of UN Global Compact, the United Nations' initiative for responsible corporate management. However, helpful as these applications may appear at first sight, they are no replacement for a coherent sustainability strategy.
  www.360report.org
- Integrated reporting is often regarded as the benchmark standard in reporting. Here, key sustainability

- Benchmark in diesem Bereich ist oftmals die integrierte Berichterstattung. Dabei werden die Nachhaltigkeitskennzahlen in den Geschäftsbericht eingegliedert. Das *International Integrated Reporting Council* (IIRC) arbeitet an einem allgemein akzeptierten Rahmenkonzept für die Nachhaltigkeitsbilanzierung. Eine weitere Initiative, die sich dem Ziel verschrieben hat, einer »grünen und integrativen Wirtschaft« den Weg zu bereiten und den »Wandel in der Berichterstattung« voranzutreiben, ist die Plattform Reporting 3.0. *www.integratedreporting.org | www.reporting3.org*
- Integrated Reporting ist das Sprungbrett zur modernsten Form des Berichts: dem Environmental Profit and Loss Account (kurz EP&L). Diese ökologische Gewinn-und-Verlust-Rechnung bilanziert Umweltauswirkungen nicht nur, sondern bildet sie in einem eigenen Rechnungswesen ab. Man spricht von Internalisierung der (vormals externalisierten) Umwelt- und Sozialkosten. Dazu ist eine Umrechnung in Geldwerte notwendig, die sogenannte Monetarisierung. Kritiker des Konzepts bemängeln die Unschärfe dieser Kalkulation. Ziel berichtender Unternehmen in der Berichtlegungslogik einer GuV müsste es ihrer Sicht nach sein, den »No Net Loss« oder gar »Positive Net Impact« zu bilanzieren. Das heißt, entweder einen Saldo auszuweisen, der mit überhaupt keinen Umweltkosten belastet ist, oder sogar einen ökologischen und sozialen Überschuss zu erwirtschaften. Ob dies überhaupt möglich ist, sollte Gegenstand weiterer Diskussionen und einer möglichen detaillierteren Beweisführung sein.

INTERNALISIERUNG ALS INSTRUMENT DES RISIKOMANAGEMENTS

»What can't be measured can't be managed« – dieser Ausspruch bringt auf den Punkt, warum Nachhaltigkeitsthemen gemessen und monetarisiert werden müssen: um sie kalkulierbar und steuerungsrelevant zu machen. Nachhaltigkeitskosten sind für Unternehmen direkt mit Finanzrisiken verknüpft; Stakeholder wie Shareholder, Kreditgeber, Versicherer oder die Zivilgesellschaft und die Politik verlangen immer häufiger, dass ihnen Informationen über nicht finanzielle Leistungsindikatoren zur Verfügung gestellt werden.

indicators are presented as an integral part of annual reporting. The ***International Integrated Reporting Council*** (IIRC) is working on a broadly accepted framework for sustainability reporting. Another initiative that is committed to paving the way to a »green and integrative economy« and to promoting a »change in reporting« is the think-tank platform Reporting 3.0. *www.integratedreporting.org | www.reporting3.org*

- Integrated reporting is the stepping stone to the most up-to-date form of report – the Environmental Profit and Loss Account (EP&L). In addition to recognizing the environmental impact, this system describes it within a separate reporting system. This is called the internalization of (previously externalized) environmental and social costs. It involves assigning cash values, a process known as monetizing. Critics of the concept point to the unreliability of this calculation. In their opinion, the reporting logic of a profit and loss account implies that a reporting business should aim to prove that its operation either produces »no net loss«, or an actual »positive net impact«. This would be equivalent to reporting a net total that brings with it no environmental costs at all, or is even generating an environmental and/or social surplus. Whether or not this is actually possible, is a subject for further debate, requiring a detailed weighing of arguments.

INTERNALIZATION AS A RISK MANAGEMENT TOOL

»What can't be measured can't be managed.« This dictum puts in a nutshell why sustainability issues require measuring and monetizing: they have to be made calculable and controllable. For businesses, there is a direct link between sustainability costs and financial risks; stakeholders and shareholders, lenders and insurers, alongside civil society and government, are increasingly demanding information about businesses' non-financial performance indicators.

In this context, the so-called ESG (environmental, social, governance) factors are not limited to the much-

Dabei erschöpfen sich die sogenannten ESG-Faktoren (Environmental, Social, Governance) nicht in der allgegenwärtig beschworenen Reduzierung des CO_2-Fußabdrucks. Sie umfassen genauso Emissionen in Wasser und Boden, ökologische Faktoren wie Energie- und Ressourceneffizienz, Gefahrstoff- und Abfallmanagement sowie Klimaauswirkungen. Darüber hinaus soziale Aspekte und Fragen der Unternehmensführung wie die Übernahme von Verantwortung für die eigene Lieferkette, die Gleichbehandlung der Mitarbeiterinnen und Mitarbeiter oder Mechanismen gegen Korruption, eine transparente Vergütungsstruktur, Compliance-Systeme und weitere Maßnahmen zur jederzeitigen Offenlegung der Unternehmenspolitik.

All diese Faktoren sollten in einer umfassenden Risikoberichterstattung abgebildet werden. Diese Forderung ist viel weniger Ökospinnerei als reale Geschäftsnotwendigkeit. Dementsprechend haben internationale Consultingunternehmen auch Instrumentarien entwickelt, die den damit verbundenen Anforderungen entgegenkommen: PricewaterhouseCoopers beispielsweise das »Total Impact Measurement & Monitoring« (TIMM) und das Beratungsunternehmen Systain die »Carbon Performance Improvement Initiative« (CPI2).

GESETZESINITIATIVEN

Bereits im November 2014 wurde die »Richtlinie 2014/95/EU des Europäischen Parlaments und des Rates« im Amtsblatt der EU veröffentlicht. Damit wurden die Parlamente der Mitgliedsstaaten aufgefordert, die »Richtlinie zur Angabe nichtfinanzieller und die Diversität betreffender Informationen« in nationales Recht umzusetzen. In Deutschland hat der Bundestag dieser Direktive dergestalt Folge geleistet, dass ab dem Geschäftsjahr 2017 größere Kapitalgesellschaften rechtlich dazu verpflichtet sind, über die von ihnen getroffenen Nachhaltigkeitsmaßnahmen zu berichten.

Andere Länder waren da schneller und gehen weiter. Dänemark beispielsweise hat schon gehandelt und verpflichtet nicht nur große Kapitalgesellschaften von »öffentlichem Interesse« zum Report (so www.klimareporting.de, die Website des WWF Deutschland und der NGO CDP zu Strategien für die CO_2-Reduktion), sondern alle »großen« Unternehmen. »Groß« bedeutet in Dänemark, dass ein Unternehmen zwei der folgenden Kriterien

invoked reduction of CO_2 footprint. They also include emissions released into water and soil, other environmental factors such as energy and resource efficiency, and hazardous substance and waste management, alongside impact on climate change. Other factors relate to social aspects and leadership issues, such as taking responsibility for your supply chain, treating male and female employees equally, and creating mechanisms against corruption, a transparent remuneration structure, compliance systems, and other measures to promote an at-all-times policy of open information sharing.

All these factors should be included in a comprehensive risk report. This is a real necessity, not a crazy environmentalist idea. International consulting firms have therefore developed tools to help meet the challenges involved, such as PricewaterhouseCoopers's »Total Impact Measurement & Monitoring« (TIMM), or the »Carbon Performance Improvement Initiative« (CPI2) launched by Systain, a Germany-based consulting firm.

LEGISLATIVE INITIATIVES

The »Directive 2014/95/EU of the European Parliament and of the Council« was first published in the Official Journal of the European Communities in November 2014. It requested the parliaments of the member states to transpose the Directive on Disclosure of Non-financial and Diversity Information into national law. In Germany, the Bundestag has complied with this directive by making it legally binding on major corporations to report their sustainability measures, as of the 2017 financial year.

Other countries have been quicker and have done more. Denmark, for instance, has already acted, and is now requesting reports not only from larger corporations of »public interest« but from all »major« businesses (according to www.klimareporting.de, the website of WWF Germany, and CDP, an NGO, on CO_2 reduction strategies). In Denmark, a »major« business is one that fulfils two of the following criteria: being an employer of

erfüllt: über 250 Mitarbeiter, mehr als 286 Millionen DKK (circa 38 Millionen Euro) Umsatz oder mehr als 143 Millionen DKK (circa 19 Millionen Euro) Bilanzsumme. Wie so häufig im Kontext von CR, begibt man sich mit den gewählten Formulierungen auf terminologisches Neuland: Was genau »Unternehmen von öffentlichem Interesse sind«, ist noch abschließend zu definieren – bis auf Weiteres bezieht sich der Begriff auf Gesellschaften mit beschränkter Haftung und börsennotierte Unternehmen mit mehr als 500 Mitarbeitern. Schweden plant, im Jahr 2016 ein ähnliches Gesetz umzusetzen. In Frankreich hat der Senat ein Gesetz, das große Unternehmen für die Einhaltung von menschenrechtlichen Standards bei ihren Auslandsgeschäften verantwortlich machen würde, zunächst abgelehnt. Nun liegt die endgültige Entscheidung allerdings bei der Nationalversammlung, die dem Entwurf bereits zugestimmt hatte. Großbritannien hat den »Modern Slavery Act« verabschiedet, ein Gesetz, das moderne Formen der Sklaverei und des Menschenhandels in den globalen Wertschöpfungsketten britischer Unternehmen allgemeinverbindlich verbietet. Hier wird die EU wohl mit einer Regulierung zur verantwortlichen Beschaffung nachziehen. Und auch die deutsche Bundesregierung vertritt die Auffassung, dass sie verbindlich vorgeschrieben werden sollten, ungeachtet der Ansicht vieler Unternehmen, dass eine solche gesetzliche Verpflichtung mit Haftungsrisiken in nicht abschätzbarem Ausmaß verbunden wäre. In Südafrika schließlich findet bereits das nächste Experiment statt, das bestimmt Nachahmer finden wird: In der Regenbogennation ist integrierte Berichterstattung für an der Johannesburger Börse gelistete Unternehmen seit 2010 gesetzlich verpflichtend.

Insbesondere auf die Textilindustrie mit ihren von extrem hohen Social-Compliance-Risiken geprägten Produktionsketten dürften durch solche neuen Normen einige Hausaufgaben zukommen.

more than 250 employees, having sales of more than 286 million DKK (approx. 38 milion euros) and possessing total assets of more than 143 million DKK (approx. 19 milion euros). The exact nature of a »business of public interest« has yet to be defined – for the present, the term refers to private limited companies, and to publicly trading companies employing more than 500 people. Sweden is planning to introduce a similar law by 2016. France's Senate initially rejected a law that would have made major businesses responsible for ensuring the compliance of their non-French suppliers with human rights standards. Now the final decision rests with the National Assembly, which has already approved the draft. The United Kingdom has adopted a »Modern Slavery Act« – a general ban on any and all modern forms of slavery and human trafficking in the global value chains of British businesses. By passing regulations for responsible procurement, the EU is expected to follow suit. The German government is also among those who think that responsible procurement should be made obligatory, even though many companies are warning against the incalculable liability risks such a measure would inflict on them. We conclude with South Africa, where the next stage of this experiment is taking place: in the rainbow nation, integrated reporting has been mandatory for companies listed at the Johannesburg Stock Exchange since 2010.

Many industries will have to do a great deal of work before they can meet these new norms – especially the textile industry, given the extremely high social-compliance risks characteristic for its production chains.

EXKURS: POST-GDP
A DIGRESSION: POST-GDP

Es wird gegenwärtig eine heftige Debatte darüber geführt, wie volkswirtschaftliche Wertschöpfung anders als mit dem Bruttoinlandsprodukt (BIP; englisch Gross Domestic Product, GDP) abgebildet werden kann. Die Kritik am herkömmlichen BIP-Modell entzündet sich an der Tatsache, dass darin eine Vielzahl für das Gemeinwohl wesentlicher Faktoren nicht abgebildet wird, es aber dennoch als alleiniger Indikator für Wohlstand und Lebensqualität gilt. So führt etwa die Beseitigung von Umweltzerstörung und Gesundheitsschäden zu einer Steigerung des BIP, während intakte Ökosysteme und ein gut funktionierendes Gesundheitswesen unberücksichtigt bleiben. Innerhalb dieses Denkens führen Katastrophen und Unglücke zu Wirtschaftswachstum, obwohl die Lebensqualität der betroffenen Menschen gesunken ist.

Frankreich nimmt in dieser Debatte eine Vorreiterrolle ein. Die Stiglitz-Sen-Fitoussi-Kommission (»Commission sur la mesure des performances économiques et du progrès social«) hat seit 2009 Alternativen zur BIP-Berechnung erarbeitet. Im April 2015 beschloss die Nationalversammlung per Gesetz, dass zukünftig die Entwicklung des Wohlstands nicht allein über das Wirtschaftswachstum, sondern auch mittels Indikatoren wie Lebensqualität und nachhaltiger Entwicklung berechnet wird.

In Deutschland beschäftigte sich eine Enquetekommission des Bundestags (»Wachstum, Wohlstand, Lebensqualität – Wege zu nachhaltigem Wirtschaften und gesellschaftlichem Fortschritt in der Sozialen Marktwirtschaft«) mit demselben Thema. In ihrem Abschlussbericht legten die Experten das sogenannte W3-Indikatoren-Ensemble vor, das aus zehn Indikatoren besteht, zu denen auch Bildung, Gesundheit und Freiheit oder Treibhausgase und Artenvielfalt zählen.

Weitere Beispiele für zusammengesetzte Indizes und Methoden der Gesamtrechnung, die Wirtschaftswachstum in Relation zu »weichen« Werten setzen, sind der Human Development Index, der Happy Planet Index und der Nationale Wohlfahrtsindex. Einen radikal anderen Weg haben Bhutan, Bolivien und Ecuador eingeschlagen, wo die Prinzipien des »Bruttonationalglücks« (im Himalajastaat) beziehungsweise des »Buen vivir« (Andenländer) als Staatsziel in den Verfassungen verankert sind und der konventionellen Berechnung des GDP einen holistischen Bezugsrahmen gegenüberstellen.

There is currently much debate about how to represent economic value creation using means other than gross domestic product (GDP). Criticism of the traditional GDP model centers around the fact that its equation excludes a number of factors essential for the common good, and yet it is considered the only relevant indicator of wellbeing and quality of life. Whereas repairing environmental and health damages leads to an increase in GDP, intact ecosystems and well-functioning healthcare systems do not. One consequence of this mindset is that catastrophes and accidents may result in economic growth, even though the quality of life of the people concerned has clearly suffered.

France takes the lead in this debate. In 2009, the »Commission sur la mesure des performances économiques et du progrès social« (Stiglitz-Sen-Fitoussi Commission), began developing alternatives to GDP calculations. In April 2015, the National Assembly legislated that the development of wealth should henceforth be calculated not solely based on economic growth, but also on indicators such as quality of life and sustainable development.

In Germany, this subject was investigated by a Bundestag committee of enquiry (»Growth, Prosperity and Quality of Life: Paths to Sustainable Economies and Social Progress in the Social Market Economy«). In their final report, the experts propose a set of ten »W3 indicators«, including education, health and leisure time, as well as greenhouse gases and biodiversity.

Other alternative examples include developing composite indices and calculating methods that relate economic growth with »soft« measures: the Human Development Index (HDI), the Happy Planet Index (HPI), and the »National Wellbeing Index« (NWI). A radically different route has been chosen by Bhutan, Bolivia, and Ecuador where the principles of »gross national happiness« (in the Himalayan state) and »buen vivir« (Andean countries) have been enshrined in the respective constitutions as national objectives, thereby contrasting the conventional GDP calculation with a holistic framework.

BEGRIFFE UND DENKANSTÖSSE
TERMINOLOGY AND SUGGESTIONS

Der Nachhaltigkeitsdiskurs leidet unter einem wahren Überfluss an Begriffen, deren Halbwertszeit besorgniserregend sinkt. Ein Buzzword jagt das nächste. Der Maler Georg Monjoie hält in seinem 2016 in der Zeitschrift »Agora« veröffentlichten philosophischen Essay »Geist und Natur« dazu fest: »Mit dem Verbrauch an Begriffen steigt die Verbrauchtheit, und mit der Verbrauchtheit die Verwirrung.« Hier dennoch einige Erklärungen, um ein wenig Licht in den Begriffsdschungel zu bringen.

PEAK EVERYTHING: Ein negatives, dramatisches Szenario, das in Debatten auch in den Varianten »Peak Oil«, »Peak Soil«, »Peak Minerals« und »Peak Food« auftaucht. Es verweist auf die biophysikalischen Grenzen natürlicher Ressourcen, die wiederum wachstumsbegrenzende Höchstfördermengen zur Folge haben. Es kann über den EROI-Koeffizienten (Energy Return on Investment) ins Kennzahlensystem eingegliedert werden. Der Koeffizient zeigt, dass ab einem gewissen Höhepunkt (Peak) mehr Input zur Erzeugung einer Ressourceneinheit notwendig ist, als ihr Output beträgt. Sollte dieser Effekt gleichzeitig den Grenznutzen unterschiedlicher Ressourcen beeinflussen, würden sie zunächst in Konkurrenz zueinander treten, die folgende Preissteigerungsspirale könnte unser sozioökonomisches System als Ganzes gefährden.

DE-GROWTH: Das Konzept des Postwachstums oder auch De-Growth geht davon aus, dass die Ökonomie von den Zwängen des Wachstums und der Fixierung auf die Steigerung des Bruttoinlandsprodukts befreit werden müsse. Dabei wird auf die Diskrepanz verwiesen, dass dem Kapitalismus das Konzept der Unendlichkeit des Wirtschaftswachstums inhärent, es aber wegen der Endlichkeit der dafür zwingend notwendigen Ressourcen biophysikalisch begrenzt ist. Unternehmen müssen demnach neue Strategien finden, um auch bei Nullwachstum oder gar schrumpfend profitabel zu bleiben.

SUFFIZIENZ: Begriff der Wachstumskritik, der besagt, dass wir in einer Überflussgesellschaft leben. Das Konzept ruft zu Konsumreduktion oder -verzicht auf. Eine Entkoppelung von Verbrauch, Konsum und zerstörerischem Wachstum ist demnach nicht möglich.

The sustainability debate suffers from an overabundance of terms, the half-life period of which is decreasing at an alarming rate. Buzzwords are chasing each other. In an essay on »Geist und Natur« (mind and nature), published in the magazine »Agora« in 2016, the painter Georg Monjoie writes: »The more terms are used, the staler they become, and with the staleness comes confusion.« Some of these terms are explained here in order to shed some light on this jungle of phrases.

PEAK EVERYTHING: A dramatic negative scenario. Variants include »Peak Oil«, »Peak Soil«, »Peak Minerals«, and »Peak Food«. The term highlights the biophysical finiteness of natural resources, which results in growth-limiting maximum extraction rates. It can be integrated into the indicator system by means of the ERoI (energy return on investment) coefficient which shows that, after a certain peak value has been reached, the input necessary to produce a unit of resources exceeds the benefit. If this effect is simultaneously operating on the marginal utility of different resources, they may rival each other, leading to a spiral of price rises that may actually put at risk our socio-economic system as a whole.

DE-GROWTH: The concept of post-growth, or de-growth, postulates that the economy should be liberated from the constraints of growth and the fixation on increasing GDP. This concept references the discrepancy between the concept of infinite economic growth that is inherent in capitalism and the biophysical finiteness of the very resources that are necessary to realize this growth. Businesses must therefore find new strategies that allow them to remain profitable in the face of zero growth, or even negative growth.

SUFFICIENCY: A term suggesting that we live in an affluent society. The concept calls for consumption to be reduced or cut altogether, as it seems to be impossible to decouple consumption from destructive growth.

SUBSISTENZ: Die Vertreter dieses philosophischen Konzepts propagieren die Erhaltung des Bestehenden aus sich selbst heraus. Übertragen in die Ökonomie, fordern sie mit ihrer Idee der Subsistenz ein Produktionsverständnis, das vorrangig der Selbstversorgung von Individuen, Gruppen oder Gesellschaften dient und damit Abstand nimmt von der Gewinnmaximierung.

EFFIZIENZ: Wachstum weiterhin für möglich erklärender, optimistischer Begriff, der davon ausgeht, dass eine Entkoppelung von Wachstum und Verbrauch möglich ist, indem technologischer Fortschritt und Innovationen die Beziehung von Ressourcen-Input und Output-Einheit verbessern können. Der Begriff wird dahingehend kritisiert, dass die erzielten Effizienzsteigerungen durch direkte und indirekte Rebound-Effekte – von den Einsparungen ausgelöste Mehrverbräuche an anderer Stelle – negativ beeinflusst oder umgehend vernichtet würden und sogar in einen erhöhten Verbrauch umschlagen könnten (sogenanntes Backfire).

KONSISTENZ: Bedeutet, dass sich zirkuläre Systeme, zum Beispiel in sich geschlossene Stoffkreisläufe, wie wir sie aus der Ökologie kennen, auf die Ökonomie übertragen lassen (siehe das Cradle-to-Cradle-Konzept, Future Scenario »In Circles«, S. 122 ff.). Das Konzept schließt mögliches weiteres Wachstum ebenfalls nicht aus.

RESILIENZ: Bezeichnet die Fähigkeit von Systemen, von außen kommende Störungen zu verkraften. Auf Nachhaltigkeit übertragen, ist Resilienz ein Parameter für die Fähigkeit eines Ökosystems, im Anschluss an eine Störung autonom zu seinem Ausgangszustand zurückzufinden.

KONVIVIALITÄT: Ein vom Philosophen und Theologen Ivan Illich geprägter, an die Rationalität appellierender Terminus. Illich selbst definiert ihn als das »Gegenteil der industriellen Produktivität [...] Von der Produktivität zur Konvivialität übergehen heißt, einen ethischen Wert an die Stelle eines technischen Wertes, einen realisierten Wert an die Stelle eines materialisierten Wertes setzen.«

SUBSISTENCE: Representatives of this philosophical concept advocate the preservation of the already existing entities for their own sake. Translated into the economy, the idea of subsistence requires a concept of production that primarily serves to enable individuals, groups, and societies to support themselves, contrary to the idea of profit maximization.

EFFICIENCY: An optimistic term used by those who consider growth still possible and assume that it can be decoupled from consumption as technological advances and innovations lead to an improved relation between resource input and achieved output. Critics of the term point out that possible efficiency increases are negatively influenced or entirely offset by direct or indirect rebound effects – by increased consumption in other areas occasioned by the savings – and that this may even result in increased total consumption (the backfire effect).

CONSISTENCY: The application of the ecological concept of closed cycles of materials to the economy (see the »In Circles« future scenario's Cradle-to-Cradle concept, pp. 122 ff.). This concept also allows for the possibility of continued economic growth.

RESILIENCE: Describes the ability of systems to cope with outside interference. Applied to sustainability, resilience is a parameter for the ability of an ecosystem to return to its initial state of its own accord when it has been affected by interference of some type.

CONVIVIALITY: A term coined by the philosopher and theologian Ivan Illich, calling for a rational attitude. Illich himself defines it as »the opposite of industrial productivity [...] Moving from productivity to conviviality means replacing technical value with ethical value, materialistic value with realistic value.«

GEMEINWOHLÖKONOMIE: Versteht sich als ökonomisches Alternativmodell zu Markt- und Planwirtschaft, wonach Wirtschaftsbeziehungen auf humanen Prinzipien wie Vertrauensbildung, Wertschätzung, Kooperation, Solidarität und Teilen beruhen sollen. Erfolg soll am Erreichen von Zielen, nicht an Zahlen gemessen werden. Gewinnstreben und Konkurrenzdenken weichen diesem Konzept zufolge dann Gemeinwohlstreben und Kooperation. Ziel der Verfechter des Prinzips ist der Sprung gemeinwohlorientierter Konzepte von der Mikro- auf die Makroebene.

TRUE: Konzepte, die logisch auf der Internalisierung externalisierter Kosten aufbauen. Sie fordern die wahrhaftige Abbildung betrieblicher Wertschöpfung in einem globalen Maßstab. Die bekanntesten sind: True Cost, True Pricing und True Taxation.

COMMON GOOD ECONOMY: Proclaimed as an alternative to market economy and the planned economy. This approach states that success should be measured based on the achievement of goals rather than based on the numbers. According to this concept, competitiveness and the pursuit of profit will then give way to cooperation and the pursuit of the common good. Advocates of this principle aim to raise concepts that prioritize the common good from the micro level to the macro level.

TRUE: Concepts that build up logically based on the internalization of externalized costs. These concepts call for a more true representation of corporate value creation on a global scale. The best known of these concepts include True Cost, True Pricing and True Taxation.

TO DO'S

- **Das bisherige Nachhaltigkeitsverständnis hinterfragen**
- **Begeisterung für zukunftsorientiertes Handeln entfachen**
- **Zukunftsorientiertes Handeln auf Einzelentscheiderebene honorieren statt sanktionieren: Also gemeinwohlorientierte Ziele vereinbaren und variable Gehaltsteile vom Deckungsbeitrag entkoppeln**
- **Transparenz schaffen**
- **Externalisierte Kosten konsequent monetarisieren**
- **Messbarkeit durch Schöpfung von neuen, aussagekräftigen Kennzahlen herstellen**
- **Den Vorwurf der Weltfremdheit entkräften**
- **Das BIP als alleinigen Maßstab für Wohlstand infrage stellen**
- **Holistische Ideen in das globale Wirtschaftssystem integrieren**
- **Den Primat der Ökonomie überwinden**

- Questioning the historic understanding of sustainability
- Sparking enthusiasm for future-oriented action
- Recognizing rather than punishing future-oriented action of single decision makers: agreeing on goals oriented on common good, decoupling variable salary share from contribution margin
- Creating transparency
- Consistently monetizing externalized costs
- Ensuring measurability by creating new, powerful indicators
- Rebutting the accusation of unworldliness
- Questioning use of GDP as only measure of wealth
- Integrating holistic ideas into the global economic system
- Overcoming the primacy of economy

»Wir brauchen beides: konservativ und progressiv«

Der Hochschullehrer und Nachhaltigkeitsforscher **Professor Dr. Ralf Isenmann** *erläutert, wieso sich Nachhaltigkeit als Wirtschaftskonzept in eine Sackgasse manövriert hat und wie eine biophile Ökonomie den Weg in die Zukunft weisen kann. //* **Professor Dr. Ralf Isenmann,** ***university lecturer and sustainability researcher, explains why sustainability as an economic concept has manoeuvred itself into a dead end, and how a biophile economy may point the way forward for the future.***

Ich kann das Wort »Nachhaltigkeit« nicht mehr hören und bin damit sicher nicht allein ...

Klar, weil es abgelutscht und inhaltsleer geworden ist. Das ist aber nichts spezifisch den Nachhaltigkeitsbegriff Betreffendes. Es ist immer so, dass es ein Begriff dann geschafft hat, wenn er in der Politik ankommt. Die Kehrseite seines Erfolgs ist aber, dass er damit inhaltsleer wird. Dabei ist Nachhaltigkeit eigentlich eine uralte Idee, die ich gern mit human, sozial und naturverträglich übersetze. Sie hat den Menschen in seinem Zusammenleben schon immer beschäftigt. Was tut mir gut? Was tut anderen, der Gemeinschaft, der Gesellschaft gut? Und welche Auswirkungen hat mein Handeln auf die außermenschliche Natur: von Pflanzen und Tieren bis zu den Rohstoffen und Energieträgern? Das ist in unserem Selbstverständnis verankert, heißt eigentlich eine alte philosophische Grundeinsicht.

Philosophie hin oder her, damit die Idee nicht einschläft, muss man doch Enthusiasmus für sie wecken. Die Frage ist deshalb, wie man Manager und Entscheider für sie begeistern kann.

Dafür gibt es leider kein Universalkonzept. Es muss auf allen gesellschaftlichen Ebenen angesetzt werden – von der Familie über Kindergärten und Schulen bis zu den Universitäten. Das Ziel muss sein, dass Menschen in ihrem beruflichen Umfeld Nachhaltigkeit automatisch berücksichtigen. Ich meine nicht Gutmenschentum, das erst einsetzt, wenn Sie das Büro verlassen – das war früher Kirche und ist heute Sonntagsschule –,

I am sick of hearing the word sustainability, and I can't be the only one...

Sure, because it has become a worn-out and meaningless term. But that's not something that's specific to the term »sustainability«. As a rule, a term has made it when it arrives in the world of politics. The flip side of this success is that it is stripped of its meaning. Ironically, sustainability is an old idea, which I would describe as human, social-minded, and environmentally friendly. Humans have always been concerned about questions of sustainability. What is good for me? What is good for others, for the community, for society? What impact does my behaviour have on Nature? An old philosophical insight suggests that this way of thinking is deeply rooted in our self-conception.

Philosophical or not – for an idea to remain vigorous, it must spark enthusiasm. The question is: how to make managers and decision makers interested in it?

Unfortunately, there is no panacea. There must be a focus on all levels of society, including families, kindergartens, schools, and universities. The goal must be to get people to take sustainability into consideration in their professional environments as a matter of course. This is not about a do-gooding attitude that we adopt as soon as we leave the office – what was previously the Church and is now the Sunday school. I am thinking of how we behave as designers, accountants, or tax

sondern das Handeln als Designer, als Rechnungswesensspezialist, als Steuerfachgehilfe. Da muss Nachhaltigkeit immer mitgedacht werden. Außerdem hat Nachhaltigkeit verschiedene Dimensionen. Deshalb benötigen wir zunächst eine Politisierung und Vergesetzlichung von Nachhaltigkeit.

Was heißt das konkret?
Die, die es nicht begreifen wollen, müssen letztlich dazu gezwungen werden, Mindeststandards einzuhalten. Die zweite Ebene ist die betriebliche Institutionalisierung von Nachhaltigkeit. Beispielsweise entlang der Wertschöpfungskette von Unternehmen. Die dritte ist: Individualisierung von Nachhaltigkeit. Wir alle entscheiden durch Konsumverhalten, Lebensstil, Arbeitsweise und Freizeitverhalten, ob wir Unternehmen belohnen oder eben nicht. Wir brauchen alle drei Dimensionen, um die Idee voranzubringen.

Wie kann so ein Denken in den einzelnen Funktionsbereichen eines Unternehmens verankert werden? Das Ziel muss ja sein, dass eine Organisation als Gesamtheit Nachhaltigkeit als strategisches Konzept begreift.
Auch das ist nicht so einfach. Unternehmen sind ja nicht autark, sondern eingewoben in Marktbeziehungen – Lieferanten, Kunden, Kapital, Geldgeber, Personalmarkt etc. Der Markt ist selbst noch einmal eingebettet in die Gesellschaft – spätestens dort braucht man den Konsumenten, der nachhaltiges Handeln honoriert. Und die Gesellschaft ist wiederum eingebettet in die Ökosysteme. Es gibt keinen alleinigen Hebel. Es ist ein System, in dem ich an allen Einzelelementen ansetzen muss.

Tatsache ist heute, dass Nachhaltigkeit meist nur dann wichtig wird, wenn es zu einem Unglück oder einer Katastrophe gekommen ist oder wenn der Nachhaltigkeitsbericht ansteht. Wer könnten denn die Inkubatoren sein, die die Idee institutionalisieren und zum Leitgedanken machen?
Wie ich gerade gesagt habe, geht es darum, die richtigen Hebel zu finden. In der Diskussion um CSR gibt es zwei große Flügel: Die einen fordern, dass sie ins Kerngeschäft Einzug hält, die

consultants. In these roles, sustainability must be part of our thinking. Furthermore, sustainability has several different dimensions. Therefore, we must first have a political and legal framework for sustainability.

What does this mean in specific terms?
Ultimately, those who don't get it must be forced to meet minimum standards. The second level comes with corporate institutionalization of sustainability – along the value chain of a business, for instance. The third level comes with individualization of sustainability. Through our consumption behaviour, life style, way of working, and leisure time activities, each of us chooses to reward some businesses and not others. In order to promote this idea, we'll need all three dimensions.

How can such a way of thinking be implanted into every functional unit of a business? Obviously, the goal must be for an organization as a whole to adopt sustainability as a strategic concept.
That isn't easy either. Businesses aren't self-sustaining; instead, they are part of a network of market relationships with suppliers, customers, capital providers, moneylenders, job seekers, etc. So the market is part of society – and it's ultimately up to consumers to reward sustainable behaviour. Society is again part of the ecosystems. There is no single lever. The whole thing is a system, all parts of which have to be dealt with simultaneously.

The fact is that, today, sustainability generally becomes important only if an accident or a catastrophe occurs or if the next sustainability report is due. Who might take it upon themselves to be the incubators, to institutionalize the idea, and make it a guiding principle?
As I have just said, it's about finding the right lever. In the CSR debate, there are two major schools of thought. On the one hand, those who want sustainability to become an integral aspect of core activities. On the other

»Bei der Kaufentscheidung liest sich doch niemand erst den Nachhaltigkeitsbericht durch.«

»Nobody will actually read the sustainability report before making a buying decision.«

anderen forcieren soziale, ökologische, kulturelle Wohltaten. Doing well or doing good. Doing good kann ich nicht verlangen. Das wäre dasselbe, wie die Kirchenbesucher zum Füllen des Klingelbeutels zu verpflichten. Ich erwarte allerdings von Unternehmen, dass sie ihr Kerngeschäft nachhaltiger entwickeln. Also ihre Produkte und Dienstleistungen. Dort ist der große Hebel. Es geht um die Entstehung des Gewinns. Das ist das Kerngeschäft. Eine ökologisch sinnvolle oder soziale Verwendung des Gewinns, das ist nice to have – aber ich kann von einem Unternehmen keine sozialen Wohltaten verlangen. Das scheint mir in der Diskussion oftmals vermischt und verwechselt zu werden oder nicht klar zu sein. Wenn eine große Bank Recyclingpapier in der Zentrale einführt, ist das jetzt wahrlich nicht der Hit. Spannender würde es, wenn sich die Verantwortlichen der Bank ihre Finanzprodukte anschauten. Wo ist dort der Nachhaltigkeitshebel? Das ist die Kernaufgabe. Nicht die Betriebsökologie.

Sie sprachen eben auch von der Notwendigkeit der Politisierung des Themas und forderten Sanktionsmechanismen. Was entgegnen Sie einem Unternehmer, dem bei solchen Tönen die Furcht um seine Konkurrenzfähigkeit auf den globalen Märkten den Angstschweiß auf die Stirn treibt?

Ach so, dieses Sachzwangargument ... Wettbewerbsfähigkeit ist genau der Schlüssel. Aber Wettbewerbsfähigkeit definiert sich nicht allein über Kosten und nicht allein über Umsätze. Es gibt noch so etwas wie Reputation, Image, veränderten Kundennutzen, neue Geschäftsfelder, die ich erschließen kann. Dass zum Beispiel CO_2 mittlerweile ein Markttreiber für Automobiltechnologie ist, das haben sich die Automobilmanager vor ein paar Jahren nicht vorstellen können.

Das beliebteste Instrument, um Stakeholdern seine Innovationsfähigkeit zu präsentieren, ist heute der Nachhaltigkeitsbericht ...

... der als Produktkennzeichnung allerdings vollkommen untauglich ist. Ein Nachhaltigkeitsbericht präsentiert ein schönes Bild. Manche Unternehmen packen ihre Produkte zwar mit hinein, aber bei der Kaufentscheidung liest sich doch

hand, those who go in for social, environmental, and cultural good deeds: doing well versus doing good. Doing good is not something you can demand: that would be like obliging churchgoers to put their dime in the collection basket. However, I do expect companies to develop their core business – their products and services – in a more sustainable fashion. That's where the big lever is – the core business is where the profit is coming from. An ecologically worthwhile or social use of profits is a nice thing to have – but I cannot demand that business should deliver benefits to society. It seems to me that this distinction often becomes unclear or confused in discussions. If a bank introduces paper recycling in its headquarters, it's not really a big deal. It would be more exciting if bank executives took a closer look at their financial products. Where is the sustainability lever there? This is the key challenge, not operational ecology.

You just mentioned the need to politicize the topic and establish sanctioning mechanisms. How would you respond to a businessperson who, hearing such words, breaks out in a cold sweat at the fear of losing competitiveness on global markets?

The argument of practical constraints... competitiveness is, precisely, the key. Competitiveness is not exclusively defined by costs or sales volume. There are other factors, such as reputation, image, changed customer benefits, or new business areas that can be developed. Until some years ago, for instance, automotive managers had difficulty imagining that CO_2 might become a market driver for automotive technology, as is now the case.

Today, the preferred tool for demonstrating to stakeholders one's ability to innovate is the sustainability report...

... which, however, is of no use whatsoever for labelling products. A sustainability report provides a nice picture. Even though some companies mention their

»Glaubwürdigkeit ist heute ein ganz entscheidendes Gut. Die Licence to operate.«

niemand erst den Nachhaltigkeitsbericht durch. Das ist ja völliger Unfug. Allerdings ist das Berichtswesen extrem dynamisch in seiner Entwicklung und heute quasi auf dem besten Weg, gesetzlich verbindlich zu werden. Eine kritische Randbemerkung dazu: Empirische Untersuchungen darüber, warum Unternehmen freiwillig CSR-Berichte erstellen, ergeben immer handfeste ökonomische Gründe. Gleichzeitig wehren sich dann die Wirtschaftsmanager dagegen, dass Reporting verbindlich werden soll. Das passt nicht zusammen, oder? Wenn es offensichtlich gute Gründe gibt, die für den Bericht sprechen, dann sollte ich mich doch über eine Standardisierung oder Harmonisierung freuen. Das schafft Klarheit, fördert Transparenz, verbessert Vergleichbarkeit und belässt zudem Raum für die individuelle Ausgestaltung mit eigenen Schwerpunkten.

Trotzdem sagen Sie, dass Nachhaltigkeitsberichte in ihrer heutigen Form untauglich seien.

Ja. Denn leider sind die meisten Berichte Old School und basieren auf doppelt veraltetem Zahlenmaterial. Sie beziehen sich auf die vergangene Berichtsperiode, und anschließend vergeht weitere Zeit, bis sie erstellt sind. Doch das wird sich ändern, hat schon begonnen, sich zu ändern. Durch IT. Wir haben heute schon alles, was wir dazu brauchen, um den Bericht entscheidungsrelevant zu machen. Dazu muss ich berücksichtigen, was die Personen, die ihn für ihre Entscheidungen heranziehen sollen, benötigen. Ich muss also wegkommen von dem »One Size Fits All«. Aber die Unternehmen trauen sich nicht, weil das Transparenz erfordert. Intern, da die notwendigen Informationen im Idealfall dezentral in einer Publikationsdatenbank zusammengetragen werden. Extern, denn wenn ich den Bericht atomisiere und sich jeder das herausziehen kann, was er gern hätte, dann wird die intendierte Kommunikationsbotschaft möglicherweise verflüssigt.

»Entscheidungsrelevanter Nachhaltigkeitsbericht« klingt spannend. Nur bleibt zu befürchten, dass die dafür notwendige totale Transparenz für Unternehmen ein sehr starkes Hindernis sein wird.

products in it, nobody will actually read the sustainability report before making a buying decision. That's total nonsense. The reporting system, however, is extremely dynamic in its development, and it is well on the way to being made legally binding. I would like to make one critically important remark here: Empirical research as to why businesses volunteer to provide CSR reports always reveals sound economic reasons. At the same time, managers argue against making such reports legally binding. The one argument does not fit with the other, does it? If there are obvious advantages to reports, people should be happy with standardization or harmonization. It creates clarity, promotes transparency, improves comparison ability, and also allows for the addition of individual emphasis.

Notwithstanding this, you say that sustainability reports in their current form are of no value.

Yes. Because most of them are old-school and based on numerical data that is doubly obsolete. Firstly, they relate to the previous reporting period, and, in addition to this, it takes some time for them to be produced. But all that will change – in fact, it has already begun to change. This is due to IT. Today, we already have everything we need to make reports decision-relevant. If this is to happen, it is important to include all the information required by those who are supposed to consult it before making decisions. But organizations lack the courage to do this, because it requires transparency – internally, with necessary information collected in a database accessible to many contributors, and externally. After all, the message they want to communicate might be watered down once the report is atomized and open for everybody, so that everyone can pick from it whatever they like.

»Decision-relevant sustainability report« sounds interesting. The total transparency it requires, however, may be a strong barrier for businesses.

Teilweise lässt sich dem über Zugriffs- und Nutzungsrechte beikommen. Es ist selbstverständlich, dass Manager andere Zugriffsrechte benötigen als Kunden oder Investoren. So ein Reporting bezeichne ich gern als »Reporting à la carte*«. Also maßgeschneiderte Auswahl der Inhalte, Medien, Mediennutzungspräferenzen, Informationsbedürfnisse, des Zeitpunkts und Aggregationsniveaus etc. Brauche ich eine Zusammenfassung dessen, was vergleichsweise aggregiert ist, oder benötige ich tatsächlich Fakten, Fakten, Fakten? Ein maßgeschneidertes Reporting nach dem Warenkorbprinzip, das zudem durch das Aufsatteln von Web-2.0-Features noch weiter geöffnet und demokratisiert werden müsste. Dann könnten sogar Nutzer von außen Inhalte in den Nachhaltigkeitspool einspeisen. Sie könnten taggen, was ihnen wichtig ist, was ihnen gefällt und was sie kritisch sehen. Das bedeutet, den Challenger Report, also einen der Kontrolle der formulierten Ziele dienenden Bericht, einzubeziehen. Dafür gibt es gute Argumente, denn Kritik wird es sowieso geben und der Dialog mit den Stakeholdern findet ohnehin statt. Für Unternehmen stellt sich dementsprechend nur die Frage: Gebe ich die Verfügung über den Dialog auf, oder binde ich ihn an mich, auch in der Hoffnung, ihn vielleicht moderieren zu können?*

Und so würden Unternehmen über die Challenger-Funktion hinaus auch direkt eine unabhängige Bewertung ihrer Nachhaltigkeitsleistung erhalten.

Glaubwürdigkeit ist heute ein ganz entscheidendes Gut, die »Licence to operate«. Wir haben ja nach Fukushima gesehen, was passiert, wenn diese Lizenz gegenüber Politik und Öffentlichkeit verloren geht: Geschäft ade. Für die Textilbranche in Frankreich steht als Reaktion auf das Unglück mit dem Einsturz des Rana Plaza in Bangladesch ein Gesetz kurz vor der Verabschiedung, das Unternehmen verpflichtet, entlang der Lieferkette die Einhaltung der sozialen und ökologischen Vorgaben von vorgelagerten Geschäftspartnern einzufordern, und das für Unternehmen, in deren Wertschöpfungsketten trotzdem Verstöße stattfinden, einen ordentlichen Sanktionsmechanismus bereithalten wird.

This can be partly solved by applying access and usage rights. It is obvious that managers need different access rights to customers or investors. I like to describe this kind of reporting as »reporting *à la carte*« – a customized choice of contents, media, media usage preferences, information needs, access times, and aggregation levels. Do I need a summary of what is already aggregated, or do I actually need facts, facts, facts? Here, we are talking about a customized form of reporting that works on the shopping basket principle, and which should be still further opened and democratized by adding Web 2.0 features. This would enable external users to feed additional content into the sustainability pool. They could tag items that they consider important, like, or are critical of. From this, it follows that the challenger report – a report monitoring the fulfilment of corporate goals – should also be included. There are good reasons to do so, as criticism can be expected anyway, and since the dialogue with stakeholders has to take place in any case. Therefore, the question businesses have to ask themselves is: do I want to lose control over the dialogue, or do I keep a tight hold on it, in the hope that I will be able to influence it?

Apart from the challenger function, this would allow businesses to benefit from an independent assessment of their sustainability performance.

Today, credibility, the »licence to operate«, is a crucial asset. In the aftermath of Fukushima, we have seen what happens if this licence – credibility in the eyes of the public – is lost: bye-bye, business. In response to the collapse of the Rana Plaza in Bangladesh, France is soon expected to adopt a law that makes it mandatory for textile businesses to make sure that social and environmental standards are met by upstream business partners along the supply chain, imposing severe sanctions on any businesses that still have such breaches occurring within their value chains.

»Letztendlich geht es der Sache nach um die Internalisierung negativer externer Effekte. Und die muss ein Unternehmen einpreisen.«

Viele Unternehmen behaupten, guter Wille sei bei ihnen vorhanden, die Umsetzung nachhaltiger Ziele werde aber an den komplexen Lieferketten und der Unmöglichkeit einer Nachverfolgung über die zweite Stufe hinaus scheitern.

Das sind doch Ammenmärchen. Wenn es um den Preis geht, haben sie Zugriff. Wenn es um die Qualität geht, haben sie Zugriff. Warum ist Nachhaltigkeit keine integrierte Qualitätsdimension? Warum ist sie vermeintlich etwas, was on top gesetzt werden muss? Nein! Human-, Sozial- und Naturverträglichkeit sind Qualitätsdimensionen! Damit ist Nachhaltigkeit integraler Bestandteil des Wirtschaftens. In unseren privaten Haushalten praktizieren wir das doch schon immer.

Es gibt ja auch Bestrebungen, diesen integralen Bestandteil abzubilden. Was halten Sie davon, negative externe Effekte zu erfassen und dann auch zu bewerten, beispielsweise in einer ökologischen Gewinn-und-Verlust-Rechnung?

Nur so geht es. Denn hier liegt das Grundproblem von Nachhaltigkeit für Unternehmen: a) die negativen externen Effekte zu identifizieren und physikalische Mengen und Ströme abzuschätzen und sie dann b) in Geldeinheiten zu bewerten. Exakt das ist Nachhaltigkeit mit einem anderen Begriff. Nur gilt im Moment genau das gegenteilige Diktum: Privatisierung der Gewinne und Sozialisierung der ökologischen und sozialen Kosten. Früher hat man in diesem Zusammenhang von Wirtschaftsethik gesprochen. Ich bezeichne es gern als biophile Ökonomie. Also eine lebensdienliche Wirtschaft. Eine biophile Ökonomie ist human, sozial und naturverträglich, sie ist im umfassenden Sinne lebensfreundlich, das heißt lebenserhaltend und lebenssteigernd, konservative und progressive Momente verbinden sich in ihr. Und da schließt sich der Kreis. Dahinter steckt zwar eine andere Begriffslogik, aber ob ich jetzt von Nachhaltigkeit, CSR oder sonst irgendetwas spreche, ist für mich zweitrangig. Letztendlich geht es der Sache nach um die Internalisierung negativer externer Effekte. Und die muss ein Unternehmen einpreisen. Das ist das, was Richard von Weizsäcker schon 1992 gefordert hat: »Der Preis muss die ökologische und soziale Wahrheit abbilden.«

Many businesses argue that they do have the best intentions, but that, in their case, the implementation of sustainability goals is doomed to fail due to complex supply chains and the impossibility of tracking things back beyond immediate suppliers.

These are fairy tales. If it is about price, they have access. If it is about quality, they have access. How come sustainability is not an integrated quality dimension? Why is it supposed to be something that has to be added »on top«? No! Humane, social, and environmental compatibility are quality dimensions! Sustainability thus becomes an integral part of doing business. In our private homes, we have always done it that way.

Efforts are being made to visualize this integral element. What do you think about monitoring negative external effects and evaluating them, for instance, in an environmental profit and loss account?

That's the only way it can work. Because this is the key sustainability challenge for businesses: (a) identifying negative external effects and determining their physical quantities and flows, and (b) translating them into monetary units. This is exactly what sustainability consists of. So far, however, the opposite is the rule: privatizing the profits whilst burdening society with the environmental and social costs. In the past, people used to talk about business ethics. I prefer to talk about a biophile economy. In other words, a life-serving economy. A biophile economy is humane, social-minded, and environmentally friendly, combining conservative and progressive elements. Thus we see that the wheel has come full circle. The terminology may be different, but whether I am talking about sustainability, CSR, or whatever doesn't really matter. Ultimately, it is all about internalizing negative external effects. This is something that a business must factor in. Something Richard von Weizsäcker already demanded back in 1992: »The price must reflect the environmental and social truth.«

»Ultimately, it is all about internalizing negative external effects. This is something that a business must factor in.«

Eine Kritik, der sich True-Pricing- und True-Cost-Modelle erwehren müssen, lautet, dass die Monetarisierung stets unpräzise sei.

Richtig, das Totschlagargument, dass beim Sprung vom Mengenansatz, also von der Bewertung in physikalischen Einheiten, zum Wertansatz Spiel drin ist. Selbstverständlich ist die Bewertung letztlich nicht wasserdicht. Nichtsdestotrotz kann man die Effekte berechnen. Auch die interne Kostenrechnung ist ja durch Konventionen geprägt. Heute kalkulieren wir Unternehmenswerte und bewerten geistiges Eigentum – ja, meine Güte, was sind das denn erst für Luftnummern? Deshalb erwarte ich von Unternehmen, dass sie negative externe Effekte zumindest einmal konservativ-vorsichtig abschätzen. Spannend wird es dann, wenn genügend Vorzeigeunterunternehmen diesen Schritt wagen und transparent mit den Zahlen umgehen.

Wenn das gelingen würde, wäre es letztlich möglich, Benchmarks aufzustellen und Branchenberichte zu erstellen, die wiederum in Richtlinien münden könnten ...

Wenn es gelänge, Nachhaltigkeitsberichterstattung über alle Wertschöpfungsketten hinweg durchzudeklinieren, würde sie ein Supply Chain Reporting. Also eine Wertschöpfungs- und Schadschöpfungsrechnung nach dem Cradle-to-Cradle-Prinzip. Dazu bräuchte es eine dynamische Input-Output-Rechnung, um beliebig viele Supply Chains und ihre Wechselbeziehungen zu berechnen. Klar muss ich dafür ziemlich viele Kalkulationen anstellen, aber eine volkswirtschaftliche Gesamtrechnung benötigt etwas ganz Ähnliches. Glauben Sie mir, die Volkswirte verfügen mittlerweile über so ein ausgefuchstes Instrumentarium, die berechnen Ihnen das. Als Resultat könnte man dann Aussagen zum Sustainable Value treffen. Zum Beispiel zur Frage, wie viel Wertschöpfung mit begrenzten ökologischen Ressourcen innerhalb einer Branche insgesamt erzielt werden kann. Damit erfüllt man den Traum der Umweltberichterstattung – den Sprung von der mikro- auf die makroökonomische Ebene.

One criticism brought against true-pricing and true-cost models is that the process of monetizing is always imprecise.

That's right, the killer argument is that there is too much slack in the move from the physical approach – assessing physical quantities – to the value approach. Of course, there is ultimately no guarantee of accuracy. But it is nonetheless possible to calculate effects. After all, internal cost calculation is also based on conventions. Today, we calculate the value of businesses and intellectual property – isn't that pure speculation by comparison? I therefore anticipate that businesses will initially estimate their negative external effects rather conservatively, cautiously. Things will really start to become interesting when enough showcase businesses have the courage to take this step: to make their numbers transparent.

If this works, it should be possible to establish benchmarks and to publish industry reports, ultimately resulting in guidelines...

If it is possible to extend the sustainability reporting approach to value chains of all kinds, it will turn into supply chain reporting – that is, a value-creation and damage-creation calculation on the Cradle-to-Cradle principle. This would require dynamic input-output calculation capable of factoring in any number of supply chains and how they interact. Clearly, this involves a huge number of calculation steps, but, then again, national accounts are not much different. Believe me, economists have quite a toolset at their disposal nowadays: they will do the job for you. The result might be a statement of Sustainable Value – on the question of the total value that can be created in an industry based on the environmental resources available, for instance. This would be a dream come true – environmental reporting making the move from micro to macro level.

»Nachhaltigkeit ist auch sexy. Askese alleine bringt's nicht, und zurück auf die Bäume oder in die Steinzeit, das ist Unsinn.«

Nur zeigen diese Vision und die sich aus ihr ergebenden Konsequenzen ganz klar, wie schwierig es wird, Entscheider für das Thema zu begeistern …

Ja, das kann zu einer neuen Bescheidenheit führen. Wobei Nachhaltigkeit keine Drohkulisse sein sollte. Nachhaltigkeit ist auch sexy. Stephan Schmidheiny, der große Unternehmenslenker aus der Schweiz, hat schon vor 25 Jahren gesagt: »Verzicht alleine ist nicht durchsetzbar.« Askese allein bringt's nicht, und zurück auf die Bäume oder in die Steinzeit, das ist Unsinn. Der Mensch ist kein Miesepeter, dem die Welt nur Mühsal bereitet. Deshalb die Übersetzung mit biophil – lebensdienlich. Lebenssichernd und lebensfördernd. Lebenssichernd ist die konservative Variante: bewahren, den Bestand sichern. Und lebensfördernd ist die progressive, die lebenssteigernde Seite. Damit das Leben Vergnügen macht, braucht man beides: konservativ und progressiv. Ich komme, ich weiß nicht, woher. Ich bin, ich weiß nicht, wer. Ich gehe, ich weiß nicht, wohin. Mich wundert, dass ich so fröhlich bin, dieser schöne Leitspruch von Bruder Martinus passt hier doch sehr gut.

Aber für Unternehmen steht Spaß in den seltensten Fällen an vorderster Stelle.

Ein Kollege von mir, Professor Georg Müller-Christ, hat eine schöne Umschreibung für das, was Nachhaltigkeitsmanagement für Unternehmen bedeutet: »Investitionen in Ressourcennachschub«. Ich glaube, das könnte tatsächlich etwas sein, mit dem man Unternehmen kriegen kann, das anschlussfähig für das Denken von Managern und Wirtschaftsbossen ist. Jedes Unternehmen benötigt Ressourcen. Egal welche: ökologische, soziale, monetäre. Wir selbst als lebendiges System brauchen Ressourcen. Jedes lebendige System braucht Ressourcen, ohne Ressourcen ist es nicht überlebensfähig. Sie werden sehen: Wenn sie ernsthaft knapp zu werden drohen, dann fangen auch die marktfixiertesten Unternehmen an, darüber nachzudenken, wie sie ihren Nachschub sichern können. Spätestens dann werden sie ihre Begeisterung für die progressiven und freudigen Seiten des Nachhaltigkeitsmanagements entdecken. Denn es ist wettbewerbsrelevant. Sustainability matters. Es gibt kein nachhaltigkeitsbezogenes Niemandsland.

This vision and its potential consequences, however, leave no doubt as to the difficulty of winning decision makers over to this approach…

Yes, this might lead to a new modesty. However, sustainability should not be seen as a threat. It is also sexy. 25 years ago, Stephan Schmidheiny, the great Swiss corporate leader, said: »Just relying on people's willingness to exercise self-restraint doesn't constitute a viable solution«. Asceticism alone doesn't work, and returning to the trees or to the Stone Age is nonsense. People aren't grumblers for whom there is nothing but hardship in the world. That's why I prefer the term »biophile« – life-serving. Life-securing and life-promoting. Life-securing is the conservative variant: preserving the status quo. Life-promoting stands for the progressive, life-increasing side. For life to be fun, both the conservative and the progressive are indispensable. Martinus von Biberach's priamel ending »I wonder that I am happy« puts this beautifully: I have come I don't know whence; I am I don't know who; I shall go I don't know whither.

For businesses, however, fun is seldom a priority.

A colleague of mine, Professor Georg Müller-Christ, nicely described what sustainability means for businesses: »investments in resource supply«. I believe this argument might actually be accessible to the thinking of managers and business leaders. Businesses need resources, whether environmental, social, or monetary. We ourselves, as a living system, need resources. Any living system needs resources; without resources it cannot survive. You can see that as soon as resources threaten to become seriously scarce, even the most market-oriented businesses will start to think about how to secure supplies. That's when they will finally discover their enthusiasm for the progressive and fun side of sustainability management. After all, it is competitive. Sustainability matters. Where it comes to sustainability, there is no no-man's-land.

»Sustainability is also sexy. Asceticism alone doesn't work, and returning to the trees or to the Stone Age is nonsense.«

Professor Dr. Ralf Isenmann ist Dozent für Nachhaltiges Zukunftsmanagement an der betriebswirtschaftlichen Fakultät der Hochschule für angewandte Wissenschaften München und ihr Beauftragter für nachhaltige Entwicklung. Die Schwerpunkte in Forschung und Lehre sowie in seinen Publikationen und den Projekten, an denen er mitwirkt, liegen auf den Themen Nachhaltigkeitsmanagement, vor allem Sustainability Reporting und Industrial Ecology, sowie Technologie- und Innovationsmanagement, vor allem Innovationskommunikation und Technologie-Roadmapping.

Professor Dr. Ralf Isenmann is a lecturer on sustainable future management at the business administration faculty of the Munich University of Applied Sciences. Primary areas of his research and teaching, as well as his publications and the projects he participates in, include sustainability management, with a special focus on sustainability reporting and industrial ecology, and technology and innovation management, with a special focus on innovation communication and technology roadmapping.

FASHION TO SHARE. Filippa K, Hope, House of Dagmar, Nikolaj d'Étoiles, Uniforms for the Dedicated, Weekday und Whyred – die sieben schwedischen Modelabels sind Partner der Online-Tauschbörse Sharewear. Sie haben eine »Co-created Collection« mit ausgewählten Designerstücken herausgebracht, die man sich dort unter anderem ausleihen kann. // Filippa K, Hope, House of Dagmar, Nikolaj d'Étoiles, Uniforms for the Dedicated, Weekday, and Whyred—these seven Swedish fashion labels are partners of the online swapping platform Sharewear. They have launched a »Co-created Collection« with selected designer pieces, which, among others, can be borrowed.

www.sharewear.se

FASER-DNA. In der Kreislaufwirtschaft wird es zukünftig wichtiger denn je, zu wissen, wie sich Materialien zusammensetzen und welche Herstellungsprozesse sie durchlaufen haben. Designerin und Materialforscherin Miriam Ribul hat eine Technik entwickelt, die mithilfe von Sensoren und UV-Mikroskopen die DNA von Fasern decodiert. // **Fibre DNA.** In the future circular economy, knowing how materials are composed and what production processes they have gone through will be more important than ever. Designer and material researcher Miriam Ribul has developed a technique for decoding the DNA of fibres using sensors and UV microscopes.
www.miriamribul.com

INTERAKTION UND ILLUMINATION. Für das Museum of Fine Arts in Boston hat Cute Circuit ein Kleid aus einem »Magic Fabric« designt: Durch eine App werden Sensoren gesteuert, die das Abendkleid in sich ständig verändernden Farben und Mustern erstrahlen lassen. // **Interaction and illumination.** For the Boston Museum of Fine Arts, Cute Circuit has designed a dress made from a »magic fabric«: sensors controlled by an app let the dress shine in continuously changing colours and patterns.
www.cuitcircuit.com

RECYCELTES NYLON. Die recycelte Nylonfaser Econyl wurde von dem italienischen Garnhersteller Aquafil entwickelt. Dem Unternehmen ist es gelungen, ein Post-Consumer-Recycling-System für Nylon 6 zu realisieren. Die Granulatkörnchen auf dem Foto stammen von einstigen Fischernetzen und werden im nächsten Schritt zu neuen Fasern versponnen. // **Recycled nylon.** The Italian yarn manufacturer Aquafil has developed the recycled nylon fibre Econyl. The company successfully implemented a post-consumer recycling system for nylon 6. The granules on the picture come from former fishing nets and will be spun into new fibres in a subsequent step.
www.aquafil.com

AUS FISCHERNETZEN. Ecoalf zeigt, wie cool recycelte Materialien sein können. Das Newcomer Label aus Spanien setzt für seine Damen- und Herrenmodekollektion vor allem auf recycelte Fischernetze. Mit seinen Styles und Entwicklungen überzeugt es eine wachsende Fashion-Fangemeinde und namhafte Partner wie Galeries Lafayette, Barneys New York und Apple. // **Made from fishing nets.** Ecoalf shows how cool recycled materials can be. For its men's and ladies' fashion collection, the Spanish newcomer label primarily uses recycled fishing nets. With its styles and developments, it appeals to a growing fan base, and to renowned partners such as Galeries Lafayette, Barneys New York, and Apple.
www.ecoalf.com

HIGH FASHION. Christopher Ræburn als hundertprozentig nachhaltigen Designer zu bezeichnen, wäre zu weit gegriffen. Aber es gelingt ihm, ein Bewusstsein für Nachhaltigkeit in der Fashion Society zu schaffen. Modeikone Suzy Menkes: »Herr Ræburn hat eine klare Vorstellung von Kleidung, die die Umwelt und die Menschen schützt, das macht ihn zu einem originellen und außergewöhnlichen Designer.« // Describing Christopher Ræburn as a 100-percent sustainable designer would be an exaggeration. He manages, however, to create awareness of sustainability in the fashion society. As fashion icon Suzy Menkes says: »It is Mr. Ræburn's clear vision of clothes that protect people and the planet that makes him an original and exceptional designer.«

www.christopherraeburn.co.uk

IN-STORE COMMUNICATION. Stararchitektin Zaha Hadid hat den Flagship Store des schweizerischen Fashion Labels Heidi in Neuchâtel designt. Der Store ist ausgestattet mit Features wie dem »Satellite Terminal«, das digitale Technologien in den stationären Einzelhandel integriert. Eine Symbiose aus In-Store Design und Infotainment, gekoppelt mit einem State-of-the-Art-Bezahl- und Kundenbindungssystem. // Star architect Zaha Hadid designed the flagship store for the Swiss fashion label Heidi in Neuchâtel. The store is equipped with special features such as a »Satellite Terminal« that integrates digital technologies into stationary retail. It is a symbiosis of in-store design and infotainment combined with a state-of-the-art payment and customer-loyalty system.

www.heidi.com

3-D-DRUCK, NANO UND ECO. Der »Sponge Suit« ist ein Bikini, der das Meer reinigt. Bei der Entwicklung hat das Architektur- und Designbüro Eray Carbajo so ziemlich alles aufgefahren, was es an innovativen Möglichkeiten gibt: 3-D-Druck, ressourcenschonende Rohstoffe und Nanomaterialien. // **3D printing, nano, and eco.** The »Sponge Suit« is a bikini that cleans the ocean. The architecture and design studio Eray Carbajo has made use of about every innovative technology available: 3D printing, resource-friendly raw materials, and nanomaterials.
www.eraycarbajo.com

REPAIR SHOP. New York, Tokio, Oslo, London ... Nudie eröffnet einen Repair Shop nach dem anderen. Und das mit großem Erfolg. Die Eröffnungspartys gelten als legendär. Genauso wie das Store Design: »Raw« wie die Denims, mit ausgewählten Vintage-Möbeln sowie Vorhängen und Teppichen aus alten Jeansstoffen. Nur zu gern kommen Nudie-Fans dort vorbei, um das Leben ihrer Jeans verlängern zu lassen. // New York, Tokyo, Oslo, London... Nudie opens one repair shop after another, with great success. The opening parties are famous, as is the store design: »raw« like the denims, with selected vintage furniture, and with curtains and carpets made from old jeans cloths. Nudie fans love to visit the shop and have their jeans' life prolonged.

www.nudie.com

REPAIR PICK-UP. Mit seinem umgebauten Worn Wear Pick-up tourt Patagonia durch die Welt. An jedem Stopp können Patagonia-Kunden ihre beschädigten Shirts, Jacken oder Wetsuits vorbeibringen. In der mobilen Reparaturwerkstatt werden sie dann von echten Profis wieder instand gesetzt. Share, Repair, Event, Lifestyle und Storytelling *par excellence*. // **Repair Pick-up.** Patagonia travels the world in a converted Worn Wear pick-up. At every stop, Patagonia customers can bring their damaged shirts, jackets, or wetsuits to be overhauled by real experts. Sharing, repairing, event, lifestyle and storytelling *par excellence*.
www.wornwear.patagonia.com

DOSSIERS

I–VI

Dossier

FASERN FIBRES

Der weltweite Bedarf an Fasern steigt und steigt. 93 Millionen Tonnen sind 2014 zu Kleidungsstücken, Heimtextilien, technischen Textilien etc. verarbeitet worden. Seit 1975 hat sich der globale Konsum von Fasern damit etwa verdreifacht – nicht nur bedingt durch das Wachstum der Weltbevölkerung, sondern auch durch einen erhöhten Pro-Kopf-Verbrauch. Das geht aus dem Bericht »The Fiber Year« 2015 der gleichnamigen Schweizer Unternehmensberatung hervor. Allein die Modebranche ist für über die Hälfte des weltweiten Verbrauchs verantwortlich (siehe Abb. D3).

Die beiden mit Abstand wichtigsten Fasertypen für die Modeindustrie sind Baumwolle und Polyester. Sie stehen auch stellvertretend für die zwei Gruppen der Natur- und der Chemiefasern. Hier hat sich der Markt in den vergangenen 40 Jahren komplett verschoben. Während im Jahr 1975 noch zu zwei Dritteln Naturfasern wie Baumwolle, Leinen, Seide und Wolle verwendet wurden, entfiel lediglich ein Drittel auf Chemiefasern. Dieses Verhältnis hat sich bis 2014 genau umgekehrt (siehe Abb. D1).

DIE GRENZEN VON BAUMWOLLE UND POLYESTER

Nun steht der Textil- und Bekleidungsbranche eine weitere Reform bevor: Da der globale Faserbedarf in Zukunft nicht mehr in gleichem Maße durch Baumwolle und Polyester gedeckt werden kann, wird alternativen, völlig neuen Materialien eine wesentliche Rolle zukommen.

Die konventionelle Produktion von Polyester basiert auf Erdöl, für den Anbau von Baumwolle wird Bodenfläche benötigt. Doch beide Ressourcen stehen der Menschheit nicht mehr in gewohntem Maße zur Verfügung. Die Notwendigkeit einer Veränderung ist vor allem beim Rohöl offensichtlich: Nicht nur

The global demand for fibres is continually growing. In 2014, 93 million tonnes have been processed into clothing, home textiles, technological textiles, etc. Since 1975, global fibre consumption has roughly tripled – according to a report by Swiss consulting firm »The Fiber Year« entitled »The Fiber Year 2015«; this is due to a growing global population, but also to an increase in per-capita consumption. The fashion industry alone is responsible for more than half of the global consumption (see fig. D3).

Cotton and polyester are by far the most important types of fibre for the fashion industry. They also represent the natural and chemical fibre groups, respectively. In this area, the market has radically changed over the past 40 years. Back in 1975, two-thirds of the fibres used were natural fibres such as cotton, linen, silk, and wool – only one-third were chemical fibres. By 2014, the ratio is precisely the opposite (see fig. D1).

THE LIMITATIONS OF COTTON AND POLYESTER

Another reform is now in the offing for the textile and clothing industry: in the future, cotton and polyester will be insufficient to satisfy global demand for fibres as they did in the past, and so alternative, totally new materials will play a crucial role.

Conventional production of polyester depends on mineral oil, and cotton farming requires cultivable land. In the future, both resources will no longer be available to humankind to the same extent. The need for change is obvious, especially in the case of mineral oil: not only is there Peak Oil, there is also the strain imposed on the

Peak Oil, sondern auch die nicht mehr tragbare Belastung der Erdatmosphäre durch Treibhausgase werden die Industrie dazu zwingen, die Chemiefaserproduktion vom Einsatz fossiler Rohstoffe zu entkoppeln. Das Abkommen der Pariser UN-Klimakonferenz und sein 1,5-Grad-Ziel haben die Dringlichkeit dieser Aufgabe noch einmal besonders deutlich gemacht.

Ein ähnliches Bild zeigt sich bei Naturfasern: Die Notwendigkeiten, eine wachsende Weltbevölkerung zu ernähren und ihren Durst nach neuartigen Energiequellen wie Biodiesel aus Ölsaaten zu stillen, führt zu einem verschärften Wettbewerb um landwirtschaftliche Nutzflächen. Baumwolle etwa, die den größten Teil des Bedarfs auf dem Naturfasermarkt abdeckt, findet sich folglich in einer neuen Situation wieder, in der sie um fruchtbare Böden konkurriert und dabei – zumindest moralisch – von Anfang an auf verlorenem Posten steht. Dieser »Peak Soil«, aber auch der schlechte ökologische Fußabdruck, den ihr konventioneller Anbau mit einem hohen Wasserverbrauch und dem exzessiven Einsatz von chemischen Düngemitteln, Pestiziden und Fungiziden hinterlässt, werden zu immer gewichtigeren Argumenten gegen Baumwolle und für neue Fasertypen.

DIE ALTERNATIVEN: RECYCELT, ORGANISCH, MORE SUSTAINABLE ...

Doch wie sehen Alternativen aus? Ressourcenschonend, biobasiert, biologisch abbaubar, kompostierbar, schnell nachwachsend, recycelt und organisch – das sind die Attribute, um die es in Zukunft vornehmlich gehen wird. Als »Preferred Fibers« oder auch »More Sustainable Fibers« bezeichnet die US-amerikanische Nichtregierungsorganisation Textile Exchange in ihrem Jahresbericht jene Fasern, die eine ökologischere oder sozialere Alternative zu herkömmlichen Fasern darstellen. Dabei geht es eben nicht nur um Bio-, sondern auch um »nachhaltigere« Fasern, so etwa Better Cotton, recyceltes Polyester oder recyceltes Nylon aus Post-Consumer-Abfällen und synthetische Zellulosefasern auf Pflanzenbasis wie Tencel oder CelluNova.

Zellulose kann aus pflanzlichem Zellstoff wie Holz gewonnen werden, aber auch aus Industrie- und Post-Consumer-Abfällen. Hier eröffnen sich völlig neue Möglichkeiten. So entwickeln

Earth's atmosphere by greenhouse gases, which will force the industry to decouple chemical fibre production from using fossil raw materials. The Paris Convention, which was negotiated at the 2015 United Nations Climate Change Conference, demonstrated, once again, the urgency of this task.

Natural fibres present a similar picture: the need to feed a growing global population and to satisfy its thirst for novel energy sources such as bio diesel from oilseed results in stronger competition for cultivable land. Cotton, for instance, which accounts for a major part of the natural fibre market, will thus find itself in a new situation, in which it competes for fertile ground. This appears to be a lost battle right from the beginning – at least in moral terms. »Peak Soil« and the severe ecological footprint of the conventional method of cultivation, with its high water consumption and its excessive use of chemical fertilizers, pesticides, and fungicides, make out an increasingly strong case against cotton and in favour of new fibre types.

THE ALTERNATIVES: RECYCLED, ORGANIC, MORE SUSTAINABLE...

So, what are the alternatives? Resource-friendly, biobased, biodegradable, compostable, fast-growing, recycled, and organic – these are the qualities that the future will be based on. In its annual report, the US non-governmental organization Textile Exchange describes alternatives to conventional fibres which are more environmentally and socially sound as »preferred fibres« and »more sustainable fibres«. Aside from strictly biological fibres, they also include »sustainable« fibres such as Better Cotton, recycled polyester, and recycled nylon from post-consumer waste, as well as plant-based cellulose fibres such as Tencel and CelluNova.

Cellulose can be obtained from pulp, such as wood pulp, but also from industrial and post-consumer waste. Totally new opportunities arise in this context. Businesses such as Worn Again, Re:newcell and Evrnu (see the »In

Unternehmen wie Worn Again, Re:newcell oder Evrnu (siehe Future Scenario »In Circles«, Innovationen, S. 124) momentan Fasertypen aus gebrauchten Baumwolltextilien und stehen kurz vor dem Durchbruch zur Marktreife. Gleichzeitig kommen auch immer häufiger völlig exotisch klingende Innovationen wie Zellulosefasern aus Kiefernnadeln, Algen und Bakterien oder aus Abfällen der Lebensmittelproduktion wie Ananasblättern, Orangenschalen und Kaffeeresten auf den Markt. Ein weites Forschungsfeld sind außerdem künstliche Proteinfasern, unter anderem aus nicht für den Verzehr geeigneter Milch, Spinnenseide (siehe Future Scenario »Material Individualligence«, Best-Practice-Beispiel, S. 81) bzw. neue Lederimitate aus Ananasschalen und anderen Fruchtresten oder aus Quallen.

KLEINE TEILCHEN, GROSSE RISIKEN

Nicht unerwähnt bleiben darf der Bereich Nanotechnologie. Anorganische Hightech-Fasern und Smart Textiles erhalten durch kleinste Teilchen von Materialien wie Karbon, Titan, Silber, Eisen und Grafit neue, attraktive funktionale Eigenschaften. Allerdings werden die Auswirkungen auf Umwelt und Gesundheit durch die Manipulation von Fasern auf der Atom- und Molekülebene und durch freigesetzte Nanoteilchen teilweise äußerst kritisch beurteilt. Ohnehin werden die umwelt- und humantoxikologischen Risiken textiler Fasern immer stärker thematisiert. Ein aktuell zentrales Diskussionsthema ist Mikroplastik: Jedes Jahr gelangen mindestens acht Millionen Tonnen Kunststoff in die Ozeane – das entspricht in etwa der Menge, die entstünde, wenn man jede Minute eine Lkw-Ladung voll Müll ins Meer kippen würde. Wenn in den kommenden Jahren hier nichts unternommen wird, werden es 2030 zwei Ladungen pro Minute sein und 2050 vier. Das haben die Ellen MacArthur Foundation und McKinsey & Company 2016 in ihrem Bericht »The New Plastics Economy« berechnet.

Die Textilindustrie trägt ihren Teil dazu bei. Dabei geht es vor allem um Mikropartikel von Kunststofftextilien, die unter anderem bei der Wäsche, aber auch beim mechanischen Recycling ins Abwasser und damit in die Natur und in die Ozeane gelangen. Globalgesellschaftlich gesehen sollte es zu den Kernaufgaben eines jeden einzelnen Industriezweigs gehören,

Circles« future scenario's »Innovation« section on p. 124) are presently developing fibres made out of used cotton textiles, which will soon be ready for market roll-out. Simultaneously, exotic-sounding innovations such as cellulose fibres made from pine needles, algæ, and bacteria, or from food production waste such as pineapple leaves, orange peels, and coffee grounds, are being brought onto the market. Another field of research is offered by artificial protein fibres, including fibres made from inedible milk, spider silk (see the »Material Individualligence« future scenario's »Best Practice« section on p. 81) and new leatherettes made from pineapple peels and other fruit remainders, or from jellyfish.

SMALL PARTS, BIG RISKS

Another area that might be mentioned is nanotechnology. Minuscule particles of materials such as carbon, titan, silver, iron, and graphite can be used to endow inorganic high-tech fibres and smart textiles with new, attractive functional properties. However, some observers are extremely critical of the impact of manipulating fibres on the atomic and molecular level and releasing nanoparticles on the environment and on human health. The environmental and toxic risks associated with textile fibres are increasingly a subject of debate. One key current topic is microplastics: annually, at least eight million tonnes of plastic wind up in the oceans, corresponding roughly to the effect of dumping one truckload of waste per minute into the sea. If no countermeasures are taken over the next few years, these amounts will increase to two truckloads by 2030 and to four truckloads by 2050, according to the Ellen MacArthur Foundation and McKinsey & Company's 2016 »The New Plastics Economy« report.

The textile industry also contributes to this development. In this context, one major concern involves the microparticles that are released into the wastewater – and thus into Nature and the oceans – when textiles are washed or mechanically recycled. From a global societal perspective, making sure that used products find their way back into the

sicherzustellen, dass seine Produkte nicht als Müll entsorgt, sondern nach dem Gebrauch wieder in einen neuen Materialkreislauf zurückgeführt werden (siehe Future Scenario »In Circles«, S. 113 ff., und Dossier »Supply Chain«, S. 176 ff.). Gleichzeitig müssen Lösungen entwickelt werden, die dafür sorgen, dass aus Abfällen, die bereits ins Meer gelangt sind, neue Produkte hergestellt werden können. Der italienische Hersteller Aquafil ist hierfür das bekannteste Beispiel aus der Textilbranche: Er produziert aus Altnylon, zum Beispiel von gebrauchten Fischernetzen, die Recyclingfaser Econyl.

TIERISCHE FASERN: REALITÄT VERSUS KUNDENWUNSCH

Ist es unmoralisch, Tieren für die Zwecke der Modeindustrie und die Befriedigung profaner menschlicher Konsumwünsche Leid zuzufügen? Darüber wird zurzeit heftig debattiert. Einige Anbieter sind bereits auf vegane Produktion umgestiegen. Aber auch diejenigen, die weiterhin Fasern, Felle, Häute und Accessoires tierischen Ursprungs einsetzen, sollten sich über deren Herkunft bewusst sein. Kontrolliert biologische Tierhaltung, der Verzicht auf Pelze und verantwortungsvolle Gewinnung von Daunen – es gibt viele Alternativen, bei denen man das Leiden von Tieren ausschließen kann.

Gleich ob Chemie- oder Naturfasern pflanzlichen oder tierischen Ursprungs – vor allem der hohe Chemikalieneinsatz zahlt negativ auf den ökologischen Fußabdruck von Textilfasern ein. Insbesondere die Herstellung von konventionellen Naturfasern ist ein chemogetränktes Business: Über 10 Prozent der weltweit eingesetzten Agrochemikalien finden laut dem gemeinnützigen Pestizid-Aktions-Netzwerk PAN Germany in Form von Pestiziden, Fungiziden und als Mineraldünger allein in der Baumwollproduktion Verwendung. Demgegenüber steht ein vom Bonner Südwind-Institut ermittelter Anteil an der globalen Ackerfläche von lediglich 2,5 Prozent für den Anbau – eine extreme Diskrepanz.

UMSTRITTENES THEMA GENMANIPULATION

Neben gefährlichen Chemikalien, Nanotechnologie und Mikroplastik spielt in der textilen Faserherstellung ein weiterer Bereich eine wichtige Rolle, der mit großen Risiken behaftet ist:

material cycle after use – instead of being disposed of as waste – should be one of the core responsibilities of each and every industry (see the »In Circles« future scenario on pp. 113 ff. and the »Supply Chain« dossier on pp. 176 ff.). At the same time, solutions have to be developed to make sure that the waste that has already ended up in the sea can be reprocessed into new products. One well-known example in the textile industry is the Italian manufacturer Aquafil, which produces its Econyl recycling fibre from nylon that is obtained from used fishing nets.

ANIMAL FIBRES: REALITY VERSUS CUSTOMER PREFERENCE

Is it immoral to inflict pain on animals on behalf of the fashion industry and the satisfaction of commercial human consumer needs? This question is currently a subject of heated debate. Some suppliers have already switched to vegan production. However, those who continue to use fibres, furs, coats, and accessories with an animal origin should also be aware of their provenance. Certified biological farming, no use of furs, and responsible collecting of down feathers – there are many options for making sure that animals do not suffer.

Whether they are chemical fibres or natural fibres from plants or animals, a major contributor to the negative ecological footprint of textile fibres is the extensive use of chemicals. Producing natural fibres conventionally requires a particularly intensive use of chemicals: globally, more than 10 percent of all agrochemicals are used in cotton production as pesticides, fungicides, and mineral fertilizers, according to the non-profit organization Pestizid-Aktions-Netzwerk PAN Germany. This contrasts with the percentage of cultivable land used for cotton farming: just 2.5 percent, according to the Bonn Südwind Institute.

THE CONTROVERSIAL ISSUE OF GENETIC MANIPULATION

In addition to dangerous chemicals, nanotechnology, and microplastics, another area that plays an important

Biotechnologie oder Genmanipulation. Auch sie spalten die Branche und sorgen für heftige Diskussionen. Während genverändertes Saatgut wegen seiner schädlichen Auswirkungen auf Umwelt und soziale Verhältnisse bei den Vertretern des ökologischen oder biodynamischen Anbaus als ein absolutes No-go gilt, sehen es das konventionelle Textilbusiness und die Agrokonzerne als die Lösung für viele Probleme – auch unter Umweltaspekten. Denn Genmanipulation kann dazu beitragen, den Wasserverbrauch beim Anbau konventioneller Baumwolle zu senken. Solche Argumente haben die Gegner von Genmanipulationen schnell ausgehebelt. Geht es um Resistenzen gegen Schädlinge oder den Wasserverbrauch, führen sie zahlreiche durch Langzeitstudien und Lebenszyklusanalysen belegte Gegenargumente ins Feld. Den angeblich höheren Erträgen bei genmanipulierter Baumwolle stellen sie unter anderem die Abhängigkeit der Farmer von Saatgutherstellern gegenüber. Sie kritisieren, dass die aus genmodifiziertem Saatgut gewonnene Baumwolle ausschließlich von einjährigen Pflanzen stamme. Die Bauern seien somit gezwungen, jedes Jahr neues Saatgut zu kaufen, das sich die Konzerne haben patentieren lassen. Viele Baumwollfarmer würden durch diese Abhängigkeiten und Machtstrukturen gezwungen, Kredite aufzunehmen. Das Saatgut für mehrjährige Pflanzen, die für den Bioanbau verwendet wird, werde hingegen immer knapper.

Fakt ist: Die Fläche für den Anbau genveränderter Pflanzen generell ist seit 1996 um ein Hundertfaches gestiegen – von 1,7 Millionen Hektar auf 181,5 Millionen Hektar im Jahr 2014, so die Ergebnisse des ISAAA-Reports »Beyond Promises: Top 10 Facts about Biotech/GM Crops in 2014«. Genveränderte (GV) Baumwolle erreichte mit 25,3 Millionen Hektar im Anbaujahr 2013/14 einen Spitzenwert, was einem GV-Anteil an der weltweiten Baumwollproduktion von knapp 70 Prozent entspricht. Die Anbauflächen für Organic Cotton und More Sustainable Cotton sind dagegen verschwindend gering (siehe Abb. D4).

Je mehr Fasern die Menschheit verbraucht, desto größer sind die Herausforderungen, vor denen die Textil- und Bekleidungsbranche steht. Neue Faserentwicklungen, Herstellungsverfahren und Recyclingtechnologien werden hier zu gravierenden Umbrüchen führen, auf die sich zukunftsorientierte Textilunternehmen frühzeitig einstellen sollten.

role in the production of textile fibres is biotechnology, or genetic manipulation. This field is highly disputed, both within and outside the industry. Given their harmful impact on the environment and on society, genetically modified seeds are considered an absolute no-go area by representatives of the organic or biodynamic method of cultivation. Conventional textile businesses and agricultural corporations, on the other hand, view them as a solution to many problems – including environmental problems, as genetic manipulation may contribute to reducing the need for water in conventional cotton farming. Opponents of genetic manipulation are quick to reject such arguments. Where it comes to resistances to vermin, or to water consumption, they can refer to a host of counterarguments supported by long-term studies and life cycle analyses. The alleged higher yield of genetically modified cotton comes at the price of farmers becoming dependent on seed producers. Critics argue that genetically modified seeds are exclusively obtained from annual plants and that farmers are thus forced to buy new seed every year, with producers holding the patents. They say that these dependences and power structures leave many cotton farmers with no other choice but to take out loans, whereas the perennial seed used in organic farming is becoming increasingly rare.

In fact, since 1996, the area used for growing genetically modified crops has increased by a factor of a hundred – from 1.7 million hectares, to 181.5 million hectares in 2014, according to an ISAAA report entitled »Beyond Promises: Top 10 Facts about Biotech/GM Crops in 2014«. In the 2013/2014 campaign year, genetically modified (GM) cotton was grown on an area of 25.3 million hectares, bringing the GM share of global cotton production to nearly 70 percent. By comparison, the cultivation areas used to grow organic cotton and »more sustainable« cotton are extremely small (see fig. D4).

Abb. | Fig. D1 **Chemiefasern verdrängen Naturfasern** // Chemical fibres replacing natural fibres

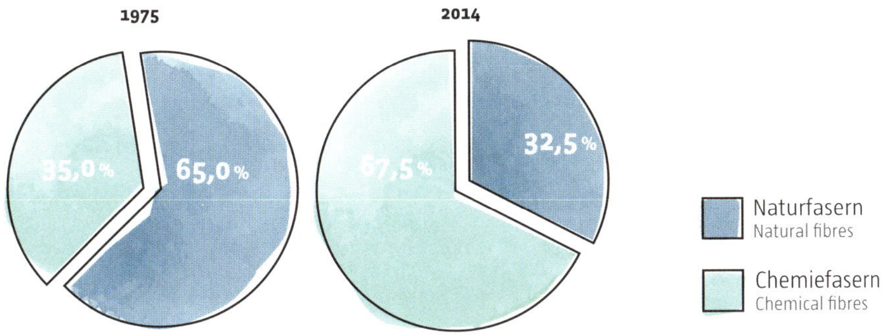

Abb. | Fig. D2 **Weltweiter Bedarf an Fasern wächst kontinuierlich** // Global demand for fibres continually growing

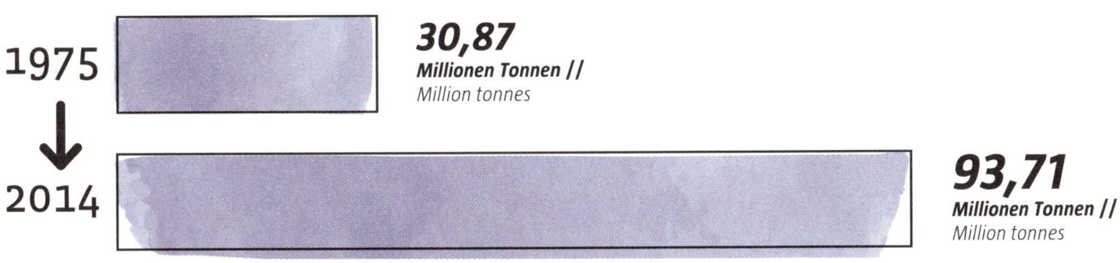

Quelle: Eigene Darstellung nach »The Fiber2015« // Source: Diagram based on: »The Fiber2015«

FAZIT

- Der Faserbedarf der Menschheit steigt.
- Die Verfügbarkeit von Baumwolle und Polyester kann nicht unbegrenzt gesteigert werden.
- Alternativen werden an Bedeutung gewinnen.
- Innovative Rohstoffe sind ressourcenschonend, schnell nachwachsend, biobasiert, recycelt und recyclingfähig.
- Das Saatgut für Biobaumwolle wird knapp, genauso wie die Anbauflächen für den ökologischen Landbau.
- Recycelten Zellulosefasern wird eine vielversprechende Zukunft vorausgesagt.
- Der Einfluss von Fasern auf Wasser, Luft, Boden und Mensch wird bei der Materialwahl künftig eine größere Rolle spielen.
- Gefährliche Chemikalien, Mikroplastik, Genmanipulation und Nanotechnologien sind Risiken, die immer mehr in den Fokus der Öffentlichkeit rücken.

CONCLUSION

- The global need for fibres will continue to rise.
- There is a limit to the availability of cotton and polyester.
- Alternative fibres will increasingly play an important role.
- Innovative raw materials are resource-friendly, fast-growing, bio-based, recycled, and recyclable.
- Cotton seed is becoming scarce, as is cultivable land for organic farming.
- Recycled cellulose fibres are expected to have a promising future.
- When it comes to choosing materials, the impact of fibres on water, air, soil, and people will increasingly have to be taken into account.
- Dangerous chemicals, microplastics, genetic manipulation, and nanotechnologies are risks that people are becoming increasingly aware of.

Abb. | Fig. D3 **Weltweiter Textilfaserverbrauch: Bekleidung mit höchstem Anteil** // Global textile fibre consumption: clothing with the biggest share

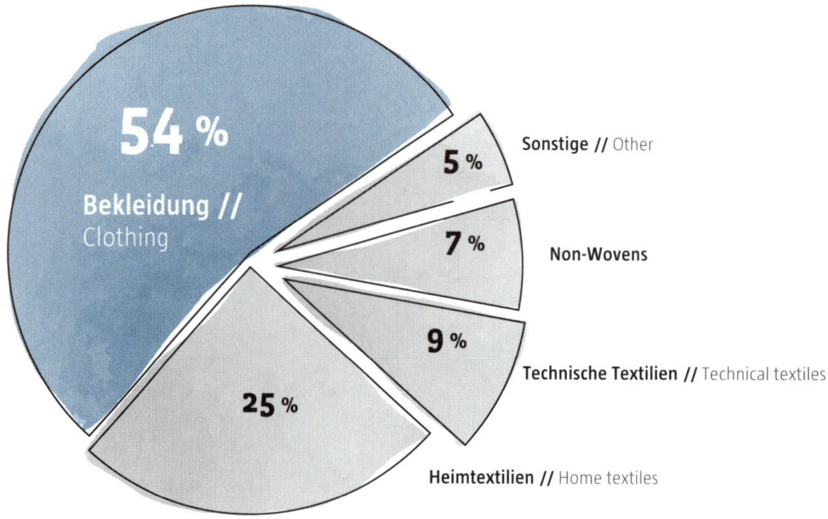

Quelle: Eigene Darstellung nach »FAO World Apparel Fibre Consumption (FAO-ICAC, 2013)« // Source: Diagram based on: »FAO World Apparel Fibre Consumption (FAO-ICAC, 2013)«

Abb. | Fig. D4 **Anbau genetisch veränderter Baumwolle dominiert** // Cultivation of genetically modified cotton predominates

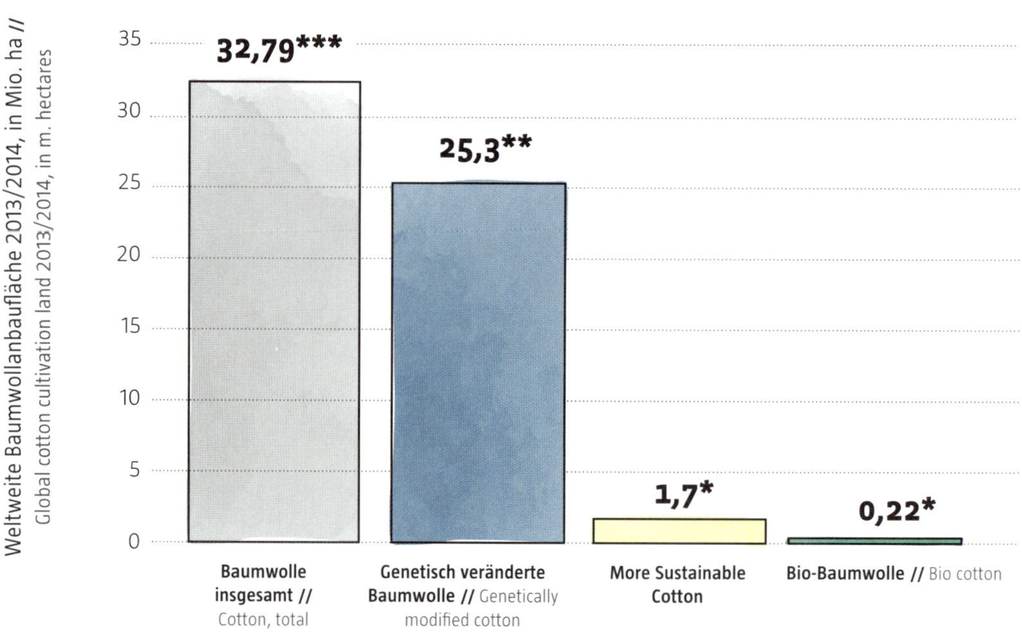

Quelle: Eigene Darstellung nach * »TE Organic Cotton Market Report« 2015. ** »Transgen / ISAAA-Report« 2014. *** Statista 2016 // Source: Diagram based on: * »TE Organic Cotton Market Report« 2015. ** »Transgen / ISAAA-Report« 2014. *** Statista 2016

CHECK-UP: WORAUF SIE BEI DER FASERWAHL KÜNFTIG STÄRKER ACHTEN SOLLTEN

- Rohstoffquelle
- Ökologischer Fußabdruck/Lebenszyklusanalyse
- Recyclingfähigkeit
- Einfluss auf die menschliche Gesundheit
- Transparenz in der Supply Chain
- Zertifizierungen
- Innovationsgrad

CHECK-UP: CRITERIA THAT ARE INCREASINGLY RELEVANT TO THE CHOICE OF FIBRES

- Sources of raw materials
- Ecological footprint/life cycle analysis
- Recyclability
- Impact on human health
- Supply chain transparency
- Certifications
- Degree of innovation

CHECK-UP: SO KÖNNEN SIE SICH AUF EINE NEUE FASERZUKUNFT VORBEREITEN

- Mit welchen Fasern arbeiten Sie heute?
- Wie ist die Langzeitentwicklung bei den Preisen?
- Welche ökologischen Risiken sind mit einer Faser verbunden?
- Welche Relevanz haben diese Risiken für Ihr Geschäft?
- Welche Faseralternativen gibt es?
- Wie könnten Sie sie in Ihr Geschäft integrieren?
- Wie ist die Verfügbarkeit?
- Wie sieht eine Kosten-Nutzen-Analyse aus?

CHECK-UP: QUESTIONS TO HELP YOU PREPARE FOR A NEW FIBRE FUTURE

- What fibres are you working with today?
- How will prices develop in the long term?
- What are the environmental risks associated with each type of fibre?
- How relevant are these risks to your business?
- What are the possible fibre alternatives?
- How can you integrate them into your business?
- How available are these alternatives?
- What does the cost-benefit analysis look like?

Hinweis der Autoren zu Abb. D4: Diese Grafik dient insbesondere der Veranschaulichung. Da es in der Branche keine Erhebung gibt, die die diversen Baumwollalternativen in Relation setzt, haben die Autoren verschiedene Studien herangezogen – wohl wissend, dass ihnen unterschiedliche Methoden der Erhebung zugrunde liegen können. // Authors' note: This figure is mainly for illustration purposes. Since, in the industry, no direct comparative survey of the various types of cotton exists, the authors have referenced a variety of studies, in the awareness that different methods may have been used.

Dossier

SUPPLY CHAIN

Rohstoffbeschaffung, Produktion, Logistik, Verkauf und Entsorgung – innerhalb der klassischen Stufen der Wertschöpfungsketten von Textilien, Schuhen und Accessoires wird es zu großen Veränderungen kommen. Auslöser sind Kreislaufwirtschaft, 3-D-Druck und Sharing Economy. Gleichzeitig steigen die Anforderungen an Unternehmen hinsichtlich Ökologie, sozialer Verantwortung und Transparenz.

VON DER SUPPLY CHAIN ZUM SUPPLY CIRCLE?

Ein Blick auf die wichtigsten Glieder der textilen Lieferkette zeigt: In jeder Phase des Produktlebenszyklus sorgen neue Technologien und Innovationen dafür, dass die derzeitigen Prozesse durch neue Verfahren abgelöst werden. Besonders einschneidend ist, dass zukünftig die Wertschöpfung in Kreisläufen stattfinden wird: Supply Chains werden immer mehr zu Supply Circles.

ROHSTOFF: Urban Mining – die Wertschöpfung beginnt nicht mehr in Indien, wo die Baumwolle wächst, oder in Neuseeland, wo die Schafe grasen, sondern dort, wo der Kunde sein abgetragenes T-Shirt oder seine ausgediente Strickjacke abgibt (siehe Future Scenario »In Circles«, S. 113 ff.). In Zukunft findet das Sourcing von Rohstoffen im urbanen Raum statt.

FASERN: Der Grad der Automatisierung in der Faserherstellung steigt. Durch den Boom künstlich hergestellter, recycelter und/oder biobasierter Materialien (siehe Dossier »Fasern«, S. 168 ff.) wird die Faserproduktion zu einem voll automatisierten industriellen Prozess. Der »Kostenfaktor Mensch« ist darin weniger involviert. Dadurch kehrt die Faser- und Garnproduktion teilweise in die Länder zurück, die aufgrund hoher Lohnkosten unattraktiv

Procurement of raw materials, production, logistics, distribution, and disposal – within the classical stages of the value chains of textiles, shoes, and accessories, major changes are in the offing due to the advent of the circular economy, 3D printing, and the sharing economy. At the same time, demands on businesses with regard to ecology, social responsibility, and transparency are increasing.

FROM THE SUPPLY CHAIN TO THE SUPPLY CIRCLE?

A glance at the most important links of the textile supply chain shows that, in each phase of the product life cycle, current processes are being replaced by new procedures, thanks to new technologies and innovations. What is of particular importance is the move towards a value creation that takes place in circles: supply circles are increasingly replacing supply chains.

RAW MATERIALS: Urban mining – value creation no longer starts in India where the cotton grows, or in New Zealand where the sheep graze; instead, it starts where customers hand in their worn-off T-shirts or their disused cardigans (see the »In Circles« future scenario on pp. 113 ff.). In the future, the sourcing of raw materials will take place in urban areas.

FIBRES: In fibre production, the degree of automation is increasing. Due to the boom in artificially produced, recycled and/or bio-based materials (see the »Fibres« dossier on pp. 168 ff.), fibre production is becoming a fully

geworden waren. Lokale Netzwerke und kurze Lieferwege stehen nun im Vordergrund.

VEREDELUNG: Färberei, Wäscherei, Ausrüstung und Beschichtung sind auch in einem ökoeffizienten Supply Circle die chemieintensivsten Produktionsschritte. Anlagen-, Input- und Chemikalienmanagement werden immer mehr zu unabdingbaren Voraussetzungen für Qualität. Substances of very high Concern sowie Beschränkungen und Verbote durch REACH, die Chemikalienverordnung der EU, fließen ein in sogenannte White Lists. Darin werden Chemikalien, die unbedenklich angewendet werden können, sowie Grenzwerte und Produktionsbestimmungen aufgeführt.

TEXTILE OBERFLÄCHEN UND KONFEKTIONIERUNG: Aus Garnen werden Gewebe, Gestricke und Gewirke, daraus Textilien, Schuhe und Accessoires. 3-D-Druck, High-Speed Manufacturing, Mass Personalization und Production on Demand führen dazu, dass Produkte voll automatisiert und direkt am Point of Sale hergestellt werden (siehe Future Scenario »Material Individualligence«, S. 71 ff.). Automatisierung und Relokalisierung sind die in der Zukunft bestimmenden Trends bei der Herstellung textiler Oberflächen und in der Konfektionierung.

NUTZUNGSPHASE: Reuse, Repair, Share – in einer Sharing Economy wird die Nutzungsphase von Produkten verlängert, indem sie nicht weggeworfen, sondern repariert, umgenutzt und wiederverwendet werden. Neue Dienstleistungen und Geschäftsmodelle entstehen und ermöglichen die erneute Wertschöpfung (siehe Future Scenario »The Sharing Society«, S. 91 ff.).

LOGISTIK: Der Waren-, Daten- und Informationsfluss ist ein zentrales Element des gesamten Kreislaufs. Logistische Prozesse sind noch effizienter und finden »lean« bzw. noch exakter »in Time« statt. Digitalisierung, neue Software und Sensoren, Virtual Reality oder voll automatisierte Logistiksysteme spielen dabei eine tragende Rolle. Dabei tun sich neue Fragen auf: Wie kommen die Rohstoffe für den 3-D-Druck zum PoS? Wo werden sie bevorratet? Oder: Welche Daten muss ein Kleidungsstück oder

automated industrial process. As the role played by labour costs decreases, fibre and yarn production are beginning to move back into countries where they had previously become unattractive due to high wage levels. The focus is now on local networks and short supply routes.

FINISHING: In an eco-efficient supply circle, dyeing, washing, finishing, and coating continue to be the most chemical-intensive production steps. Facilities, input and chemicals management increasingly become an indispensable requirement for quality. »Substances of very high concern«, as well as limitations and bans decreed by REACH (Registration, Evaluation, Authorisation and Restriction of Chemicals), a piece of European Union regulation, are echoed by corresponding so-called white lists that detail those chemicals, thresholds, and processes that can be safely used.

TEXTILE SURFACES AND CMT: Yarns are woven or knitted into fabrics, from which textiles, shoes, and accessories are made. Thanks to 3D printing, high-speed manufacturing, mass personalization, and manufacturing on demand, products can be manufactured in a fully automated way and at the point of sale (see the »Material Individualligence« future scenario on pp. 71 ff.). Automation and relocalization are key trends in the production of textile surfaces and garments.

UTILIZATION PHASE: Reusing, repairing, sharing – in a sharing economy, products have a longer utilization phase, as they are repaired, converted, and reused instead of being thrown away. New services and business models facilitate the expansion of the value creation process (see the »Sharing Society« future scenario on pp. 91 ff.).

LOGISTICS: The flow of goods, data, and information is a central element of the entire circle. Logistical processes are becoming more efficient, »lean«, and »in-time«. In

eine Faser abspeichern, um beim Recycling schnell und effizient sortiert werden zu können? (siehe Future Scenario »In Circles«, Innovationen S. 124)

Der Wandel von der klassischen Lieferkette zum Lieferkreislauf vollzieht sich nicht von heute auf morgen und wahrscheinlich nie vollständig. Beide Modelle werden parallel am Markt existieren. Die Bedeutung lokaler Strukturen, die an die Stelle von globalisierten Prozessen treten, wird dabei in jedem Fall zunehmen. Gleichzeitig steigen die Anforderungen an das Logistik- und Datenmanagement wie an das Qualitäts- und Chemikalienmanagement in erheblichem Maße.

WIE WEIT REICHT DIE VERANTWORTUNG?

Was trotz aller Veränderungen bleibt, ist die Frage der Verantwortung. Wie weit sich Unternehmen für Umwelt- und Arbeitsbedingungen in der Vorstufe verantwortlich fühlen, ist in der Textilindustrie derzeit sehr unterschiedlich ausgeprägt. Freiwillig eingeführt haben die meisten Unternehmen mittlerweile einen Code of Conduct. Hier und dort finden Monitoring und Auditierung von Lieferanten statt. Eine wirkliche Verbesserung durch eine enge partnerschaftliche und langfristige Zusammenarbeit mit Lieferanten, die Umsetzung effektiver Programme zur Verbesserung von Umwelt- und Sozialbedingungen in den Produktionsländern oder gar die Bereitschaft, sich an einem Modell für die Bezahlung fairer Löhne zu beteiligen, bleiben bislang aber die Ausnahme. »Wir zahlen Preise, keine Löhne« – so lautet das Totschlagargument, das die Diskussion, ob eine angemessene Bezahlung auf vorgelagerten Produktionsstufen möglich ist oder es bei vielfach ausbeuterischen Verhältnissen bleibt, schnell beenden soll. Die Einsicht, die Herstellung textiler Produkte für Wohlstandsgesellschaften auf Kosten anderer und zulasten der Umwelt sei eigentlich nicht zu rechtfertigen, ist eher selten. Findet ein Umdenken statt, dann meistens ausgelöst durch Skandale und die Angst vor Reputationsschäden (siehe Abb. D5).

Für die Daseinsberechtigung eines Betriebs werden in einer globalisierten Welt ethische Aspekte in Zukunft aber eine immer größere Rolle spielen. Zu diesem Eingeständnis werden Unternehmen früher oder später auch vor dem Hintergrund

this development, digitalization, new software, sensors, virtual reality, and fully automated logistics systems play a leading role. New questions arise: How do the raw materials needed for 3D printing get to the point of sale? Where are they stored? What data must a garment or a fibre »have ready« in order to facilitate fast and efficient sorting during the recycling process? (see the Innovations section of the »In Circles« future scenario on p.124)

The move from the classical supply chain to the supply circle doesn't take place overnight. Both models will coexist in the market. But at any rate, the importance of local structures replacing globalized processes will increase. At the same time, demands on logistics and data management, as well as quality and chemicals management, will be significantly higher.

HOW MUCH RESPONSIBILITY DO BUSINESSES HAVE?

In spite of all the changes, the question of responsibility remains subject to dispute. In today's fashion industry, widely differing opinions exist as to the extent to which businesses should accept responsibility for environmental and working conditions. Most businesses have introduced a certain code of conduct. Here and there, suppliers are monitored and audited. However, real improvements – brought about by closely cooperating with suppliers in long-term partnerships, implementing effective programmes for improving environmental and social conditions in the production countries, or even contributing to a model of paying fair wages – remain the exception. »We pay prices, not wages« is the argument with which businesses try to kill off the debate on whether or not it is feasible and desirable to pay more appropriate wages in upstream production stages, where exploitative conditions are often the norm. A recognition that textile products for affluent societies ought not to be produced at the expense of people and the environment is pretty

Abb. | Fig. D5 **Reputation ist der größte Treiber für nachhaltiges Engagement** // Reputation is the most important driver of sustainability efforts

Welches sind die wichtigsten Treiber für das nachhaltige Engagement Ihres Unternehmens? // Which are the most important drivers for your company's sustainability efforts?

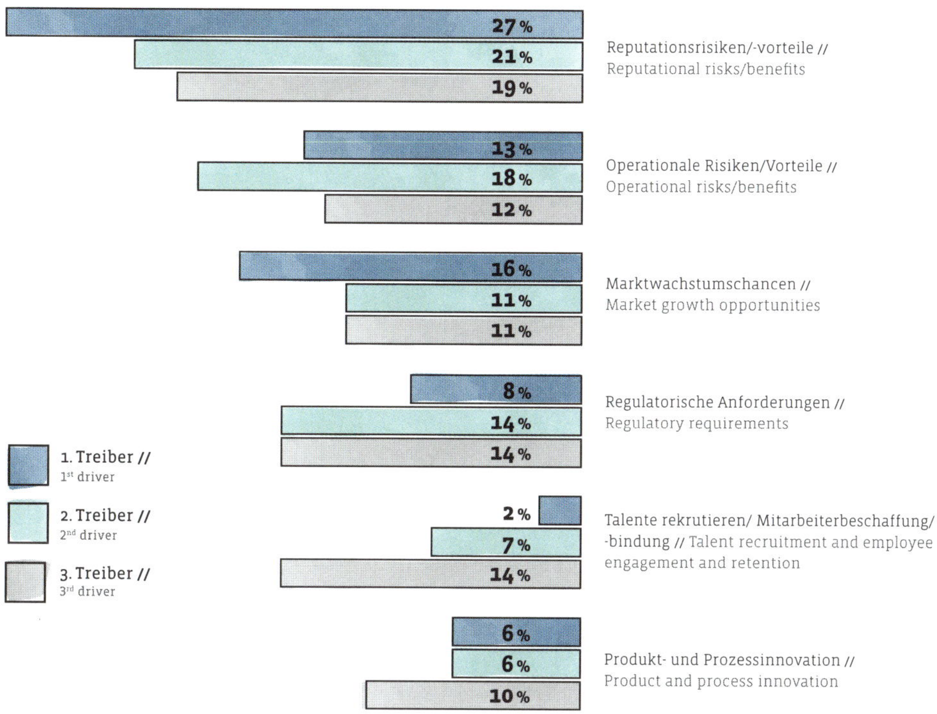

Quelle: Eigene Darstellung nach BSR/GlobeScan, »State of Sustainable Business 2015« // Source: Diagram based on: BSR/GlobeScan, »State of Sustainable Business 2015«

zunehmender Transparenz kommen müssen. Ob und wie schnell sich dieser Prozess durch die Marktbedingungen selbst, durch gesellschaftliche Veränderungen oder neue Gesetze und Sanktionen vollziehen wird, bleibt abzuwarten.

Zukunftsorientierte Unternehmen hingegen haben längst damit begonnen, Veränderungen selbst herbeizuführen. So hat zum Beispiel der deutsche Textilanbieter Continental Clothing ein neues Kalkulations- und Zahlungsmodell entwickelt. Das Berliner Unternehmen zahlt den Arbeiterinnen und Arbeitern eines indischen Nähereibetriebs eine sogenannte Fair-Share-Prämie. Die Angestellten erzielen damit monatliche Einkünfte, die über den gesetzlichen Mindestlohn hinausgehen und ihnen ein menschenwürdiges Leben ermöglichen.

Wie man Zulieferern einen Anreiz bieten kann, ökologische, arbeitsschutzrechtliche und soziale Bedingungen zu verbessern, dafür haben das Sportunternehmen Puma und die Internationale Finanz-Corporation, eine Tochter der Weltbankgruppe, einen

rare. If businesses change their mind, it's mostly because of some scandal, and because they fear damage to their reputation (see fig. D5).

In a globalized world, ethical issues will increasingly play an important role in the *raison d'être* of a business. Against a background of increased transparency, this is a fact every business must come to realize sooner or later. Whether this process will be brought about by the market conditions themselves, or by societal changes or new laws and sanctions, and when exactly this will happen, remains to be seen.

Future-oriented businesses have for some time now been initiating such changes of their own accord. The German textile supplier Continental Clothing, for instance, has developed a new calculation and payment model. This Berlin-based business pays the workers of an Indian sewing company a »fair-share premium«. Employees

neuen Ansatz entwickelt: ein Finanzierungsprogramm, das die Einhaltung von Sozial- und Umweltstandards in Zulieferfabriken honoriert. Dabei werden Finanzierungkosten für die Betriebsmittel jener Zulieferer verringert, die besonders gut bei einer Auditierung durch Puma abschneiden.

VERTIKALISIERUNG, INSOURCING UND OUTSOURCING

Hersteller werden zu Händlern (Vorwärtsintegration), Händler zu Herstellern (Rückwärtsintegration). Vertikalisierung war das Erfolgsrezept der vergangenen Dekade. Echte rückwärtsintegrierende Vertikalisierung würde zwangsläufig mehr unternehmerische Verantwortung in vorgelagerten Produktionsprozessen bedeuten. Tendenzen in diese Richtung gibt es bereits: Europäische Hersteller und Händler betreiben wieder eigene Fabriken, zum Beispiel in der Türkei, in Tunesien, in Italien, Spanien, Portugal oder Osteuropa. Und auch die Produktion im eigenen Land mit entsprechendem Labeling, also Made in Germany, Made in Britain oder Made in France etc., hat seit einigen Jahren wieder einen deutlich höheren Stellenwert.

Ist auch eine vollkommene Rückwärtsintegration denkbar, so weit, dass Zara, Topshop, Primark & Co. eigene Baumwollfelder bewirtschaften? In Zeiten des Outsourcing hört sich das nach einer Utopie an. Und doch geht es bereits in diese Richtung: So haben etwa H&M und C&A nicht nur Produkte aus Biobaumwolle in ihren Sortimenten, sondern übernehmen auch eine aktive Rolle in Biobaumwoll- und Better-Cotton-Anbauprojekten. Coop in der Schweiz ist seit vielen Jahren erfolgreich mit seiner Biobaumwoll-Linie Naturaline. Die Besonderheit dabei ist, dass Coop mit der schweizerischen Remei AG zusammenarbeitet, einem vertikalisierten Biotextilhersteller, der unter der Marke BioRe vom eigenen Biosaatgut bis zum fertigen Textil alle Herstellungsschritte begleitet. Das ist keine vollständige Rückwärtsintegration, aber die sonst so lange textile Wertschöpfungskette mit ihren zahlreichen vorgelagerten Lieferanten ist hier komplett transparent und auf wenige Partner beschränkt.

Aus diesem Grund hat sich auch Galeries Lafayette für eine Zusammenarbeit mit Remei entschieden. Im Sommer 2016 hat die französische Warenhauskette eine voll transparente, nachhaltige Kollektion auf den Markt gebracht, die Fashion Integrity

thus receive monthly incomes that are above the legal minimum wage, enabling them to live a decent life.

The sports company Puma and the International Finance Corporation (IFC), a subsidiary of the World Bank Group, have developed a new approach to incentivizing suppliers to improve environmental, working and social standards – a financing programme that reflects the suppliers' compliance of social and environmental standards. Those that achieve high ratings in an auditing process provided by Puma are offered favourable short-term operating loans.

VERTICAL INTEGRATION, INSOURCING AND OUTSOURCING

Producers become retailers (downstream integration), and retailers become producers (upstream integration). Vertical integration, or verticalization, has been the recipe for success over the past decade. A genuine upstream integration necessarily leads to an increased corporate responsibility for upstream production processes. Such tendencies already exist: European producers and retailers are returning to running their own factories in countries such as Turkey, Tunisia, Italy, Spain and Portugal, as well as in Eastern European countries. For some years, there has been a tendency to move production back to home countries, and to use this as a marketing asset by labelling products as »Made in Germany«, »Made in Britain«, »Made in France«, etc.

What about a complete upstream integration? Is it possible for businesses such as Zara, Topshop, and Primark to cultivate their own cotton fields? In an era of outsourcing, this idea may seem utopian at first sight. But reality is already catching up: H&M and C&A, for example, which have bio-cotton products on offer, also play an important role in bio-cotton and better-cotton cultivation projects. For many years now, Swiss company Coop has enjoyed success with its bio-cotton line Naturaline. What is special about this is that Coop is partnering with Swiss company Remei AG, a vertically

Collection. Sie soll nicht einfach nur eine weitere Öko-Kollektion sein, sondern vielmehr ein Konzept, dem sich auch andere Unternehmen anschließen können. »Wir machen alle Prozesse transparent. Je mehr mitmachen, desto besser. Erst dann erzielen wir mit unserer Idee eine reale Wirkung«, sagt die CSR-Verantwortliche der Gruppe, Charlotte Dieutre. Grundsätzlich werden Synergien und Kollaborationen in Zukunft eine immer größere Rolle spielen. Konkurrenzdenken wird stärker hinten angestellt, stattdessen werden Netzwerke zur gemeinsamen Verantwortungsübernahme und parallelen kollaborativen Wertschöpfung gesponnen.

ASSESSMENT: VOM ANALYSEWERKZEUG ZUM MANAGEMENTTOOL

Um sich ein objektives Bild über seinen Einfluss auf die Umwelt machen zu können, braucht ein Unternehmen ein konsequentes Monitoring von Rohstoffströmen und des Warenflusses entlang des gesamten Produktlebenszyklus. Ein probates Mittel dazu ist die sogenannte Life Cycle Analysis (LCA), zu Deutsch Lebenszyklusanalyse. Häufig wird auch von der Nachverfolgung des ökologischen Fußabdrucks eines Produkts gesprochen. Von der Faser-, Garn- und Stoffproduktion über Nassprozesse und Konfektionierung bis hin zu den Schritten Transport, Handel, Nutzung und Entsorgung bzw. Recycling – für jede einzelne Stufe werden systematisch die Umweltauswirkungen berechnet. Faktoren wie Treibhauspotenzial, Wasserverbrauch, Eutrophierung, Humantoxizität, Abwasser und Abfälle ergeben schließlich eine Ökobilanz.

Eine Frage, die im Kontext von LCA Gegenstand intensiver Diskussionen ist, lautet: Soll die Nutzungsphase mitbetrachtet werden oder nicht? H&M bezieht sie beispielsweise in die Analyse im Rahmen seines Conscious Actions Sustainability Report ein und kommt zu dem Ergebnis, dass der Konsument durch Waschen, Trocknen und Bügeln für 26 Prozent der klimatischen Belastungen, die ein Textil verursacht, verantwortlich ist.

OFFENLEGUNG – KÜR ODER PFLICHT?

Lebenszyklusanalysen, Lieferketten-Mapping, Scorecards, ökologische Gewinn-und-Verlust-Rechnung – all das sind Werkzeuge

integrated bio-textile producer which, under the BioRe brand, supervises the entire production chain, from its own bio-seed to the finished textile. Whilst this doesn't quite qualify as complete upstream integration, it does mean that the textile value chain, which is normally very long and incorporates many upstream suppliers, is completely transparent and limited to only a small number of partners.

This is also the reason for Galeries Lafayette's decision to partner with Remei. In the summer of 2016, the French department store chain launched its transparent, sustainable Fashion Integrity Collection. This is not intended to be just another eco-collection. Instead, it is a concept that other businesses can join. »We make all processes transparent. The more participants there are, the better it works«, says Charlotte Dieutre, who is in charge of CSR for the group. Synergies and collaborations will generally play an increasingly important role in the future. Competitive thinking will give way to networks, with shared responsibility and parallel, collaborative value creation.

ASSESSMENT: FROM ANALYTICAL TOOL TO MANAGEMENT TOOL

Businesses must consistently monitor raw material flows and the flow of goods across the entire product life cycle in order to be able to get a comprehensive picture of the impact they have on the environment. One tried-and-tested tool for this is Life Cycle Analysis (LCA). In this context, we often talk about tracing the ecological footprint of a product. For each phase of the product life cycle, the impact on the environment is systematically calculated – from fibre, yarn, and textile production to wet processes and CMT, and from transportation and retail to usage and disposal, or recycling. Factors such as greenhouse potential, water usage, eutrophication, human toxicity, wastewater, and waste are condensed into an environmental balance sheet.

One question arising in the context of LCA that is subject to intense debate is whether the usage phase ought

»Mut (...) ist die Erkenntnis, dass wirtschaftliches Handeln immer risikobehaftet ist, und die Bereitschaft, dieses Risiko aktiv zu gestalten. Daraus entsteht der Unterschied zwischen einer fremd- und einer selbstbestimmten Zukunft, und ob Chancen genutzt werden oder vorbeiziehen.«

Franz Kühmayer, Trendforscher und Geschäftsführender Gesellschafter der Strategieberatung KSPM

mit denen sich messen lässt, ob gesetzte Ziele erreicht wurden, und vorhandene Risiken minimiert werden können. Letztlich dienen sie auch dazu, unternehmerisches Handeln und seine Auswirkungen entlang der Wertschöpfungskette skalierbar, vergleichbarer und transparenter zu machen.

Der Druck durch Politik, Verbraucher, Presse, zivilgesellschaftliche Organisationen, durch Mitbewerber und Marktumfeld wird weiter steigen. Unternehmen werden sich damit anfreunden müssen, dass sie in Zukunft mehr und mehr dazu verpflichtet sind, ihre Prozesse offenzulegen. In einer Gesellschaft, in der der Kunde nahezu alles von sich preisgibt, ist vollständige Transparenz auch auf Unternehmensseite nur die logische Konsequenz. Was für den einen gilt, gilt auch für den anderen. Wenn es für alle gilt, fällt es dann aber auch weniger schwer.

FAZIT

- **Lieferketten werden vielschichtiger: Lokal steht neben global, integriert neben kollaborativ und kompostierfähig neben zirkulär.**
- **Prozesse werden weiter automatisiert und digitalisiert, sie lassen sich besser rückverfolgen und werden schneller, nachfrageorientierter und transparenter.**
- **Zusammenarbeit wird kooperativer, langfristiger und zunehmend von ethischen Prinzipien geleitet.**
- **Für die Daseinsberechtigung eines Betriebs spielen ethische Aspekte eine immer größere Rolle.**
- **Verantwortungsübernahme wird von der Kür zur Pflicht und zu einem entscheidenden Faktor des Supply Chain/ Circle Management.**
- **Lebenszyklusanalysen, Lieferketten-Mapping, Scorecards, ökologische Gewinn-und-Verlust-Rechnung machen unternehmerische Verantwortung entlang der Lieferkette bzw. Lebenszyklen skalierbar, vergleichbar und transparent.**

to be also taken into account. H&M, for instance, analyzes this aspect within the framework of its Conscious Actions Sustainability Report, concluding that consumers are responsible for 26 percent of the climatic stress caused by textiles – simply by washing, drying, and ironing them.

DISCLOSURE – OPTIONAL OR MANDATORY?

Life-cycle analyses, supply-chain mapping, scorecards, and environmental profit-and-loss calculation are all tools for risk minimization, impact orientation, and measurement for the purpose of reaching goals. Ultimately, they help to make corporate responsibility scalable, comparable, and transparent all along the value chain.

The pressure exerted by politicians, consumers, media, civil society organizations, competitors, and the market environment will continue to intensify. Businesses have to accept that they will increasingly be forced to disclose their processes. In a society in which customers reveal nearly everything about themselves, total transparency on the part of businesses is a logical consequence. What applies to one party must also apply to the other party. Once it applies to everybody, the situation will immediately become less difficult for everybody.

CONCLUSION

- Supply chains are becoming more diverse: in future, they will be local or global, integrated or collaborative, and compostable or circular.
- Processes are increasingly becoming automated and digitalized, more easily traceable, faster, and more demand-oriented and transparent.
- Cooperation will be more thorough, long-term, and based on ethical principles.
- Ethical aspects are increasingly playing an important role for a business's *raison d'être*.
- Voluntarily taking responsibility is becoming a necessity and a key factor of the supply chain/ circle management.

»Courage… is the recognition that economic action is always subject to risks, and the willingness to pro-actively manage these risks. It is this courage that defines the difference between a future that is self-determined and a future that is other-directed, and between opportunities being used or being missed out on.« Franz Kühmayer, trend researcher and managing associate of the strategy consulting firm KSPM

CHECK-UP: MEHR »WERT«-SCHÖPFUNG IN DER LIEFERKETTE

- Welches sind die größten Risiken in Ihrer Supply Chain?
- Kennen Sie Ihre Produzenten?
- Bis zu welchem Punkt in der Lieferkette kennen Sie sie?
- Wie können Sie Ihre Prozesse für die interne Analyse und zu Steuerungszwecken transparenter machen?
- Was umfasst Ihre gesetzliche Verantwortung?
- Wo sehen Sie Ihre moralische Verantwortung?
- Wie viel Verantwortung wollen Sie übernehmen?
- Falls Sie mehr Verantwortung übernehmen wollen, wie könnte ein konkretes Modell dafür aussehen?
- Welche Vorteile ergeben sich daraus für Sie, Ihre Mitarbeiter und die Menschen, die Ihre Produkte auf den Vorstufen herstellen?
- Welche Vorteile ergeben sich daraus für Ihr Unternehmen?
- Wie hoch sind Aufwand und Mehrkosten, die damit verbunden sind?
- Könnten Sie den Aufwand durch Synergien oder Kooperationen senken?
- Wer könnten attraktive Kooperationspartner sein?
- Gibt es Brancheninitiativen, die Sie dabei unterstützen könnten?

- Life-cycle analyses, supply-chain mapping, scorecards, and environmental profit-and-loss accounts make corporate responsibility all along supply chains/circles scalable, comparable, and transparent.

CHECK-UP: MORE »VALUE« CREATION ALONG THE SUPPLY CHAIN

- What are the greatest risks along your supply chain?
- Do you know your producers?
- Up to what point in your supply chain do you know them?
- How could you make your processes more transparent?
- How far does your legal responsibility go?
- Where do you see your moral responsibility?
- How much responsibility are you ready to accept?
- If you are ready to accept a greater responsibility, what would a concrete model for doing so look like?
- What would be the benefits for yourself, your employees and the people who make the products in the upstream phases?
- What benefits result for your business?
- How much effort and additional costs this would entail?
- Could you reduce these costs through synergies and cooperation?
- Who might qualify as attractive cooperation partners?
- Are there any industry initiatives that could assist you?

Dossier

DESIGN

Modedesign heißt zunächst Entwerfen und Gestalten. Heute steht jedoch weniger das Innovative, Schöpferische im Zentrum des Prozesses als vielmehr die Kommerzialität. Es geht darum, wie man in Massen an Massen verkauft. Bei einer steigenden Weltbevölkerung mit einer wachsenden konsumhungrigen Mittelschicht wird sich daran in Zukunft nichts ändern. Die Aufgaben des Designs gehen also längst über die reine Kreativleistung hinaus. Aus Modedesignern werden Produktmanager und umgekehrt.

Während in den vergangenen Jahren Massenverkäuflichkeit zu einem immer wichtigeren Designkriterium geworden ist, kommen nun zwei weitere Aspekte hinzu: Ethik und Technik. Sustainable Fashion und Smart Fashion heißen die Schlüsselwörter für das Modedesign der Zukunft.

SUSTAINABLE FASHION – VIELE ANSÄTZE, NEUE HERAUSFORDERUNGEN

In den Bereich der Sustainable Fashion fallen verschiedene Designkonzepte, die schon jetzt erfolgreich am Markt existieren, bislang jedoch größtenteils in Nischen. In Zukunft wird es darum gehen, diese Konzepte miteinander zu verbinden und sie in einem größeren Maßstab auf die gesamte Modeindustrie zu übertragen.

- *Circular Fashion* – Mode in der Kreislaufwirtschaft – wird nur dann funktionieren, wenn Designer den Kreislauf-Gedanken schon in ihre Arbeit integrieren. Beim Entwurf eines Kleidungsstücks müssen sie berücksichtigen, dass es nach seinem Gebrauch eben nicht im Abfall landet, sondern wieder in einen neuen Kreislauf eingespeist wird (siehe Future Scenario »In Circles«, S. 113 ff.).
- Beim *Upcycling* haben Designer dann in erster Linie im Blick, wie sie aus Industrie- oder Post-Consumer-Abfällen etwas

Fashion design is primarily about composing and creating. Today, however, this process is centred on commerciality – on selling as much as possible to as many people as possible. This will not change any time soon, given the growth of the global population and the consumption-hungry middleclass. The tasks of fashion design have long since moved beyond pure creativity. Fashion designers have become product managers, and vice versa.

In recent years, mass-marketability has increasingly become an important design criterion. Now, two further aspects have been added: ethics and technology. Sustainable Fashion and Smart Fashion are the key terms for the fashion design of the future.

SUSTAINABLE FASHION – MANY APPROACHES, NEW CHALLENGES

In the Sustainable Fashion field, several design concepts exist which are already successful in the market, albeit mostly in niches. In the future, the challenge will be to merge these concepts, and to extend them to the entire fashion industry.

- *Circular fashion* can only work if designers integrate the idea of circularity into their work at an early stage. When designing a piece of clothing, the fact that it is to stay within the cycle and not end up thrown away must be taken into account (see the »In Circles« future scenario on pp. 113 ff.).
- We talk about *up-cycling* whenever designers try to make something new and beautiful from industry or post-consumer waste. There already are the first

Neues, Schönes kreieren können. Mittlerweile gibt es die ersten Sourcing-Plattformen, die verschiedene Industrien und Upcycling-Designer miteinander vernetzen. Das wird dem Gedanken, aus bisherigen Wegwerfprodukten Hochwertiges herzustellen, einen enormen Schub verleihen.

- *Eco Fashion* ist das große, weite Feld der Biomode. Textilien, Schuhe und Accessoires werden aus Rohstoffen aus kontrolliert biologischem Anbau oder kontrolliert biologischer Tierhaltung hergestellt. Und auch in der Weiterverarbeitung bis hin zum fertigen Textil werden strenge ökologische Kriterien berücksichtigt, die insbesondere den Chemikalieneinsatz regeln. Das Feld biobasierter, ressourcenschonender, ökologisch unbedenklicher Fasern geht dabei weit über die bekannteste Biofaser – die Biobaumwolle – hinaus (siehe Dossier »Fasern«, S. 168 ff.). Designer haben hier mittlerweile ein großes Spielfeld für die Entwicklung innovativer Materialien.
- *Fair Fashion* oder faire Mode bezieht sich auf die soziale Komponente. Angemessene Löhne, vertretbare Arbeitszeiten, Arbeitssicherheit und der Schutz der Gesundheit, Vereinigungsfreiheit, Gleichheit und Gerechtigkeit sind nur einige von vielen Punkten, die dabei im Mittelpunkt stehen. Garne, Stoffe etc. kommen so häufig aus lokalen Initiativen, die an soziale Projekte geknüpft sind und das Leben der beteiligten Menschen effektiv verbessern. Wie bei Eco Fashion ist auch hier die größte Schwierigkeit, sozialen Ansprüchen entlang der gesamten Wertschöpfungskette wirklich Geltung zu verschaffen (siehe Dossier »Supply Chain«, S. 176 ff.). Letztlich gewinnen Eco- und Fair Fashion erst dann an Tragweite, wenn sie ineinandergreifen.
- Nicht vornehmlich die Menschen, sondern die Tiere hat *Vegane Mode* im Blick. Jede Form des Leidens von Tieren soll bei ihrer Herstellung ausgeschlossen werden. Das heißt, dass sich Designer bei ihren Entwürfen ausschließlich auf nicht tierische Materialien beschränken – Leder, Wolle, Seide, Pelze, Daunen, Horn und Perlmutt sind tabu. Der vegane Anspruch reicht so weit, dass auch bei der verwendeten Textilchemie keine tierischen Bestandteile zum Einsatz kommen und in Forschung und Entwicklung keine Tierversuche stattfinden dürfen.

sourcing platforms, connecting up-cycling designers with various industries. This development will give the up-cycling business a major boost.

- *Eco fashion* describes the broad field of »organic« fashion. Textiles, shoes, and accessories are produced from raw materials that come from certified organic crop and animal farming. Processing and manufacturing are also subject to strict ecological standards – especially where it comes to chemicals. The field of bio-based, resource-friendly, and ecologically harmless fibres goes far beyond the most widely known biofibre, which is bio-cotton (see the »Fibres« dossier on pp. 168 ff.). Designers already have a large variety of innovative materials to play with.
- *Fair fashion* refers to the social component. Fair wages, reasonable working hours, workplace safety, health protection, freedom of association, equality and justice are just some of the topics of concern. Yarns, fabrics, etc. often come from local initiatives linked to local projects, and effectively improve the lives of the people involved. As with eco-fashion, the greatest challenge is assuming social responsibility along the entire value chain (see the »Supply Chain« dossier on pp. 176 ff.) – instead of just looking at selected links, such as farmers or sewers.
- The focus of *vegan fashion* is on animals rather than on people. Animal suffering of any kind is to be avoided. This means that designers must limit themselves to materials with a non-animal origin. Leather, wool, silk, fur, downs, horn, and nacre are taboo. This vegan imperative extends to excluding animal-derived chemicals from textile processing. Research and development must not involve animal testing.
- *Slow fashion* is the antithesis of fast fashion, with its ever-faster succession of trends and its up to 12 collections per year. It is characterized by long-lived, high-quality, rather timeless products, and a slower succession of collections. Slow fashion is the manifestation of a re-orientation towards people's real needs and the actual demand situation.

- *Slow Fashion* ist die Antithese zur Fast Fashion mit ihren immer schneller aufeinander folgenden Trends und ihren bis zu zwölf Kollektionen pro Jahr. Slow Fashion ist geprägt von langlebigen, hochwertigen, tendenziell zeitlosen Produkten und einem langsameren Kollektionsrhythmus, der sich wieder stärker am Bedarf der Konsumenten und an der Nachfrage orientiert.
- Beim *Zero Waste Design* geht es darum, Mode so zu kreieren, dass kein Abfall entsteht. Durch intelligente Schnitttechniken werden Schnittreste entweder gänzlich eliminiert oder so mit eingeplant, dass sie ebenfalls verwendet werden können. Die autarke Zero-Waste-Produktion geht noch einen Schritt weiter und nutzt auch Abwasser, Abluft und Abfall. Alles, was für ein Produkt ge- oder verbraucht wird, wird nur aus den Ressourcen erzeugt, die in ihrem Rahmen innerhalb eines geschlossenen Kreislaufs zur Verfügung stehen.

SMART FASHION – DIE WELT DER NEUEN MÖGLICHKEITEN

Die Technik erobert die Mode, die Mode die Technik. Durch Fortschritte in der Technik haben Designer ein größeres Spektrum an Möglichkeiten, Mode zu kreieren und zu inszenieren. Mode ist nicht mehr »nur« ein Kleidungsstück, sondern übernimmt neue Funktionen. Von Designern erfordert das, in anderen Dimensionen zu denken, denn neben der Optik spielen Praktikabilität und ein möglicher Zusatznutzen eine deutlich größere Rolle.

- Unter *Smart Fashion* versteht man Kleidungsstücke, Schuhe und Accessoires, die intelligente Funktionen übernehmen oder unterstützen. Durch den Einsatz neuer Technologien können Designer mit neuen Oberflächen experimentieren, die per Knopfdruck ihr Design verändern oder mithilfe von integrierten Sensoren und Minicomputern auf Umwelteinflüsse und das Verhalten des Trägers selbst reagieren (siehe Future Scenario »Material Individualligence«, S. 71 ff.). Designer werden zukünftig stärker in interdisziplinären Teams mit Technikern und Wissenschaftlern zusammenarbeiten. Gleichzeitig wird diese Entwicklung die Grenzen zwischen technischen Textilien und Fashion Fabrics verwischen.
- *3D-printed Fashion* stellt den gesamten Design- und Herstellungsprozess auf den Kopf. Mode, die direkt aus dem

- *Zero-waste design* is about creating fashion without waste. Using intelligent cutting techniques either eliminates cutting waste altogether or allows for planning to use the cutting waste in meaningful ways. Autarkic zero-waste production goes a step further: wastewater, exhaust air, and solid waste are also re-used. Everything required to make a product is obtained from resources available within a closed circle.

SMART FASHION – THE WORLD OF THE NEW OPPORTUNITIES

Technology is conquering fashion, and fashion is conquering technology. Technological advances provide designers with a wide range of opportunities to create and stage fashion. No longer »only« a piece of clothing, fashion is adopting new functions. Designers are required to think in different dimensions, because, in addition to optics, practicability and additional benefit are playing a significantly greater role.

- *Smart fashion* refers to clothing, shoes, and accessories that integrate or support intelligent functions. New technologies enable designers to experiment with new surfaces that, on pressing a button, change their design, or that automatically respond to environmental influences and to the wearer by means of sensors and integrated mini-computers (see the »Material Individualligence« future scenario on pp. 71 ff.). In the future, designers will increasingly work in interdisciplinary teams that include technicians and scientists. At the same time, this development will help to blur the boundaries between technical textiles and fashion fabrics.
- *3D-printed fashion* turns the entire design and production process inside out. Whilst some fashion from 3D printers does exist today, the real breakthrough has yet to happen (see the »Material Individualligence« future scenario on pp. 71 ff.). The 3D-printing technique allows new materials to reach the market, and new textile surfaces and structures to be produced. 3D-printed

3-D-Drucker kommt, ist zum Teil heute schon Realität. Ihr Durchbruch steht allerdings erst noch bevor (siehe Future Scenario »Material Individualligence«, S. 71 ff.). Mit dem 3-D-Druck kommen neue Materialien auf den Markt und es können neue textile Oberflächen und Strukturen erzeugt werden. 3-D-gedruckte Mode ist in der Regel »seamless«, also nahtlos. Kreislaufkonzepte werden hier häufig gleich mitgedacht. Denn meistens sind die neuen Materialien, die für den 3-D-Druck verwendet werden, biologisch abbaubar oder recyclingfähig.
- *Customized Fashion:* Die Digitalisierung und die engere Vernetzung mit dem Kunden in Kombination mit neuen Produktionsmöglichkeiten durch den 3-D-Druck führen zu einer deutlichen Zunahme personalisierter, maßgeschneiderter Produkte. Aufgabe des Designers wird es sein, nicht mehr das fertige Produkt zu kreieren, sondern dem Kunden Basismodelle mit verschiedenen Designoptionen und Individualisierungsmöglichkeiten anzubieten.

NEUE ANFORDERUNGEN, NEUE AUFGABEN

Für den Job des Designers bedeuten die neuen Anforderungen, die die Integration von Sustainable- und Smart-Fashion-Konzepten an das Design stellen, sich wieder mehr durch die Zusammenarbeit mit anderen Disziplinen inspirieren zu lassen. Zugleich wird der Designprozess noch enger mit dem Einkauf verzahnt. Damit Modeunternehmen wettbewerbsfähig bleiben können, muss sich schließlich der Zeitraum von einer Designidee bis zum fertigen Produkt verkürzen, ohne dass dies zulasten der Menschen in der Vorstufe geht.

Messen und Sourcing-Plattformen fällt auch in Zukunft die Funktion eines Scharniers zwischen den unterschiedlichen Gliedern der Wertschöpfungskette zu. Für sie als sogenannte Continuity-Dienstleister sollte Online-Offline-Konvergenz ebenso selbstverständlich zu ihrem Portfolio gehören wie interdisziplinäre Ausstellerkataloge. Mehr denn je müssen sie faszinieren und inspirieren. Und entgegen dem derzeit häufig zu vernehmenden Abgesang auf das Konzept Messe als solches wird kuratierten Concept Shows in Zukunft eine wesentliche Funktion als transdisziplinärer Inspirations- und Marktplatz zukommen.

fashion is generally »seamless«, both literally and figuratively: most of the materials used for 3D printing are biodegradable or recyclable.
- *Customized fashion:* Digitalization and the closer interlinking with customers in combination with the new production opportunities brought about by 3D printing lead to a significant increase in personalized, customized products. The designer's job is no longer to create a finished product, but to offer customers basic models with various design options and opportunities for customization.

NEW REQUIREMENTS, NEW TASKS

From the new requirements imposed on design by the integration of Sustainable Fashion and Smart Fashion concepts, it follows that designers must increasingly draw inspiration from working with other disciplines. At the same time, the design process becomes more closely interlinked with the purchasing process. For a fashion business to remain competitive, the time between the design idea and the finished product must be shortened – but not at the expense of the people involved in the upstream production stages.

Trade fairs and sourcing platforms will continue to play a pivotal role, mediating between the various links of the value chain. Online/offline convergence should be as natural a part of these business-continuity service providers' portfolios as interdisciplinary exhibition catalogues. More than ever, they must fascinate and inspire. Contrary to the frequently-heard voices that see no future for the trade-fair concept, curated concept shows will play a significant role as a trans-disciplinary source of inspiration, and as a marketplace.

FASHION DESIGN – MORE MULTI-FACETED THAN EVER

The more smart fashion, sustainable fashion, and sourcing merge into one, the more dynamically these sectors will develop, and the more innovative the resulting

MODEDESIGN: SO VIELSEITIG WIE LANGE NICHT

Je mehr Smart Fashion, Sustainable Fashion und Sourcing mit dem Design verschmelzen, desto dynamischer werden sich diese Segmente entwickeln und desto innovativere Produkte werden sie hervorbringen. In der Nische sowieso, aber auch im Big Business. Wer als Designer das als Chance für sich begreift und Gestaltung mit Technik und Ethik verbindet, ist in Zukunft gefragter denn je.

FAZIT

- Smart Fashion und Sustainable Fashion eröffnen dem Design neue Möglichkeiten.
- Circular-, Upcycling-, Zero Waste-, Eco-, Fair- und Slow Fashion sowie Vegane Mode heißen die neuen Konzepte, denen sich der Designer stellen muss.
- High Tech Fashion, 3D-printed- und Customized Fashion bieten ihm weitere faszinierende Möglichkeiten.
- Design und Einkauf rücken noch näher zusammen.
- Der Beruf des Designers wird so vielseitig wie lange nicht.

CHECK-UP: SUSTAINABLE SMART FASHION – SO KREIEREN SIE DIE TEXTILIEN DER ZUKUNFT

- Setzen Sie sich mit den verschiedenen Konzepten von Sustainable Fashion intensiv auseinander.
- Entscheiden Sie, welches dieser Konzepte zu Ihrer Marke und Ihrem Produkt passt.
- Je mehr Konzepte Sie dabei miteinander verbinden, desto höher ist der Mehrwert der neuen Produkte.
- Beziehen Sie die neuen technischen Möglichkeiten mit ein.
- Welche Funktionen könnte eines Ihrer Kleidungsstücke erfüllen, die für den Träger einen echten Zusatznutzen darstellen?
- Auf welche Technologien, die es bereits am Markt gibt können Sie zurückgreifen?
- Mit wem könnten Sie eine Kooperation eingehen, um Ihre Idee in die Realität umzusetzen?

products will be – not only in niches, but also in the mainstream. In the future, designers who recognize the opportunities on offer and combine design with technology and ethics will be in greater demand than ever before.

CONCLUSION

- Smart Fashion and Sustainable Fashion provide designers with new opportunities.
- Circular, up-cycling, zero-waste, eco, fair, slow and vegan fashion are the new concepts designers must make themselves familiar with.
- High-tech fashion, 3D printing, and customized fashion have more fascinating opportunities in store.
- Design and purchasing must move closer together.
- A designer's job is more multi-faceted today than it has been for a long time.

CHECK-UP: SUSTAINABLE SMART FASHION – HOW TO CREATE FUTURE TEXTILES

- Make yourself thoroughly familiar with various concepts in sustainable fashion.
- Decide which of these concepts harmonizes with your brand and your product.
- The more concepts you combine, the greater the value added by the new products.
- Make use of the opportunities provided by new technologies.
- What functions could a garment of yours fulfil that might provide wearers with genuine additional value?
- Which technologies that already exist in the market might you make use of?
- With whom could you collaborate to make your ideas a reality?

Dossier

HANDEL RETAIL

Heute verläuft die Bruchlinie zwischen Modehandelskonzepten entlang der Gegensatzpaare Multilabel oder Monolabel bzw. klassisch oder vertikalisiert. Alles dreht sich um Schnelligkeit, dabei scheint der Multilabel-Einzelhandel auf verlorenem Posten: Seine vertikalen, filialisierten Konkurrenten haben einen höheren Cashflow und können so unmittelbarer auf Veränderungen und Neuerungen reagieren, außerdem besitzen sie aufgrund ihrer Marktmacht uneinholbare Vorteile in Verhandlungen mit Lieferanten.

UND JETZT NOCH DIE DIGITALE REVOLUTION

Klar scheint zunächst: Kapitalintensive Investitionen nach dem Trial-and-Error-Prinzip können sich nur Unternehmen mit entsprechendem Spielgeld leisten. Doch der erste Eindruck täuscht: Innovative Konvergenztechnologien wie Radio Frequency Identification und Bluetooth Low Energy, das Social Media Shopping, Engagement-Apps, Virtual und Augmented Reality oder der 3-D-Druck bieten allen Chancen. Und zwar auch und gerade kleinen und mittelständischen Einzelhändlern.

Das Wirtschaftsprüfungs- und Beratungsunternehmen KPMG geht in seiner Studie »Fashion 2025« davon aus, dass der Anteil des Online-Geschäfts am Modemarkt von 21 Prozent im Jahr 2015 innerhalb der nächsten zehn Jahre auf rund 36 Prozent anwachsen wird. Wer diese Marktpotenziale kapitalisieren wird, darüber ist das letzte Wort allerdings noch nicht gesprochen. Denn die Phygitalisierung (siehe Future Scenario »Future Communication«, S. 49 ff.) schafft eine neue Ausgangslage. So wird es durch 3-D-Druckverfahren, Mass-Customization-Konzepte und Manufacturing on Demand in Zukunft möglich sein, einer Eigenmarke auch ohne globale Lieferketten zu kommerziellem

Where it comes to fashion retail concepts, the dividing line today is between multi-label and mono-label, or between classical and vertical. Because everything is about speed, multi-label retail appears to be in decline: vertically organized competitors have a higher cashflow, allowing them to react to changes and innovations more promptly. Furthermore, their market power gives them an unbeatable edge in negotiations with suppliers.

THE DIGITAL REVOLUTION COMES ON TOP

At first sight, it may seem as if only businesses with enough liquidity could afford to embark on capital-intensive investments on a trial-and-error basis. This, however, is not the case: innovative convergence technologies such as radio frequency identification and Bluetooth Low Energy, social media shopping, engagement apps, virtual and augmented reality, and 3D printing offer opportunities to everybody, including small and medium-sized retailers.

In its »Fashion 2025« study, the accounting and consulting firm KPMG estimates that the online share of the fashion market will rise from 21 percent (as of 2015) to 36 percent within 10 years. As for who will be able to capitalize on this market potential, the jury is still out, given that phygitalization (see the »Future Communication« future scenario on pp. 49 ff.) creates a completely new situation. 3D printing, mass-customization concepts and manufacturing on demand will enable own brands to be commercially successful even if they have no access to global supply chains (see the »Material Individualligence« future scenario on pp. 71 ff.).

Erfolg zu verhelfen (siehe Future Scenario »Material Individualligence«, S. 71 ff.).

STATIONÄR, ONLINE, PHYGITAL – DEM HANDEL WÄCHST EIN DRITTES BEIN

Beacons, Voucher und Snap Commerce (siehe Future Scenario »Future Communication«, S. 49 ff.) ermöglichen es auch traditionellen Multilabel-Einzelhändlern, ihren Kunden ein dem Zeitgeist entsprechendes Online-Offline-Erlebnis zu verschaffen. Im Zentrum dieses Konzepts steht eine revolutionäre Entwicklung: Kommunikationsprozesse selbst werden zum zusätzlichen Verkaufskanal. (siehe Dossier »Communication«, S. 194 ff.).

In einer Zukunft, in der die Modebranche zunehmend von zirkulären Strukturen geprägt ist, kommt dem Handel eine wichtige Scharnierfunktion zu, die er für zusätzliche Gelegenheiten zur Kommunikation nutzen kann: Der Einzelhändler ist es zum Beispiel, der ein abgetragenes Kleidungsstück zurücknimmt und dafür sorgt, dass es im Kreislauf verbleibt. Oder der zum zentralen Anlaufpunkt für Share- und Repair-Konzepte wird.

Phygitalisierung bedeutet für den Einzelhandel letztlich, am PoS das zu inszenieren, was parallel in der virtuellen Welt stattfindet. Nutzt er diese Gelegenheit, hat er große Chancen, auch die neue Generation der Millennials für sich zu begeistern. Denn ihre Vertreter sind zwar online- und technikaffin, suchen aber nach wie vor den persönlichen Kontakt, die Gemeinschaft und das Miteinander (siehe Dossier »Werte«, S. 199 ff.). Inspirierende Orte zu schaffen, die zum Bleiben einladen, wird eine der zentralen Aufgaben des Handels. Customization bietet für solche Ideen große Chancen – der PoS wird zukünftig zur Produktionsstätte. Möglich machen dies der 3-D Druck und smarte Computerisierung von Strick- und Webmaschinen. Zusammengefasst unter dem Stichwort Manufacturing on Demand werden Produkte zukünftig live im Store produziert (siehe Future Scenario »Material Individualligence«, Best Practices: Adidas, S. 82).

SMART DEVICES FÜR SMART BUSINESSES

Dreh- und Angelpunkte des neuen Kommunikation-trifft-Verkauf-Kanals sind Smartphone, Smart Fashion und andere Wearables. Sie bieten die Schnittstelle, um die physische mit der

STATIONARY, ONLINE, PHYGITAL – RETAIL GROWS A THIRD LEG

Beacons, vouchers, and snap commerce (see the »Future Communication« future scenario on pp. 49 ff.) make it possible for even a traditional multi-label retailer to provide customers with a zeitgeist-based online/offline experience. This concept centres on a revolutionary development: communication processes have become additional distribution channels in their own right (see the »Communication« dossier on pp. 194 ff.).

In a future in which fashion brands will increasingly be characterized by circular structures, retail will adopt an important pivotal function, which it can use to create additional opportunities for communication. It will be the retailer who takes back a used piece of clothing and re-enters it into the cycle, for instance. The retailer also becomes the central hub for providing sharing and repairing services.

For retail, phygitalization ultimately means taking what happens in the virtual world and restaging it at the point of sale. If retail seizes this opportunity, the chances are that it can also attract the millennial generation. Millennials may tend to show a strong affinity to the Internet and to technology, but they still look for personal interaction and a sense of community and togetherness (see the »Values« dossier on pp. 199 ff.). Creating inspiring locations that encourage people to linger is becoming one of retail's central tasks. Customization offers great opportunities for such ideas, transforming the point of sale into a production site. This is made possible by 3D printing, and by the smart computerization of knitting and weaving machines. Under the general catchword of »manufacturing on demand«, products will increasingly be produced »live« in the store (see the »Material Individualligence« future scenario's »Best Practices« section on Adidas on p. 82).

SMART DEVICES FOR SMART BUSINESSES

Smartphones, smart fashion, and other wearables are the linchpin of the new communication-meets-sales channel.

digitalen Welt zu verknüpfen, ohne dass es dabei zu einem qualitativen Bruch kommt. Peter Vesco weist im Interview (siehe S. 62 ff.) darauf hin, dass zukünftig zahlreiche Käufe zwar weiterhin stationär abgewickelt werden, es dabei aber zu einer E-Commerce-Transaktion kommt. »Digitale Strukturen ermöglichen neue Modelle der Monetarisierung, wie z. B. Dynamic Pricing, Consumption Based Pricing oder Reverse Auctioning, verhaltensorientierte Rabattsysteme oder das Ausnutzen von Preistransparenz«, fasst Franz Kühmayer im »Leadership Report 2016« mit dem Titel »Alles digital« die aktuelle Entwicklung zusammen. Die Frage ist, ob traditionelle Einzelhändler sich den Schritt in die Welt der Verbindung von physisch und digital zutrauen oder ob sie den experimentierfreudigen Vertikalen und ihren Marketingexperten das Feld kampflos-abwartend überlassen.

HANDEL BLEIBT WANDEL

Wie wollen Kunden künftig kaufen? Nach was suchen sie? Was wollen sie wann und wo? Und an welchen Orten wird der Handel überhaupt noch präsent sein? Die Verlagerung des stationären Modehandels in urbane Regionen bzw. in die Peripherie von Metropolen wird weiter voranschreiten. »Das gesamte Bevölkerungswachstum im Zeitraum 2010 bis 2050 wird wahrscheinlich von den Städten absorbiert werden«, prognostizierte die OECD bereits im Jahr 2012 in ihrem »Umweltausblick bis 2050«. Weiter heißt es dort: »2050 werden den Projektionen zufolge fast 70 Prozent der Weltbevölkerung in städtischen Räumen leben.« In der Konsequenz wird sich der stationäre Handel weiter aus strukturschwachen ländlichen Regionen zurückziehen. Eine funktionierende Online-Offline-Konvergenz wird somit auch insofern wichtig, als sie ihm Zugang zu kleinstädtischen und ruralen Regionen sichert, in denen traditioneller Modehandel nicht mehr wirtschaftlich sinnvoll ist.

In urbanen Zentren wird es demgegenüber zu einem großen Nebeneinander von Konzepten kommen: Textilketten und Fast-Fashion-Anbieter für die innerstädtischen Fußgängerzonen und Shopping Malls, Grocery Fashion Stores für großstädtische, gentrifizierte Hipster-Quartiere und kuratierte Konzept-Modegalerien für die hochpreisigen Nebeneinkaufsstraßen. Als große,

They serve as an interface between the physical and digital spheres that maintains quality seamlessly. As Peter Vesco points out in his interview (see pp. 62 ff.), a large number of purchases will still be carried out in bricks-and-mortar stores, but will actually involve e-commerce transactions. In his »Leadership Report 2016« entitled »Alles digital« (»Everything digital«), Franz Kühmayer summarizes current developments thus: »Digital structures enable us to develop new models of monetization, such as dynamic pricing, consumption-based pricing, reverse auctioning, behaviour-oriented discount systems, and utilizing of price transparency.« The question is whether traditional retailers are confident enough to enter a world where the physical and digital spheres merge into one, or whether they will content themselves with playing a waiting game, leaving the field to the experimentation-prone vertical businesses and their marketing experts.

RETAIL IN CONSTANT CHANGE

How will customers want to make purchases in the future? What will they be looking for? When and where will they want it? And where will retail still be present, if at all? Stationary fashion retail will continue to move towards urban regions and the peripheries of big cities. In its 2012 »Environmental Outlook to 2050« study, the OECD anticipates that: »In all likelihood, the total world population growth taking place between 2010 and 2050 will be completely absorbed by urban areas.« This report also states that: »It is expected that, by 2050, nearly 70 percent of the world's population will be living in urban areas.« As a consequence, stationary retail will withdraw further from structurally weak rural areas. Therefore, a functioning online/offline convergence will play a crucial role in allowing stationary retail to access small-town and rural regions where traditional fashion retail is no longer economically viable.

In urban areas, by contrast, numerous concepts will coexist: textile chains and fast-fashion providers for downtown pedestrian zones and shopping malls, grocery fashion stores for metropolitan hipster quarters,

»Digitale Strukturen ermöglichen neue Modelle der Monetarisierung, wie z. B. Dynamic Pricing, Consumption Based Pricing oder Reverse Auctioning, verhaltensorientierte Rabattsysteme oder das Ausnutzen von Preistransparenz.« Franz Kühmayer, Leadership Report 2016 »Alles digital«

verbindende Klammer kommen schließlich die Online-Shops hinzu, die einen warengruppenübergreifenden Showroom-Charakter haben werden.

Content-Related Marketing, die damit eng verbundenen Cross-Selling-Potenziale und kundenorientierte Online-Offline-Konvergenz werden die Kriterien für den Erfolg phygitaler Handelskonzepte. Händler werden zu Informationsplattformen und Lifestyle-Hotspots. Der eigentliche Kauf findet aus Kundensicht nur noch beiläufig statt. Für den sprichwörtlich den Wandel liebenden Vollbluthändler sind das doch eigentlich ganz gute Aussichten.

FAZIT

- Digitale Revolution, Phygitalisierung, Online-Offline-Konvergenz: Gleich, wie der Trend heißt, die Verknüpfung von stationärem und Internethandel ist das bestimmende Zukunftsthema für den Einzelhandel.
- Technisch wird diese Verknüpfung über das Smartphone des Kunden laufen, inhaltlich über Content Marketing.
- Kommunikation wird so zum Verkaufskanal.
- Medienbrüche müssen so sanft wie möglich gestaltet werden, die Nutzung des phygitalen Angebots für den Kunden so bequem wie möglich sein.
- Manufacturing on Demand am PoS führt zu einer Revolution des Modehandels.
- Der Handel tritt in der digitalen Realität in einen globalen Markt ein und sieht sich globalen Mitbewerbern gegenüber – um in diesem Wettbewerbsumfeld zu bestehen, ist ein geschärftes Profil unabdingbar.
- Circular, Share und Repair stellen den Handel vor die Herausforderung, innovative Konzepte am PoS umzusetzen.
- Sortiment und Inhalte müssen intelligent verbunden werden und ein stimmiges Ganzes ergeben. Ziel ist der Händler als Lifestyle-Hotspot.

and curated concept fashion galleries for the high-priced side roads. Finally, there will be online stores displaying a cross-segmental showroom character, to provide a connecting element.

Important criteria for successful phygital retail concepts will include content-related marketing, cross-selling potential, and online/offline convergence. Retailers will become information platforms and lifestyle hotspots. From a customer perspective, the purchase itself will appear to take place rather casually. Given retailer's proverbial love of change, one might think that this would represent a welcome prospect.

CONCLUSION

- Digital revolution, digitalization, online/offline convergence – whatever name is given to this trend, interconnection of stationary and online commerce will be vital to the retailers of the future.
- Technically, this connection is realized via customers' smartphones; its content-related aspect is taken care of through content marketing.
- Communication thus becomes a distribution channel
- Media discontinuities must be made as seamless as possible, and the accessing of phygital offerings must be made as convenient as possible.
- Manufacturing on demand at the PoS leads to a revolution in the fashion retail business.
- In the digital reality, retailers enter a global market where they must stand up to global competitors. To succeed in competitive environments of this type, they must sharpen their profiles.
- The circular economy's focus on sharing and repairing challenges retailers to implement innovative concepts at the PoS.

»Digital structures enable us to develop new models of monetization, such as dynamic pricing, consumption-based pricing, reverse auctioning, behaviour-oriented discount systems, and utilizing of price transparency.«

Franz Kühmayer, »Leadership Report 2016 – Alles digital«

CHECK-UP: OMNI-TAIL. SO WERDEN SIE FIT FÜR DEN DIGITALEN MARKT

- **Setzen Sie sich intensiv mit Ihren Stammkunden auseinander. Was erwarten sie von Ihnen? Wie ist ihr Internetverhalten? Was sind ihre Interessen?**
- **Ziehen Sie aus den gewonnenen Informationen Rückschlüsse und setzen sie konsequent das um, wofür Sie von Ihren besten Kunden honoriert werden. Verleihen Sie Ihrem Sortiment ein schärferes Profil und stärken Sie Ihr Image.**
- **Setzen Sie zur weiteren Erschließung neuer Zielgruppen auf neue Technologien.**
- **Setzen Sie den Dialog mit Ihren Kunden fort und animieren Sie sie dazu, die angestoßene Kommunikation untereinander weiterzuführen.**
- **Schaffen Sie dafür Kommunikationsinhalte (Content), die für Ihre Kunden interessant sind, gern auch mit modefremden Themen.**
- **Nutzen Sie für die Aufrechterhaltung dieses Dialogs phygitale Techniken.**
- **Integrieren Sie Kaufapplikationen in Ihre Kommunikationsmittel, um Cross-Selling-Potenziale zu nutzen.**
- **Finden Sie bei alldem das richtige Maß: Ihre Kunden unterscheiden sehr genau, wann Kommunikation zu Spam wird.**

- Product offerings and communication must be connected in a meaningful and consistent way, with the objective of providing a lifestyle hotspot.

CHECK-UP: OMNI-TAIL. HOW TO PREPARE FOR THE DIGITAL MARKET

- Try hard to get to know your regular customers. What do they expect from you? What is their Internet behaviour? What are they interested in?
- Use the information you have gained to draw conclusions, and focus on implementing whatever measures will receive most recognition from your best customers. Sharpen the profile of your product range, and strengthen your image.
- Use new technologies to tap into new target groups.
- Continue dialogue with your customers and encourage them to continue the communication process among themselves.
- Provide communication content that is appealing to your customers, including content on topics that have nothing to do with fashion.
- Use phygital techniques to sustain this dialogue.
- Integrate purchasing apps into your communication media in order to tap into your cross-selling potential.
- Strike the right balance: your customers know the difference between communication and spam only too well.

Dossier

COMMUNICATION

Die digitale Revolution wird für Unternehmen, auch und gerade in der Modebranche, vor allem auf einem Feld spürbar: bei der Veränderung von Kommunikationsprozessen. Der Philosoph Peter Sloterdijk prägte schon vor einigen Jahren den Satz: »Die Welt hat eine Dichte erlangt, in der die Tat unmittelbar zum Täter zurückkommt.« Man kann Sloterdijks Ausspruch unter anderem so interpretieren, dass Kommunikationsgeschwindigkeit und -dichte und Vernetzung dazu geführt haben, die Grenzen zwischen innen und außen bei einem Unternehmen zu verwischen. Diese Grenze wurde klassischerweise dadurch definiert, wem welche Informationen zur Verfügung standen. Interne und externe Kommunikation werden zwar weiterhin über getrennte Kanäle und Medien ablaufen. Allerdings müssen Unternehmen verstehen, dass die Zeiten der Informationshierarchien und der Monopolisierung von Wissen auf den Vorstandsetagen unwiederbringlich vorbei sind und Kommunikationsprozesse in Zukunft transparent und unmittelbar zwischen allen Stakeholdern – Kunden, Mitarbeitern, Management und interessierte Öffentlichkeit – ablaufen werden.

MODERATION STATT INFORMATION

Ob es ihnen gefällt oder nicht – Unternehmen werden sich also damit abfinden müssen, dass sie nicht mehr die Hoheit über ihr eigenes Bild in der Öffentlichkeit besitzen. Für sie wird es in Zukunft darum gehen, die Prozesse zu moderieren, innerhalb derer sie öffentlich wahrgenommen werden. Insbesondere für die markenaffine Modebranche ist dies von hoher Bedeutung: Die Merkmale von Lifestyle-Produkten werden immer homogener – ergo wird das Markenimage als Unterscheidungsmerkmal und für Kaufentscheidungen wichtiger. Gleichzeitig geht die

There is one area in which businesses in general and fashion businesses in particular are experiencing the digital revolution acutely: the transformation of communication processes. Some years ago, the philosopher Peter Sloterdijk said: »The world has reached a degree of density where actions immediately come back to those who act.« One possible interpretation of this statement is that the speed and density of communication and the degree of interconnectedness have led to a blurring of the external boundaries of businesses. Traditionally, these boundaries were defined by the information available to each participant. Although internal and external communication will continue to use separate channels and media, businesses must recognize that the era of informational hierarchies and the monopolizing of knowledge at board levels has become a thing of the past, and that future communication processes will take place between all stakeholders – customers, employees, management, and an interested public – in a transparent way.

MEDIATION RATHER THAN ONE-WAY COMMUNICATION

Whether they like it or not, businesses will have to acknowledge that they no longer have the last word concerning their image in the public's eye. For them, the future will be about moderating the processes in the context of which they are publicly perceived. This is of particular importance to the brand-based fashion industry, in which the characteristics of lifestyle products are becoming ever more homogenous – thus increasing the

Deutungshoheit über die Marke mit der allgemeinen Verfügbarkeit interner Informationen und durch Social Media an die Stakeholder über.

Zukunftsorientierte Unternehmen zeichnet aus, dass sie die Inhalte von Marketing, Kommunikation und PR konsequent und sinnvoll verknüpfen. Moderiertes Empfehlungsmarketing, Dialogplattformen mit Stakeholdern auf der eigenen Homepage oder interaktive und phygitale Kampagnen gehören für sie zum Alltag. Mit neuen Materialien oder innovativen, umweltschonenden Verfahren hergestellte Produkte bieten dafür viel Potenzial: so der Moon Parka von North Face (siehe Future Scenario »Material Individualligence«, Best Practice, S. 81). Sie beeinflussen die Wahrnehmung und das Markenimage stärker als schöne Bilder. Das Gleiche gilt für neue Geschäftsmodelle wie das Finanzierungsprogramm von Puma und IFC (siehe Dossier »Supply Chain«, S. 176 ff.) oder die öffentliche Vermittlung unternehmenspolitischer Überzeugungen (wie die viel diskutierte Black-Friday-Anzeige von Patagonia »Don't buy this jacket«). Geschäftsberichterstattung und begleitende Kommunikation finden in Zukunft mehr denn je unmittelbar und während des ganzen Jahres statt, sie integrieren dabei die ökologischen und sozialen Auswirkungen der Wertschöpfung und machen sie somit entscheidungsrelevant (siehe Interview mit Ralf Isenmann, S. 147 ff.).

POSITIVE ERLEBNISSE IN ZEITEN DER VERUNSICHERUNG

Nichtregierungsorganisationen wie Fair Trade lenken die Aufmerksamkeit der Konsumenten auf die Produzenten, etwa auf die Baumwollfarmer und ihre Felder. Diskussionen um die Gefahren neuer Ölquellen – Ölsande, Fracking etc. – schaffen ein kritisches Bewusstsein der Öffentlichkeit gegenüber Erdölprodukten wie Polyester. Campaigner wie Greenpeace und ihre Enthüllungen bringen die Modebranche in Erklärungsnot. Das sorgt einerseits für mehr Wissen bei den Konsumenten um die Hintergründe der Textilproduktion, steigert aber auch ihre Verunsicherung. Für Unternehmen ist es umso wichtiger, auch bei heiklen Themen so offen wie möglich über das eigene Geschäft und die damit verbundenen Produktionsbedingungen

importance of the brand image as a differentiator for consumers making buying decisions. At the same time, the general accessibility of internal information and the social media put the prerogative of interpretation with respect to brands in stakeholders' hands.

Characteristically, future-oriented businesses link content from marketing, communication, and public relations in consistent and meaningful ways. Moderated recommendation marketing, dialogue platforms with stakeholders on businesses' homepages, and interactive and phygital campaigns are all part of daily operations. There is great potential in products made from new materials or that use innovative, environmentally friendly procedures, such as North Face's Moon Parka (see the »Material Individualligence« future scenario's »Best Practice« section on p. 81). They have a stronger impact on customer perception and a brand's image than beautiful pictures. The same applies to new business models such as the financing programme developed by Puma and the IFC (see the »Supply Chain« dossier on pp. 176 ff.), and the public communication of corporate beliefs (as with Patagonia's much-discussed »Don't buy this jacket« Black-Friday advertisement). In the future, business reporting and the accompanying communication will take place directly and throughout the year. They will include the ecological and societal impact of value creation, thus making it decision-relevant (see the interview with Ralf Isenmann on pp. 147 ff.).

POSITIVE EXPERIENCES IN AN ERA OF UNCERTAINTY

Non-governmental organizations such as Fair Trade draw consumers' attention to upstream producers, such as cotton farmers. Debate on the risks of new oil sources – oil sand, fracking, etc. – creates a critical public perception of oil products such as polyester. Campaigners like Greenpeace and their revelations put the fashion industry under pressure. Consumers are therefore better informed about the backgrounds of textile production. At the same time, however, they feel more confused. For businesses, it is therefore important to talk about delicate topics as frankly

»Die Welt hat eine Dichte erlangt, in der die Tat unmittelbar zum Täter zurückkommt.« Peter Sloterdijk

zu informieren. Denn die Taktik, Informationen zurückzuhalten oder mit Halbwahrheiten das Publikum zu beruhigen, hat sich wegen des Strukturwandels der Öffentlichkeit längst überholt.

Auch im Hinblick auf die ökosoziale Performance von Modemarken ist eine transparente Kommunikation über die eigene Produktionsweise zu einem Hygienemerkmal geworden ist. Kunden wollen heute in integrative Kommunikationsprozesse entlang der Wertschöpfungsketten oder -kreise von Modemarken eingebunden werden. Zugleich gilt es, der tendenziell negativen medialen Berichterstattung über die Modebranche positive Kommunikationsanlässe entgegenzusetzen. Ökologische Erfolgsstorys wie das Recycling von gebrauchten Textilien (siehe das Beispiel »Evrnu«, S. 124) oder Reparaturkampagnen (siehe Best Practice zum Future Scenario »The Sharing Society«, S. 101) bieten sie genauso wie sogenannte Coopetition- statt Competition-Ansätze. Bei diesen durch Unternehmen initiierten Zusammenschlüssen geht es in erster Linie darum, Synergien zu nutzen. Gleichzeitig bieten sie vielfältige und positive Kommunikationsanlässe. Sustainable Apparel Coalition, Business Social Compliance Initiative, Zero Discharge of Hazardous Chemicals, European Outdoor Conservation Association und Leather Working Group sind nur einige von ihnen.

ONLINE-OFFLINE-KONVERGENZ: WENN KOMMUNIKATION ZUM POS WIRD

Ein Ausdruck der sich rapide verkürzenden Halbwertszeit moderner Kommunikationszyklen ist die zurzeit geführte Rhythmusdebatte: Entspricht es noch dem Zeitgeist, eine Kollektion auf dem Catwalk zu zeigen und dem Kunden erst eine Saison später zur Verfügung zu stellen? »I want what I want when I want it« beschreibt eine Haltung, die Unmittelbarkeit und Flüchtigkeit in den Mittelpunkt rückt. Ein so konstituierter Konsument ist das Warten nicht mehr gewöhnt. Die neue Kollektion vom Laufsteg weg zu verkaufen, am besten über ein Online-Livestreaming, wird in einem solchen Mentalitätsumfeld zur Selbstverständlichkeit (siehe Future Scenario »Future Communiction«, S. 49 ff.).

Ob die »Konvergenz von Online und Offline« so weit gehen wird, wie Peter Vesco sie mit seiner Vision einer allumfassenden Lifestyle-App beschreibt, wird sich zeigen (siehe S. 62 ff.).

as possible and to communicate their activities and the corresponding production conditions. The tactic of holding back information and allaying public concern by serving up half-truths has long since become obsolete, due to the structural transformation of the public space.

With regard to the eco-social performance of fashion brands, transparent communication concerning a business's own method of production has also become a hygienic feature. Today, customers want to be involved in integrative communication processes all along the whole of all value chains or circles. At the same time, businesses must balance media reports about the fashion industry, which are often negatively biased, with positive communication opportunities – ecological success stories, such as the recycling of used textiles (see the »Evrnu« example on p. 124) and repairing campaigns (see the »Sharing Society« future scenario's »Best Practice« section on p. 101), for instance. »Co-opetition« instead of competition approaches are primarily about creating synergies – simultaneously, they also offer various positive communication opportunities. Some examples are Sustainable Apparel Coalition, Business Social Compliance Initiative, Zero Discharge of Hazardous Chemicals, and the European Outdoor Conservation Association and Leather Working Group.

ONLINE/OFFLINE CONVERGENCE: WHEN COMMUNICATION BECOMES A POINT OF SALE

One indicator of the rapidly shortening half-life period of modern communication cycles is the current rhythms debate: Is it in keeping with the times to present a collection on the catwalk and to make it available to customers only in the following season? »I want what I want when I want it« describes an attitude that focuses on immediacy and volatility. A consumer conditioned to this is no longer accustomed to being kept waiting. In this type of mental environment, selling the new collection right from the catwalk – possibly using an online live-stream – becomes a matter of course (see the »Future Communication« future scenario on pp. 49 ff.).

»The world has reached a degree of density where actions immediately come back to those who act.« Peter Sloterdijk

Die Beachtung von Watzlawicks erstem Axiom – »Man kann nicht nicht kommunizieren« – hat für Unternehmen jedoch eine neue Stufe der Dringlichkeit erreicht. Denn auch, wenn mal etwas schiefgelaufen ist, die Notwendigkeit zu kommunizieren ist damit nicht geringer geworden – im Gegenteil.

Krisenkommunikation kommt eine deutlich größere Bedeutung zu als in der Vergangenheit. Worst-Case-Szenarien für Modeunternehmen entstehen in Zeiten gläserner Marken und transparenter Lieferketten nicht mehr nur aus fehlerhaften Produkten, sondern ebenso aus unethischen Praktiken in der Fertigung. Solange sie den Übergang zu einer von grünen und sozialen Prinzipien geleiteten Produktion noch nicht abgeschlossen haben, sollten Unternehmen intelligente Maßnahmen zur Vermeidung von Reputationsschäden vorausplanen.

In Zeiten, in denen die Aufmerksamkeit immer flüchtiger wird, werden ästhetisch hochwertig aufbereiteter Content und ein ehrlich geführter Dialog mit den Kunden zum wesentlichen Merkmal erfolgreicher Kommunikation. Den Inhalt dafür liefern neben den rein modischen Aspekten insbesondere Berichte, Hintergrundstorys und Events, die Modeunternehmen aus sich selbst, ihrer Geschäftspolitik und Geschichte heraus kreieren.

FAZIT

- **Kommunikation wird schneller, transparenter, unmittelbarer.**
- **Das Markenimage wird nicht mehr vom Unternehmen selbst, sondern zunehmend von anderen bestimmt.**
- **Die Grenze zwischen interner und externer Kommunikation löst sich auf: Kommunikation mit und durch die Stakeholder rückt an ihre Stelle.**
- **Die Grenzen zwischen Werbung, Marketing, PR und Unternehmenskommunikation verschwimmen.**
- **Kommunikation wandelt sich vom One-Way-Prozess zum Dialog mit den Kunden.**
- **Findet Kommunikation mit einem potenziellen Kunden statt, sollte ihm ein paralleler Spontankauf ermöglicht werden.**
- **Transparente Unternehmen gehen offensiv mit Krisensituationen um und bereiten sich detailliert auf sie vor.**

Whether the »convergence of online and offline« will go as far as described by Peter Vesco in his vision of an all-encompassing lifestyle app, remains to be seen (see pp. 62 ff.). However, the need to obey Watzlawick's first axiom – »You cannot not communicate« – has reached a new level of urgency for businesses. Because even if something has gone awry, the need to communicate is not reduced – on the contrary, it is even greater.

In the future, crisis communication will play a much greater role than in the past. In an era of transparent brands and transparent supply chains, worst-case scenarios for fashion businesses can arise from unethical production practices as well as from flawed products. As long as the transition to a production process that is based on green and social principles isn't complete, businesses would be well-advised to prepare intelligent measures to avoid damage to their reputation.

In an era in which people's attention becomes ever more volatile, æsthetically high-quality content and an honest dialogue with customers is becoming an essential attribute of successful communication. Aside from purely fashionable aspects, this content is supplied by background stories and events that businesses create from themselves, their business policy, and their history.

CONCLUSION

- Communication is becoming faster, more transparent, more direct.
- The brand image is no longer controlled by the business itself.
- Internal and external communication give way to comprehensive communication with and by stakeholders.
- The boundaries between advertising, marketing, public relations, and corporate communication are disappearing.
- Communication is becoming a dialogue with customers rather than a one-way process.

CHECK-UP: KONVERGENTE KOMMUNIKATION – SO SPRECHEN SIE IHREN KUNDEN AN

- Lernen Sie die Bedürfnisse Ihrer Zielgruppe kennen. Lernen Sie ihre Bedürfnisse, Lifestyles, Gewohnheiten und Interessen kennen.
- Schaffen Sie holistische Markenwelten, aber gehen Sie davon aus, dass Sie den Dialog, der über ihre konkrete Definition zwischen Kunden geführt wird, nicht bestimmen, sondern nur moderieren können.
- Schaffen Sie positive Anlässe für die Kommunikation mit Ihrer Zielgruppe und sprechen Sie dabei auch gezielt nicht nur ihre modischen, sondern auch andere Interessen an (Cause-Related Marketing).
- Stichwort Konvergenz: Findet die Kommunikation im stationären Handel statt, sollten Sie den Dialog online nachhalten; findet der Erstkontakt digital statt, überführen Sie ihn in die physische Realität.
- Nutzen Sie die technischen Möglichkeiten, Kommunikationsprozesse selbst zu einem PoS zu machen.
- Spielen Sie die Kommunikationsszenarien auf verschiedenen Kanälen und für verschiedene Stakeholder unterschiedlich ausdifferenziert – spielen Sie sie stets parallel.
- Seien Sie dabei so ehrlich, offen und transparent wie möglich.
- Bereiten Sie ein Kommunikationskonzept für Krisenfälle vor.
- Seien Sie schnell.

- Whenever communication with potential customers takes place, they should be enabled to make a spontaneous purchase.
- Transparent businesses deal pro-actively with crisis situations and make detailed preparations..

CHECK-UP: CONVERGENT COMMUNICATION – HOW TO SPEAK TO YOUR CUSTOMERS

- Try to get to know your target group even better. Make yourself familiar with their needs, lifestyles, habits, and interests.
- Create holistic brand worlds, but be prepared to accept the fact that you cannot control your customers' dialogue about your concrete definition; you can moderate it, at best.
- Create positive occasions for communicating with your target group. Don't just talk about your fashion interests, but also about other topics (cause-related marketing).
- Keyword convergence: if the communication takes place in a stationary-retail setting, continue the dialogue online; if the first contact takes place online, carry it over into physical reality.
- Use technological opportunities to turn communication processes into points of sale.
- Once communication scenarios have been created, operate them on various channels and with various stakeholder groups in appropriately adapted versions, always operate them in parallel.
- Be as honest, open, and transparent as possible.
- Prepare a communication concept for crisis situations.
- Act fast.

Dossier

WERTE VALUES

»Eine der zahlenmäßig größten Generationen der Geschichte steht kurz davor, in ihre konsumfreudigsten Jahre zu kommen. Die Millennials sind bereit, die Wirtschaft völlig umzugestalten; mit ihrem besonderen Verständnis werden sie die Art und Weise, wie wir kaufen und verkaufen, verändern und Unternehmen dazu zwingen, zu überprüfen, wie sie ihr Geschäft in den kommenden Jahrzehnten betreiben werden.« So beschreiben die Forscher von Goldman Sachs Global Investment Research, einer Tochter des Investmentbanking- und Wertpapierhandelsunternehmens Goldman Sachs, die neue Generation der »Millennials coming of Age« und ihren Einfluss auf die Wirtschaft. Wer im »War for Talents« gewinnen will, muss diese Generation verstehen lernen. Und nur wer sich intensiv mit ihren Werten auseinandersetzt, wird die heutigen Jugendlichen, Auszubildenden, Studenten und jungen Berufstätigen erreichen und von ihnen als attraktiver Arbeitgeber wahrgenommen werden.

DIE MILLENNIALS

Wer also sind diese Millennials? Nicht einfach eine von Zukunftsforschern erdachte neue Zielgruppe oder Trenderscheinung, sondern eine aus bis zu 20 Geburtenjahrgängen und über zwei Milliarden Menschen bestehende Generation, die kurz vor dem Berufseintritt steht oder bereits ihre ersten Karriereschritte unternommen hat. Ihre Vertreter sind zwischen 1980 und 2000 geboren und Nachfolger der Baby Boomer und der Generation X. Da die Suche nach Sinn und das Infragestellen alter Denkweisen für sie häufig im Zentrum stehen, werden sie auch als Generation Y – »Why?« – bezeichnet.

Was sie wahrscheinlich am meisten von allen vorherigen Jugendlichen und Young Professionals unterscheidet, ist ihre

»One of the largest generations in history is about to move into its prime spending years. Millennials are poised to reshape the economy; their unique experiences will change the ways we buy and sell, forcing companies to examine how they do business for decades to come.« This is how the researchers of Goldman Sachs Global Investment Research – a subsidiary of the multinational banking firm Goldman Sachs – describe the »coming of age« of the new generation of »millennials« and their influence on the economy. Those who want to win the »war for talents« must get to know this generation. Only those who intensively familiarize themselves with their values will be able to reach today's youths, trainees, students, and young workers and professionals, and will be perceived by them as attractive employers.

THE MILLENNIALS

Who exactly are these millennials? They aren't just another new target group or trend phenomenon contrived by futurologists, but a generation consisting of up to 20 birth cohorts and more than two billion people who are about to embark on their professional careers or have already taken their first professional steps. Their representatives are born between 1980 and 2000; they are the successors of baby boomers and of the Generation X. Since searching for meaning and questioning the old ways of thinking are typical features, they are also called »Generation Y« – as in »why?«

Arguably, the single most significant factor distinguishing the millennials from previous youths and young

Sozialisation als »Digital Natives«. Sie bilden die erste Generation, die mit dem Internet groß geworden ist. Dementsprechend pflegen sie einen selbstverständlichen Umgang mit den neuen Medien, ohne Berührungsängste vor neuen Technologien zu haben. Sie definieren sich über Netzwerke und mögen die Gemeinschaft. Umgekehrt ist ihnen Selbstbestimmung äußerst wichtig. In einer schnelllebigen und von Krisen gekennzeichneten Welt suchen sie nach Sicherheit, Vertrauen und Halt. Wenig überraschend ist es, dass Familie, Freunde und Partner den höchsten Stellenwert in ihrem Leben einnehmen und ihnen die Vereinbarkeit von Freizeit, Familie und Beruf besonders wichtig ist.

In ihrem Lebensumfeld wollen sie etwas bewirken. Ohne viel Aufhebens treiben sie den geistigen Wandel in Unternehmen und der Gesellschaft voran, indem sie heutige Weltanschauungen und festgefahrene Verhaltensmuster kritisch hinterfragen und neue Impulse setzen. Spaß und Leidenschaft sind dabei ihre Antriebsfedern, gekoppelt an den Wunsch nach einer sinnvollen, nützlichen Tätigkeit – in ihrer Freizeit genauso wie in ihrem Job. Millennials ziehen keine klaren Grenzen zwischen Berufs- und Privatleben. Zumindest nicht, solange sie bei der Arbeit Spaß haben und die Freizeit nicht zu kurz kommt (siehe Future Scenario »Contradictive Consumers«, S. 31 ff.). Darüber hinaus arbeiten sie am liebsten in miteinander kooperierenden interdisziplinären Teams. Als »digitale Nomaden« bevorzugen sie Unternehmen, die digitale Technologien integriert haben und ihnen das ortsunabhängige Arbeiten ermöglichen.

Was die junge Generation von einem Unternehmen erwartet bzw. nach welchen Kriterien sie – abgesehen vom Gehalt – einen Job auswählt, zeigen die Ergebnisse des »2016 Deloitte Millennial Survey«. Basis der Studie des internationalen Beratungsunternehmens ist eine Befragung von über 7.000 Millennials aus 29 Ländern. Eine gute Work-Life-Balance steht bei ihnen demnach an erster Stelle. Es folgen Aufstiegsmöglichkeiten und Flexibilität, zum Beispiel bei den Arbeitszeiten. Bereits auf Platz vier rangiert der Wunsch, der eigenen Arbeit möge auch eine wirkliche Bedeutung zukommen. Darin zeigt sich die Wichtigkeit der Sinnsuche für die Millennials (siehe Abb. D6).

professionals is their socialization as »digital natives«. They are the first generation that has grown up with the Internet. Therefore, they have a natural relationship with the new media and are not afraid of new technologies. They define themselves through networks, and they have a strong sense of community. Then again, they care a lot about self-determination. In a fast-moving and crisis-stricken world, what they are looking for is safety, confidence, and support. It is no wonder, then, that their highest priorities in life include family, friends, and a partner, and that they put high value on reconciling leisure time, family, and work.

They aim to make a difference to their living environment. They act as agents for change in businesses and in society, questioning today's worldviews and entrenched behaviour patterns and generating new impulses. Their driving forces are fun and passion, combined with the quest for meaningful and useful activities – both in their leisure time and at work. Millennials do not draw a clear boundary between professional and private lives – at least as long as work is fun and there is enough leisure time (see the »Contradictive Consumers« future scenario on pp. 31 ff.). Moreover, they prefer to work in cooperative interdisciplinary teams. As »digital nomads«, they have an affinity for businesses with fully integrated digital technologies that enable them to work location-independently.

What the younger generation expects from an employer and the criteria – apart from pay – by which they choose their jobs are evident from the findings of the »2016 Deloitte Millennial Survey«, published by the international consulting firm Deloitte. According to this study of 7,000 millennials from 29 countries, their top priority is a good work/life balance, followed by opportunities for advancement, and flexibility – in the sense of remote working and flexible hours. At fourth place is a desire to get a sense of meaning from one's work, reflecting the importance the search for meaning has for the millennials (see fig. D6).

Abb. | Fig. D6 Millennials ist eine gute Work-Life-Balance am wichtigsten //
For millennials, a good work/life balance comes first

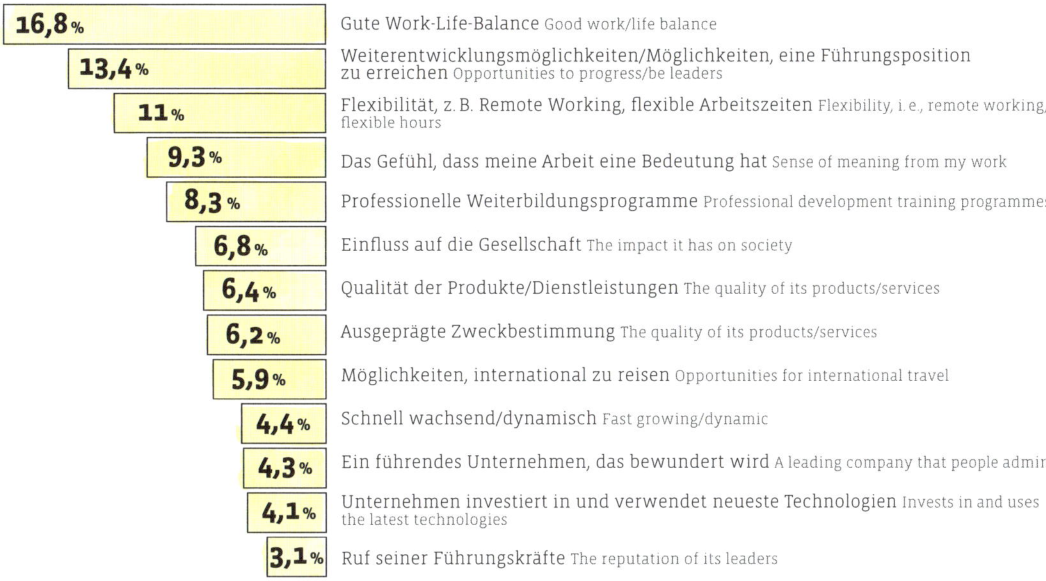

Was Millennials bei der Wahl eines Arbeitgebers besonders wichtig ist ... (ohne Frage nach der Entlohnung). Zustimmung, in % // Relative degree of importance, when evaluating job opportunities (excluding salary). Approval, in %

Quelle: Eigene Darstellung nach »The 2016 Deloitte Millennial Survey« // Source: Diagram based on »The 2016 Deloitte Millennial Survey«

KONSEQUENZEN FÜR UNTERNEHMEN

Was dies für zukunftsorientierte Unternehmen bedeutet, ist offensichtlich: Dreh- und Angelpunkt ist eine Kultur, die die Werte der jungen Generation widerspiegelt. Dabei geht es nicht um eine in schöne Worte gekleidete Firmenphilosophie, sondern um gelebte Werte, flexiblere Organisationsstrukturen und neue Wege in der Kommunikation. Integrale oder evolutionäre Unternehmen haben hier völlig neue Ansätze entwickelt (siehe Future Scenario »Economic Evolution«, S. 11 ff.).

Die Notwendigkeit eines kulturellen Wandel haben zahlreiche Firmen bereits erkannt. Das zeigt der aktuelle HR-Report 2015/2016 des internationalen Personaldienstleisters Hays, den er in Zusammenarbeit mit dem Ludwigshafener Institut für Beschäftigung und Employability herausgegeben hat. Wichtigstes mitarbeiterbezogenes Thema ist demnach die Weiterentwicklung der Unternehmenskultur. Zweit- und drittwichtigstes sind Mitarbeiterbindung und Förderung der Beschäftigungsfähigkeit. Themen, die den Millennials außerdem wichtig sind, wie flexible Arbeitsstrukturen oder eine ausgewogene Work-Life-Balance, erreichen Platz fünf und sechs (siehe Abb. D7). Die Studie zeigt allerdings auch, dass Theorie und Wirklichkeit bei der Umsetzung der genannten Themen noch weit auseinanderklaffen.

CONSEQUENCES FOR BUSINESSES

What this means for future-oriented businesses is obvious: they must focus on facilitating a culture that reflects the values of the younger generation. This is not about a corporate philosophy clad in beautiful words, but about living values, more flexible organizational structures and new ways of communication. To achieve this, integral or evolutionary businesses develop entirely new approaches (see the »Economic Evolution« future scenario on pp. 11 ff.).

According to the current »HR Report 2015/2016« published by the international personnel services provider Hays in collaboration with the Ludwigshafen Institut für Beschäftigung und Employability (Institute for Employment and Employability), many businesses have already recognized the need for cultural change. It turns out that, from an employee perspective, the most important criterion is developing the corporate culture, followed by employee retention and improving employees' employability. Other topics that are important to millennials, such as flexible working structures and a good work/life balance, end up on fifth and sixth place (see fig. D7). The study also shows, however, that, when it comes to implementing these ideas, there is a wide gap between theory and reality.

Abb. | Fig. D7 **Firmen haben ihre Unternehmenskultur im Fokus** // Businesses focus on their corporate culture

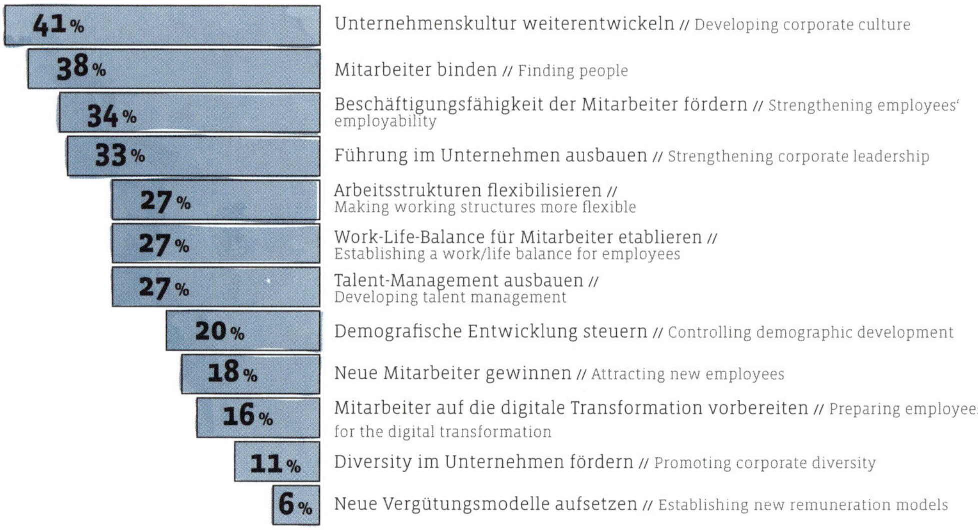

Die wichtigsten HR-Themen und -Handlungsfelder, Zustimmung in % // Major topics and areas of activity in HR. Approval, in %

Quelle: Eigene Darstellung nach »HR-Report 2015/2016« – Schwerpunkt Unternehmenskultur // Source: Diagram based on: »HR Report 2015/2016« – Corporate Culture

KONSEQUENZEN FÜR FÜHRUNGSKRÄFTE

Um die Zukunft ihres Unternehmens positiv zu gestalten, müssen sich Führungskräfte öffnen für die Veränderungen, die die Einstellungen der neuen Generation, aber auch die heutigen Marktgegebenheiten mit sich bringen. Für Unternehmer und leitende Angestellte bedeutet das, ihren Mitarbeitern mehr Freiräume zu ermöglichen und sich noch mehr Zeit zu nehmen, den kulturellen Wandel im Unternehmen zu moderieren und jene Mitarbeiter zu suchen und zu fördern, die den Geist der Veränderung und der Innovation in sich tragen. Systeme der Kontrolle sind dabei tendenziell kontraproduktiv, an ihrer Stelle stehen Empathie, Achtsamkeit und Vertrauen. Solche Begriffe klingen für viele Wirtschaftsmanager immer noch fremd, halten aber zunehmend Einzug in die Arbeitswelt. Führungskräften kommt außerdem die Rolle zu, den Fokus noch stärker auf ein übergeordnetes Unternehmensziel zu richten, das neben Zukunfts- und reiner Gewinnorientierung auch eine starke ethische Komponente haben sollte – nämlich das Sinnstiftende, das die Millennials in ihrem Job suchen, bzw. die Wahrnehmung der gesellschaftlichen Verantwortung, die Unternehmen immer stärker abverlangt wird.

Wer den Millennials vertraut, für sie Räume schafft, sie fördert und ermutigt, wird von ihrer hohen Adaptionsfähigkeit

CONSEQUENCES FOR LEADERS

Leaders who want to build a positive future for their businesses must be open to changes brought about by both the attitudes of the new generation and today's market conditions. For business leaders and senior staff, this means that they must give their people more freedom. They must refrain from micro-managing operative activities, so they have more time to promote cultural change, and must look for and support those employees who are driven by a strong sense of change and innovation. In this context, control systems tend to be counterproductive. Instead, what is needed is empathy, mindfulness, and trust. Concepts like these may still sound unfamiliar to many executives. However, they are increasingly entering the world of work.

Moreover, leaders must strengthen the emphasis on an overarching corporate goal, which, in addition to future and profit orientation, must have a strong ethical component to match both the millennials' search for meaning in everything they do and the social responsibility that businesses are increasingly expected to assume.

Businesses that treat millennials with trust, give them space, provide them with a platform, support and

und ihrem Know-how profitieren. Der Schritt hin zu einem Unternehmen, das innovative Ideen kreiert, sich flexibel an die Bedürfnisse des Marktes anpasst und digitale und andere neue Technologien integriert, ist dann nicht mehr weit.

FAZIT

- Millennials fordern Unternehmen mit ihrem neuen Werteverständnis und ihren Erwartungen heraus.
- Selbstbestimmung, Digitalisierung, Work-Life-Balance, Flexibilität sind für sie zentrale Themen.
- Firmen müssen ihre Unternehmenskultur permanent weiterentwickeln, wenn sie von den Millennials als attraktive Arbeitgeber wahrgenommen werden wollen.
- Millennials sind Sinnsuchende, auch in ihren Jobs.
- Die Wahrnehmung ökologischer und gesellschaftlicher Verantwortung ist unternehmensseitig eine Antwort darauf.

CHECK-UP: SO BEGLEITEN SIE DEN KULTURELLEN WANDEL IN IHREM UNTERNEHMEN

- Was ist das übergeordnete Ziel/der sinnstiftende Zweck Ihres Unternehmens?
- Wie können Sie es/ihn erreichen?
- Welche konkreten Maßnahmen leiten Sie daraus ab?
- Wer in Ihrem Unternehmen kann diese Maßnahmen umsetzen?
- Etablieren Sie eine Kommunikation, die Kritik zulässt.
- Bei der Einleitung des kulturellen Wandels sollten Sie eine offene, empathische Grundhaltung einnehmen.
- Verstehen Sie sich mehr als Moderator statt als Leiter dieses Prozesses.

encourage them will benefit from their adaptability and their know-how. It will then be only a small step towards a business that creates new ideas, flexibly adapts to the needs of the market, and integrates digital and other new technologies.

CONCLUSION

- With their new understanding of values and their expectations, millennials challenge businesses.
- Their key topics are: self-determination, digitalization, collaboration, work/life balance, and flexibility.
- Businesses must question and continually develop their corporate culture if they want to be perceived by millennials as attractive employers.
- Millennials are constantly searching for meaning, in their jobs and elsewhere.
- For businesses, a possible answer is to assume ecological and social responsibility.

CHECK-UP: HOW TO FACILITATE CULTURAL CHANGE IN YOUR BUSINESS

- What is the overarching goal/the meaningful purpose of your business?
- How can you achieve it?
- What specific measures might you adopt?
- Who in your business has the ability to implement these measures?
- Establish an atmosphere of open communication that allows for criticism.
- When initiating cultural change, adopt an open, empathic attitude.
- Consider yourself the facilitator of this project rather than its leader.

RESÜMEE CONCLUSION

WAS WÄRE, WENN ...

Was wäre, wenn die Weltbevölkerung auf acht oder gar neun Milliarden anwüchse? Was wäre, wenn die Modebranche Textilien weiterhin auf die gleiche Art und Weise produzieren würde, wie sie es heute tut? Was wäre, wenn Hersteller und Händler technische Innovationen und Entwicklungen verschlafen und an ihren klassischen Produkten, Verkaufs- und Kommunikationsstrategien festhalten würden? Was wäre, wenn Unternehmen, neue Wertevorstellungen einfach ignorieren würden?

Die Antwort ist hart, aber einfach: Nicht nur würde es den wirtschaftlichen Ruin dieser Unternehmen bedeuten, auch die ökologischen und gesellschaftlichen Folgen wären gravierend: Das Bevölkerungswachstum in Kombination mit den heutigen Produktionsweisen würde aufgrund der Begrenztheit von Rohstoffen für herkömmliche textile Fasern massive Preissteigerungen zur Folge haben, erheblich zu Umweltkatastrophen beitragen und zu sozialen Unruhen und Aufständen führen. Ohne technische Innovationen würde Mode nicht mehr Schritt halten mit den Entwicklungen der Zeit. Sie würde weder mitreißen noch begeistern. Die »phygitalen Prosumenten« würden sich von ihr nicht mehr angesprochen fühlen. Und auch als Arbeitgeber wäre die Modebranche höchst unattraktiv. Die Faszination Mode hätte sich überlebt.

Deutlich verheißungsvoller kann die Zukunft aussehen, wenn man sich gegen das Prinzip »Weiter wie bisher« entscheidet. Die sieben Zukunftsszenarien dieses Buchs zeigen, wie eine Welt im Jahr 2025 aussehen könnte:

- Evolutionäre oder auch integrale Unternehmen sind Pioniere des kulturellen Wandels. Stetige Weiterentwicklung, Innovation, technischer Fortschritt und unternehmerisches Handeln sind fest verankert in einer Kultur von Eigenverantwortung, Offenheit, Austausch, Zusammenhalt und gemeinsamem Eintreten für eine sinnstiftende Aufgabe. Damit treffen sie den Zeitgeist und das Werteverständnis einer neuen Generation.
- Trendforschung und Foresight Management kommt die immer wichtigere Rolle zu, Marktchancen frühzeitig zu

WHAT IF...

What if the world population grows to eight or even nine billion people? What if the fashion industry continues to produce textiles in the same way as it does today? What if manufacturers and retailers miss out on technological innovations and developments and keep to their traditional product, selling and communication strategies? What if businesses simply ignore new values in society?

The answer is hard, but simple: this would bring economic ruin to these businesses, and have serious consequences for the environment and society. Due to the limited availability of raw materials for traditional textile fibres, population growth combined with today's methods of production would lead to massive price increases. In the absence of technological innovation, fashion would be increasingly out of sync with current developments. It would no longer enrapture and inspire, or appeal to »phygital prosumers«. Moreover, the fashion industry would make for an extremely unattractive employer. Fashion would lose its fascination.

However, the future looks significantly more promising if people decide against the principle of »business as usual«. The seven future scenarios presented in this book illustrate what the world might look like in 2025:

- Evolutionary or integral businesses are the pioneers of cultural change. Continuous development, innovation, technological advancement, and corporate action are deeply rooted in a culture of individual responsibility, openness, interaction, cohesion, and the joint commitment to a meaningful goal, thus matching the zeitgeist and the values shared by a new generation.
- Trend research and foresight management will have the increasingly important role of anticipating market opportunities in a timely fashion in order to help businesses achieve success. In a rapidly changing environment with complex economic, societal, cultural,

antizipieren und so unternehmerischen Erfolg sicherzustellen. In einem sich schnell verändernden Umfeld mit komplexen wirtschaftlichen, gesellschaftlichen, kulturellen, politischen und ökologischen Einflussfaktoren werden sie zu einer Basis zukunftsorientierten Managements.

- Unkontrolliert und ungefiltert umgesetzt, führen Phygitalisierung, neue Technologien wie Beacons, Near Field Communication und Virtual Reality, Social Media und Web 2.0 in einen Zustand totaler Kommunikation. Diese Entwicklung wird von den kritischen Prosumenten konsequent abgelehnt. Mittelpunkt erfolgreicher Kommunikationskonzepte ist die Konvergenz individualisierter, aber maßvoller Werbeinhalte und aufrichtiger Unternehmenskommunikation (Integrated Communication).
- Intelligent, biobasiert, generativ und individualisierbar – so lautet die Rezeptur der neuen Stofflichkeit. Der Markt der Smart Textiles wächst. Biobasierte und recyclingfähige Substanzen ersetzen zunehmend umweltbelastende Fasertechnologien aus endlichen Ressourcen. Zugleich gewinnt der 3-D-Druck in der Modeindustrie immer mehr an Bedeutung. Eine neue Phase der »materiellen Individualligenz« beginnt, die durch die Kombination aus intelligenten Anwendungen und individualisierter Produktion gekennzeichnet ist.
- Die Sharing Economy entwickelt sich von einem aus Online-Tausch- und -Leihplattformen für Gebrauchsgüter bestehenden Nischenmarkt zur Sharing Economy 2.0, in der die gemeinsame Nutzung von Produktionsmitteln und Wissen innerhalb von Unternehmen im Mittelpunkt steht. Teilen und Zusammenarbeit wird dadurch auf ein wirtschaftlich interessantes Niveau gehoben. Parallel dazu entstehen neue Dienstleistungsmodelle.
- Für das vermeintliche Problem der zu knappen Ressourcen gibt es eine Lösung jenseits der Szenarien von Reduktion und Verzicht: die Wiederverwendung von bereits Vorhandenem; die Umstellung von Primär- auf Sekundärrohstoffe; das Wirtschaften in Kreisläufen. Die Circular Economy wird die Modebranche in den kommenden Jahren völlig umkrempeln. Supply Chains werden zu Supply Circles, was ein radikales Umdenken an jeder Station der Wertschöpfung zur Folge hat.

political, and ecological influencing factors, they will become the basis of future-oriented management.

- If implemented in an uncontrolled and unfiltered fashion, phygitalization, new technologies such as beacons, near-field communication, and virtual reality, social media and Web 2.0 lead to a state of total communication – a development strongly rejected by critical prosumers. Successful communication concepts centre on the convergence of individualized but moderate advertisement content and honest and authentic corporate communication (integrated communication).
- Intelligent, bio-based, additive, and individualizable – this is the recipe for the new materiality. The smart-textile market is growing. Bio-based and recyclable substances are increasingly replacing environmentally harmful technologies based on producing yarn from finite resources. At the same time, there are remarkable advances in 3D printing in the fashion industry. We see the beginning of a new era of »material individualligence«, characterized by a combination of intelligent applications and the individualization of production processes.
- The sharing economy is transformed from a niche market consisting of online swapping and sharing platforms to the Sharing Economy 2.0, which centres on sharing means of production and knowledge within businesses. Sharing and cooperating thus become economically interesting concepts. At the same time, new servicing models develop.
- For the alleged problem of scarce resources, a solution exists that goes further than scenarios of reduction and self-restaint: re-using what already exists, moving from primary to secondary raw materials, and operating in a cycle. In the coming years, the circular economy will turn the fashion industry inside out. Supply chains will become supply circles, leading to paradigm shifts at every stage of the value creation process.
- Thrivability brings everything together, linking ecological and social responsibility to innovation and

- Thrivability bringt all das zusammen; sie koppelt ökologische und soziale Verantwortung mit Innovation und Begeisterung. Ihre Ansätze sind analytisch und reflektiert, sie dekonstruieren den Kennzifferndogmatismus der Vorgängermodelle »Nachhaltigkeit« und »Corporate Responsibility«. Stattdessen werden andere, individuelle Ziele und Messzahlen für unternehmerischen Erfolg zu entscheidungsrelevanten Indikatoren erhoben. True-Cost- und True-Pricing-Konzepte werden forciert; zuvor externalisierte Kosten branchenweit internalisiert.

Der entscheidende Schritt für den notwendigen Wandel ist, sich bewusst für ihn zu entscheiden. Wagen Sie es, radikale Entscheidungen zu treffen. Lassen Sie sich begeistern. Denken Sie groß. Denken sie nicht eindimensional, sondern so ganzheitlich wie möglich. Tun Sie dies nicht allein, sondern beziehen Sie andere mit ein. Und geben Sie sich, Ihrem Unternehmen, Team oder Verantwortungsbereich so die Möglichkeit, sich zu erneuern und anzupassen. Was wäre, wenn ... Sie jetzt damit anfangen?!

enthusiasm. Its analytical and reflected approaches deconstruct the indicator dogmatism of its predecessor models »sustainability« and »corporate responsibility«. Instead, other, individualized goals and measures of corporate success take over the role of decision-relevant indicators. Across the industry, true-cost and true-pricing concepts are being promoted; previously externalized costs are being internalized.

If the necessary change is to happen, it is crucial that you consciously resolve to commit to it. Dare to make radical decisions. Let enthusiasm get the better of you. Think big. Do not think one-dimensionally. Instead, think as holistically as possible. Don't do this single-handedly; involve others. Allow your business, your team, or your department to rejuvenate and to adapt to a changing world. What if... you started right now?!

AUTOREN AUTHORS

JANA KERN

Jana Kern ist diplomierte Textil- und Bekleidungsingenieurin, Journalistin und Kommunikations- und Strategieberaterin. Gemeinsam mit ihrem Geschäftspartner Alex Vogt leitet sie die Agentur Kern Kommunikation in Frankfurt am Main und London. Schwerpunkt und Bindeglied der Aktivitäten von Kern Kommunikation ist Corporate Responsibility in der Modebranche. Ein Thema, dem sich Jana Kern seit über zehn Jahren intensiv widmet und mit dem sie sich schnell als Expertin etabliert hat. Nach ihrem Studium an der Hochschule Niederrhein in Mönchengladbach war Jana Kern über sechs Jahre lang Wirtschaftsredakteurin bei der Fachzeitschrift »Textil-Wirtschaft«. Modehandel und Nachhaltigkeit in der Textil- und Bekleidungsbranche zählten schon damals zu ihren Fachgebieten.

ALEX VOGT

Der Kommunikations- und Strategieberater Alex Vogt sieht den Komplex von Innovationsmanagement und Corporate Responsibility (CR) als wesentliche Aufgabe für zukunftsorientiertes, unternehmerisches Denken. Er studierte zunächst Politik und Geschichte an der Goethe-Universität Frankfurt am Main. Durch die Surf- und Skateboard-Szene entstand der Kontakt zur Sportswear- und Modebranche, dem ein Studium zum Textilbetriebswirt BTE an der privaten Hochschule LDT Nagold folgte. Seine Abschlussarbeit über das Thema CR-Marketing im Modebereich wurde 2009 von der Wilhelm-Lorch-Stiftung prämiert. Bevor sich Alex Vogt mit dem Einstieg bei Kern Kommunikation ganz den Themen Innovation und CR verschrieb, verantwortete er leitende Positionen im Modehandel und Modemarketing.

JANA KERN

Jana Kern has a diploma in textile and clothing engineering. She is a journalist and communication and strategy consultant. Together with her business partner Alex Vogt she runs Kern Kommunikation, an agency based in Frankfurt/Main and London. The focus and shared element in the activities of Kern Kommunikation is corporate responsibility in the fashion industry – a topic to which Jana Kern has devoted herself for more than 10 years, and in which she quickly established herself as an expert. After her studies at the University of Applied Sciences Niederrhein in Mönchengladbach, Jana Kern worked as economic editor of the trade journal »Textil-Wirtschaft« for six years, during which time her areas of expertise already included fashion trade and sustainability in the textile and clothing industry.

ALEX VOGT

The communication and strategy consultant Alex Vogt sees innovation management and corporate responsibility (CR) as the key challenges for future-oriented, entrepreneurial thinking. He initially studied politics and history at the Goethe University in Frankfurt/Main. Having made contact with the sportswear and fashion industry through the surfing and skateboarding scene, he trained as a textile economist at the private Academy for Fashion Management LDT Nagold. His thesis on CR marketing in the fashion field won a prize from the Wilhelm Lorch Foundation in 2009. Before fully dedicating himself to innovation and CR at Kern Kommunikation, Alex Vogt held leading positions in fashion trade and fashion marketing.